Die Grundlagen der Lehre vom elektrischen und magnetischen Feld

Ein Lehrbuch von
Ulrich Weyh
Professor an der Fachhochschule München

Mit 136 Bildern und 64 Übungsaufgaben
nebst ausführlichen Lösungen

2., verbesserte Auflage

R. Oldenbourg Verlag München Wien 1984

CIP-Kurztitelaufnahme der Deutschen Bibliothek

Weyh, Ulrich:
Die Grundlagen der Lehre vom elektrischen und
magnetischen Feld : e. Lehrbuch / von Ulrich Weyh. –
2., verb. Aufl. – München ; Wien : Oldenbourg,
1984.
    ISBN 3-486-20242-1

Gesamtherstellung: Huber KG, Dießen

ISBN 3-486-20242-1

Vorwort

> Die Mathematik ist die Form, in der wir unser Verständnis der Natur ausdrücken; aber sie ist nicht sein Inhalt. Man mißversteht die moderne Naturwissenschaft..., wenn man in ihr die Bedeutung des formalen Elementes überschätzt.
>
> Werner Heisenberg

Die Gefahr, die Mathematik in eine falsche Rolle zu drängen - die Mathematik ist für denjenigen, der in ein neues Wissensgebiet eindringt, kein Mittel, physikalische Erkenntnisse zu gewinnen, sie ist vielmehr ein Mittel, gewonnene Erkenntnisse knapp und präzise zu formulieren - diese Gefahr ist bei der Feldlehre nicht unbeträchtlich. "Hier ist ohnehin alles abstrakt", könnte man sich sagen, "und Abstraktes erledigt man am besten von vorneherein mit der Mathematik allein". Eine solche Begründung wäre allerdings ebenso falsch wie sie bestechend logisch erscheint. Denn gerade die Tatsache, daß man es in der Feldlehre vorwiegend mit abstrakten Größen zu tun hat, fordert kategorisch zum begrifflichen Denken auf, fordert den Begriff v o r dem Einsatz der Mathematik, die ohne den Begriff leer im Raum steht. Abstrahieren heißt doch: unwesentliche Unterschiede außer acht lassen und das von höherer Warte aus Gemeinsame sehen, heißt also: übergeordnete Gesichtspunkte finden und Oberbegriffe bilden. Damit ist geradezu das begriffliche Denken selbst definiert, das allein uns in die Lage versetzt, die Fülle der physikalischen Erscheinungen sinnvoll zu ordnen und sie auf einige wenige Grundgesetze zurückzuführen, kurz: das uns zu Erkenntnis und Verständnis führt.

Die hier vorgelegte Einführung in die Lehre vom elektrischen und magnetischen Feld ist entsprechend den eben geäußerten Gedanken vorwiegend an Begriffen orientiert. Das beeinflußt selbstverständlich auch die Reihenfolge des Vorgehens im einzelnen; so beginnen wir beispielsweise nicht, wie es häufig gemacht wird, sozusagen mitten aus dem Feld heraus mit der Feldstärke, sondern führen zuerst die Begriffe ein, die ein Feld in seiner Gesamtheit beschreiben, und befassen uns dann erst mit den Verhältnissen am einzelnen Feldpunkt. (Der Primat des Begrifflichen bedeutet im übrigen keineswegs, daß der Mathematik der Platz verwehrt würde, der ihr zukommt.) Im ganzen Buch sind zwei Tendenzen vorherrschend: Einmal soll gezeigt werden, daß das elektrische Feld und das magnetische Feld "wesensgleich" sind, d.h. unter dem Aspekt des Abstrahierens wird ein übergeordneter Betrachtungspunkt gefunden, von dem aus das Gemeinsame dieser beiden Felder sichtbar wird und das Unterschiedliche in den Hintergrund tritt. Und zum zweiten soll gezeigt werden, daß alles elektrische und magnetische Geschehen stets auf drei fundamentale Beobach-

tungsbefunde zurückzuführen ist: 1. eine elektrische Ladung umgibt sich mit
einem elektrischen Feld; 2. ein sich veränderndes elektrisches Feld ruft
ein magnetisches Feld hervor; 3. ein sich veränderndes magnetisches Feld
ruft ein elektrisches Feld hervor. Dadurch ist der Boden abgesteckt, auf dem
auch die berühmten MAXWELLschen Gleichungen ihren Ansatzpunkt nehmen.

Dieses Buch bildet den Mittelteil einer dreibändigen Einführung in die Grundlagen der Elektrizitätslehre:
    Die Grundlagen der Gleichstromlehre
    Die Grundlagen der Lehre vom elektrischen und magnetischen Feld
    Die Grundlagen der Wechselstromlehre *)

Es beschränkt sich gemäß der in seinem Titel zum Ausdruck gebrachten Ziel-
vorstellung stofflich auf die Grundlagen der Feldlehre, zeigt deren Anwendung
auf eine Reihe von einfachen technischen Anordnungen und legt den Grund, auf
dem anschließend eine fortgeschrittene Feldlehre, nämlich die von den elektromagnetischen Feldern, aufbauen kann.

Das Ordnungsschema, das diesem Band zugrundeliegt, ist das folgende:
    Kap. 1 Einführung der wichtigsten Feldbegriffe
    Kap. 2 Das elektrische Feld
    Kap. 3 Das magnetische Feld
    Kap. 4 Zusammenfassung und vergleichende Übersicht.

Meinem Kollegen H. Benzinger möchte ich an dieser Stelle für seine zahlrei-
chen kritischen Manuskriptanmerkungen danken; sie haben in vielen Abänderun-
gen zum Vorteil des Buches ihren Niederschlag gefunden.

München, im Winter 1974   U. Weyh

---

*) Alle erschienen im R. Oldenbourg Verlag München Wien.

Inhaltsverzeichnis

1. Einführung der wichtigsten Feldbegriffe

Das Eindringen in die Lehre von den elektrischen und magnetischen Feldern macht dem Studierenden der Elektrotechnik erfahrungsgemäß mehr Schwierigkeiten als das Eindringen in die Lehre vom elektrischen Stromkreis. Das liegt sicher vorwiegend daran, daß sich in "den Feldern" nichts Materielles bewegt, ja daß sie nicht einmal von Materie erfüllt zu sein brauchen; hier entfallen daher solche anschaulichen Modellvorstellungen, wie man sie etwa für den elektrischen Stromkreis entwickelt hat, und es bleibt nichts anderes übrig, als die Felder etwa durch "Zustände", "Zustandsänderungen" und dergleichen zu kennzeichnen. Damit ist der eigentliche Kern der Verständnisschwierigkeiten aufgedeckt: es ist die Abstraktheit der Feldbegriffe.

Eine abstrakte Begriffswelt ist nun jedoch nichts negatives, im Gegenteil: der "abstrahierende", das heißt der alle unwesentlichen Einzelheiten abstreifende und dafür das wesentliche Merkmal hervorkehrende Begriff ist es ja, der ein systematisches Ordnen der Erscheinungen überhaupt erst erlaubt, der es uns gestattet, von "den" Feldern zu sprechen, also auf irgendeine Gemeinsamkeit unter ihnen anzuspielen. Die abstrakten Begriffe etablieren gegenüber den dinglichen Begriffen eine höhere Ebene der Begriffsbildung, von der aus der Blick erheblich weiter reicht als vorher; aber dazu will diese Höhe erst erklommen sein, was für den Lernenden bedeutet: er muß den Prozeß der Begriffsbildung eindringlich nachvollziehen. Das wird ihm oft dadurch erschwert, daß er sich die neuen Feldbegriffe genau dort aneignen soll, wo die Gegend durch lauter Größen abgesteckt ist, die ihm ebenfalls noch unbekannt sind: die elektrischen und magnetischen Feldgrößen. Es erschien daher sinnvoll, in diesem einführenden Kapitel den Versuch zu unternehmen, den Leser vor seinem Eintritt in das elektrische und magnetische Feld anhand eines vertrauten physikalischen Vorgangs mit den wichtigsten Feldbegriffen bekannt zu machen.

Zu diesem Zweck diene das in Bild 1.1 gezeigte "Wärmefeld": Ein zylindrischer Körper K_1 wird, etwa durch eine elektrische Heizung in seinem Inneren, auf konstanter Temperatur T_1 gehalten. Er ist weitgehend von idealisiert nichtwärmeleitendem Material umgeben, sodaß für das Abfließen von Wärme (= Energie in Wärmeform) in Richtung auf den Körper K_0 mit seiner ebenfalls konstanten Temperatur $T_0 < T_1$ nur ein Wärmeleitkanal von etwas unregelmäßiger Form zur Verfügung steht. In diesem Wärmeleiter bildet sich unser "Wärmefeld" aus; er ist der zu untersuchende "Feldraum".

Einen Feldraum beschreibt man dadurch vollständig und eindeutig, daß man für jeden Punkt in ihm angibt, welche Intensität und welche Richtung das

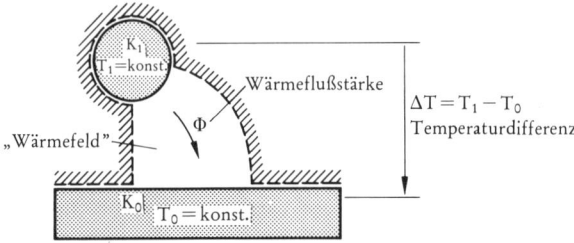

Bild 1.1: „Wärmefeld"
Der dargestellte „Wärmefeldraum" zwischen den Körpern K_1 und K_0 sei nach vorne und hinten durch senkrechte Wände aus idealem Wärmeisoliermaterial begrenzt.

"Feld" dort hat, d.h. indem man mathematisch Betrag und Richtung der örtlich veränderlichen Feldgrößen "Feldstärke" und "Flußdichte" nennt. Diese jeweils speziell auf einen bestimmten Feldpunkt bezogenen, also "o r t s b e - z o g e n e n" Feldgrößen lassen sich ihrerseits wieder aus anderen Feldgrößen ableiten, die das Geschehen im Feld in seiner Gesamtheit - gewissermaßen als "Gesamt-Feldursache" und "Gesamt-Feldwirkung" - zusammenfassend oder "integrierend" beschreiben; wir wollen sie deshalb für unseren Gebrauch als "i n t e g r a l e" Feldgrößen bezeichnen. Sie werden als erste behandelt.

1.1 *Die integralen Feldgrößen*

Das Wärmefeld wird in seiner Gesamtheit durch den "Wärmefluß" [1] bestimmt, der es durchsetzt. Er ist eine physikalische Erscheinung, die sich quantitativ durch die physikalische Größe "Wärmeflußstärke ϕ" ausdrücken läßt [2]. Da der Wärmefluß durch die Angabe seiner Flußstärke und seines Richtungssinnes bereits vollständig gekennzeichnet wird, ist ϕ eine skalare Größe mit einem Vorzeichen, das angibt, ob der Wärmefluß die Richtung eines an entsprechender Stelle stehenden Zählpfeiles für ϕ hat (+) oder die dazu entgegengesetzte (-) [3]. ϕ hat die Dimension einer Leistung P; denn: Wärmeflußstärke ϕ = die durch einen betrachteten Querschnitt hindurchtretende Energie in Wärmeform W, dividiert durch die Zeit t, die dazu benötigt wird; $\phi = \frac{W}{t} = P$.

Der Wärmefluß hat, wie man sich leicht überlegen kann, in allen Querschnitten des Feldraumes, durch die er hindurchtritt, dieselbe Flußstärke ϕ: Was pro Zeiteinheit an Wärmemenge den Körper K_1 verläßt, muß pro Zeiteinheit

---

[1] Wir benützen hier von Anfang an die in der Feldlehre übliche Ausdrucksweise und nennen daher das, was in der Wärmelehre gemeinhin als "Wärmestrom" bezeichnet wird, einen "Wärme f l u ß " etc.

[2] ϕ = großer griechischer Buchstabe "Phi".

[3] Siehe hierzu auch: U. Weyh "Zählpfeile in der Elektrotechnik", R. Oldenbourg Verlag München Wien.

auch am Körper K_0 ankommen. Dabei setzen wir den s t a t i o n ä r e n Zustand des Feldes voraus, d.h. wir betrachten den vorübergehenden oder "transienten" Vorgang, in dem sich das Feld aufbaut und in dem sich die einzelnen Feldgrößen noch zeitlich verändern, als bereits abgeklungen.

Nun ist aber der Wärmefluß eine "Wirkungsgröße", die nicht aus sich selbst heraus existieren kann, sondern vielmehr eine "Ursachen-" oder "Antriebsgröße" zur unerläßlichen Voraussetzung hat. Wärme fließt immer nur von einem Körper höherer Temperatur zu einem Körper niedrigerer Temperatur. Die integrale Feldgröße, mit der man hier den "Wärmeflußantrieb" quantitativ beschreibt, ist daher nichts anderes als die Temperaturdifferenz $\Delta T = T_1 - T_0$ zwischen den beiden Körpern K_1 und K_0. Sie ist wie die Wärmeflußstärke eine skalare Größe mit Vorzeichen zur Bezugnahme auf eine frei gewählte Zählpfeilrichtung und hat die Dimension einer Temperatur. Als ihren Richtungssinn legen wir zweckmäßigerweise durch Definition denjenigen fest, in dem sie einen Wärmefluß anzutreiben vermag: von der höheren zur niedrigeren Temperatur. (Es empfiehlt sich, die Zählpfeile für ΔT und ϕ so zu wählen wie in Bild 1.1, daß ein "positives" ΔT einen "positiven" Wärmefluß hervorruft; sog. "angepaßtes Zählpfeilsystem" für die Verknüpfung von Ursachen- und Wirkungsgröße.)

Unter dem Blickwinkel der Energie gesehen ist die Temperaturdifferenz ΔT eine "Potential"-differenz, wobei das Wort Potential auf die prinzipielle Verfügbarkeit von Energie hinweist: Die absolute Temperatur eines Körpers kennzeichnet die in ihm in Wärmeform gespeicherte spezifische Energie, also sein Wärmepotential; die Temperaturdifferenz gegenüber einem anderen Körper kennzeichnet dementsprechend die Potentialdifferenz, die er bezüglich dieses anderen Körpers aufweist, ist also beispielsweise bei positivem Wert der Ausdruck für seine "Überschußenergie", die er - sofern es die äußeren Umstände zulassen - an diesen anderen Körper abgeben kann.

Der quantitative Zusammenhang zwischen den beiden integralen Feldgrößen, der Gesamt-Feldursache ΔT und der Gesamt-Feldwirkung ϕ, wird durch die Eigenschaften des Feldraumes selbst hergestellt. Die Stärke des sich bei gegebenem ΔT ausbildenden Wärmeflusses wird nämlich

1. umso größer sein, je größer der Feldraumquerschnitt A ist, der ihm zur Verfügung steht;

2. umso kleiner sein, je größer die Feldraumlänge s ist, die er zu durchmessen hat;

3. umso größer sein, je größer der "spezifische Wärmeleitwert λ" ist, den das Material des Feldraumes aufweist *).

Faßt man die hier genannten geometrischen Eigenschaften des Feldraumes und seine maßgebende wärmetechnische Materialeigenschaft zu dem Begriff

---

*) $\lambda =$ kleiner griechischer Buchstabe "Lambda".

seines "Wärmeleitwertes G_W" zusammen, so kann man die Abhängigkeit der
Wirkungsgröße von ihrer Ursachengröße folgendermaßen formulieren:

Wärmeflußstärke = Temperaturdifferenz x Wärmeleitwert

Darin kommt das grundlegende Naturprinzip zum Ausdruck, das besagt: B e i
s o n s t k o n s t a n t e n V e r h ä l t n i s s e n (hier bei konstantem Wärmeleitwert) i s t d i e W i r k u n g s g r ö ß e s t e t s p r o p o r t i o n a l der U r s a -
c h e n g r ö ß e. Diese Gleichung stellt somit die fundamentale Beziehung zwischen den integralen Feldgrößen dar; sie gilt, umgeschrieben in die allgemeine Form:

Flußstärke = Flußantriebsgröße x maßgebender Leitwert des Feldraumes

für alle Felder; dabei ist der betreffende Leitwert nicht notwendig eine Konstante.

Mit Formelbuchstaben lautet diese Gleichung für das Wärmefeld:

$$\phi = \Delta T \cdot G_W \; .$$

Daraus erhält man durch Umstellung die Definitionsgleichung für den Wärmeleitwert G_W:

$$G_W = \frac{\phi}{\Delta T} \; .$$

G_W hat die Dimension "Wärmeflußstärke"/"Temperaturdifferenz", kann also
angegeben werden in Watt pro Kelvin.

Es liegt auf der Hand, daß sich der Wärmeleitwert eines Wärmefeldraumes
nur dann in einfacher Weise berechnen läßt, wenn einerseits sein Querschnitt
A überall gleich ist und andererseits auch seine Länge s. Dann ist

$$G_W = \frac{A}{s} \cdot \lambda \; .$$

Zur Bestimmung des Wärmeleitwertes von Feldräumen, bei denen diese Voraussetzung nicht gegeben ist, schaffen - sofern die Wärmeflußverteilung in
ihnen mathematisch exakt formuliert werden kann, z.B. bei Vorhandensein
von Symmetrie - erst die nachfolgend behandelten ortsbezogenen Feldgrößen
die rechnerischen Grundlagen. In den übrigen Fällen, wie z.B. auch bei dem
in Bild 1.1 dargestellten, ist nur entweder eine näherungsweise Berechnung
von G_W möglich oder aber eine meßtechnische Ermittlung aufgrund der Definitionsgleichung für den Wärmeleitwert: $G_W = \phi / \Delta T$.

Der einfache Zusammenhang zwischen den integralen Feldgrößen:

$$\phi = \Delta T \cdot G_W$$

ist formal der gleiche wie der vom elektrischen Stromkreis her bekannte:

$$I = U \cdot G,$$

der ja auch die Gesamt-Wirkungsgröße "Stromstärke I" mit der Gesamt-Ursachen-größe "Spannung U" über den "elektrischen Leitwert G" in Verbindung bringt. Es ist darauf hinzuweisen, daß diese Zusammenhänge dann l i n e a r sind, wenn die betreffenden Leitwerte G bzw. G_W k o n s t a n t sind, d.h. wenn die jeweiligen Materialeigenschaften "spezifischer elektrischer Leitwert κ " bzw. "spezifischer Wärmeleitwert λ" echte M a t e r i a l k o n s t a n t e n sind; daß sie aber nichtlinear sind, wenn $\kappa \neq$ konst. bzw. $\lambda \neq$ konst. Genauso wie es elektrische Leitermaterialien gibt, deren spezifischer Leitwert von der Stromstärke abhängt, die den Leiter belastet, gibt es auch Wärmeleiter, deren spezifischer Wärmeleitwert sich mit dem Wärmefluß ändert, der sie durchsetzt. Eine echte Materialkonstante ist λ nur bei reinen Metallen.

1.2 Die ortsbezogenen Feldgrößen

Das Wärmefeld wird in jedem Punkt des Feldraumes durch die Intensität und die Richtung des Wärmeflusses an dieser Stelle gekennzeichnet. Für das in Bild 1.1 entworfene Wärmefeld ist in Bild 1.2a die Verteilung des Wärme-flusses auf den Feldraum durch Strömungslinien oder besser "Feldlinien" an-gedeutet. Die - frei wählbare - Gesamtzahl dieser Feldlinien ist ein Maß für die Stärke ϕ des Wärmeflusses. Jede Linie repräsentiert dabei den gleichen Anteil des Gesamtflusses und in der räumlichen Verteilung der Feldlinien ist somit die räumliche Verteilung des Wärmeflusses unmittelbar abgebildet: größere bzw. kleinere Feldliniendichte bedeutet jeweils auch größere oder kleinere Wärmeflußdichte.

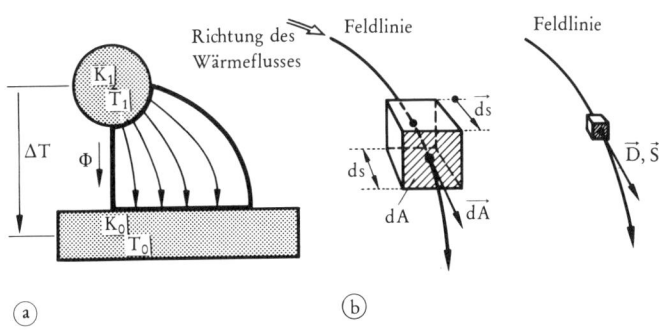

Bild 1.2:
a, Nähere Kennzeichnung des Feldes durch „Feldlinien".
b, Zur Definition der ortsbezogenen Feldgrößen.

Wir greifen nun an einer beliebigen Stelle des Feldes ein infinitesimal kleines würfelförmiges Raumelement vom Querschnitt dA und der Länge ds heraus. Die als Vektor aufgefaßte Länge $\vec{ds}$ soll dabei die Richtung der Tangente an die Feldlinie in dem betreffenden Feldpunkt haben und ihr Richtungssinn soll der des Wärmeflusses selbst sein (Bild 1.2b). Die Querschnittsfläche dA liegt dann senkrecht zur Wärmeflußrichtung an dieser Stelle und wir beschreiben sie durch ihren Vektor $\vec{dA}$, der die Richtung ihrer Flächennormalen hat und dessen Richtungssinn wir so festlegen, daß er mit dem des Vektors $\vec{ds}$ über-einstimmt.

Das herausgegriffene Raumelement werde als so klein betrachtet, daß
1. der durch das Flächenelement dA (= $|\vec{dA}|$) hindurchtretende Teil-Wärme-
   fluß dϕ sich gleichmäßig über dA verteilt;
2. die längs des Wegelements ds (= $|\vec{ds}|$) wirksame Teil-Temperaturdiffe-
   renz dΔT im Inneren des Raumelementes ein gleichmäßiges Temperatur-
   gefälle ergibt;

mit anderen Worten, daß in diesem Raumelement "homogene" Feldverhältnisse
herrschen; die Wärmeflußintensität ist an allen Stellen gleich groß und hat
überall die gleiche Richtung.

Für diesen infinitesimal kleinen Feldraum gilt genau das gleiche Gesetz, das
den Zusammenhang zwischen den integralen Feldgrößen beschreibt, nur daß
es hier auf eine Teil-Flußantriebsgröße und eine Teil-Flußstärke angewandt
wird:

$$d\phi = d\Delta T \cdot G_W.$$

G_W ist jetzt der Wärmeleitwert des betrachteten Raumelementes. Bei diesem
handelt es sich um einen Feldraum von überall gleicher Länge ds und überall
gleichem Querschnitt dA, der von einem homogenen Feld erfüllt ist. Daher
gilt:

$$G_W = \frac{dA}{ds} \cdot \lambda.$$

Damit wird:

$$d\phi = d\Delta T \cdot G_W = d\Delta T \cdot \frac{dA}{ds} \cdot \lambda.$$

Diese Beziehung kann man in folgender Weise umschreiben:

$$d\phi = \frac{d\Delta T}{ds} \cdot \lambda \cdot dA$$

$$\frac{d\phi}{dA} = \frac{d\Delta T}{ds} \cdot \lambda.$$

Die letzte Gleichung stellt bereits die Beziehung zwischen den ortsbezogenen
Feldgrößen dar, denn
dϕ/dA ist als Verhältnis "Teil-Flußstärke"/"Flächenelement, durch das
der betreffende Teilfluß hindurchtritt" die " F l u ß d i c h t e " , die wir in
unserem Wärmefeldbeispiel als "Wärmeflußdichte D" bezeichnen wollen: $D = \frac{d\phi}{dA}$; und

dΔT/ds ist als Verhältnis "Teil-Antriebsgröße"/"Wegelement, längs dessen diese Teil-Antriebsgröße wirksam wird" die "F e l d s t ä r k e " , die
wir in unserem Beispiel als "Wärmefeldstärke S" bezeichnen wollen:
$$S = \frac{d\Delta T}{ds}.$$

Die Wärmeflußdichte hat die Dimension "Wärmeflußstärke"/"Fläche" und kann angegeben werden in Watt pro Meter im Quadrat; die Wärmefeldstärke hat die Dimension "Temperaturdifferenz"/"Weglänge" und kann angegeben werden in Kelvin pro Meter.

Im Gegensatz zu den korrespondierenden integralen Feldgrößen "Flußstärke" und "Flußantriebsgröße" haben die ortsbezogenen Feldgrößen "Flußdichte" und "Feldstärke" eine R i c h t u n g im R a u m , nämlich diejenige, in der die ortsbezogene Ursachengröße "Feldstärke" ihren Antrieb geltend macht, und an der sich infolgedessen die ortsbezogene Wirkungsgröße "Flußdichte" ausrichtet. Zur Ermöglichung der vollständigen mathematischen Aussage sind daher die beiden Größen als Vektoren zu definieren*) :

$$\vec{S} = \frac{d \Delta T}{\vec{ds}} \qquad \text{Definition der Wärmefeldstärke}$$

Hierin hat das Wegelement $\vec{ds}$ die Richtung des stärksten Temperaturgefälles an der fraglichen Stelle; $d \Delta T$ ist die entsprechende Teil-Temperaturdifferenz längs dieses Wegelementes. $\vec{S}$ hat die Richtung von $\vec{ds}$ und damit stets die Richtung des stärksten Temperaturgefälles. (Wie man wohl erkennen kann, ist die hiermit definierte "Wärmefeldstärke $\vec{S}$" nichts anderes als der negative Temperaturgradient $- dT/dx$, mit dem man in der Wärmelehre arbeitet.)

$$\vec{D} = \frac{d \phi}{\vec{dA}} \qquad \text{Definition der Wärmeflußdichte}$$

Hierin ist $\vec{dA}$ der Vektor eines Flächenelementes, das senkrecht zur Richtung des stärksten Temperaturgefälles an der fraglichen Stelle steht; $\vec{dA}$ hat die Richtung der Flächennormalen; $d \phi$ ist die Stärke des Teil-Wärmeflusses, der das Flächenelement durchsetzt. $\vec{D}$ hat die Richtung von $\vec{dA}$ (also auch die von $\vec{ds}$ bzw. die des stärksten Temperaturgefälles).

Damit kann man nunmehr die fundamentale Beziehung zwischen den ortsbezogenen Feldgrößen formulieren :

$$\vec{D} = \vec{S} \cdot \lambda$$

Wärmeflußdichte = Wärmefeldstärke x spezifischer Wärmeleitwert.

Sie gilt, umgeschrieben in die allgemeine Form:

Flußdichte = Feldstärke x maßgebender spezifischer Leitwert des Feldraumes

für alle Felder; dabei ist der betreffende spezifische Leitwert nicht notwendig eine Konstante.
Die Feldstärke an einem bestimmten Feldpunkt ruft also dort eine Flußdichte hervor, deren G r ö ß e durch die Größe der Feldstärke und die Größe des spezifischen Leitwertes des Feldraumes bestimmt wird, und deren R i c h t u n g diejenige der antreibenden Feldstärke ist.

---

*) Siehe hierzu Anm. S. 23

1.3 Der Zusammenhang zwischen den ortsbezogenen und den integralen Feldgrößen

Wird ein beliebiges, hinreichend kleines Flächenelement $\vec{dA}$ des Feldraumes von der konstanten Flußdichte $\vec{D}$ durchsetzt, so ergibt sich der betreffende Teilfluß $d\phi$ als das skalare Produkt aus $\vec{D}$ und $\vec{dA}$ (hierzu Bild 1.3):

$$d\phi = \vec{D} \cdot \vec{dA}.$$

Die skalare Größe $d\phi$ berechnet man dabei nach den Regeln der Vektorrechnung als das Produkt aus den Beträgen von $\vec{D}$ und $\vec{dA}$, multipliziert mit dem Cosinus des Winkels α, den diese beiden Vektoren miteinander einschließen: $d\phi = |\vec{D}| \cdot |\vec{dA}| \cdot \cos\alpha = D \cdot dA \cdot \cos\alpha$. Bei gegebenen Größen D und dA ist somit $d\phi$ ein Maximum, wenn $\vec{D}$ mit $\vec{dA}$ gleichgerichtet ist, und $d\phi$ wird Null, wenn $\vec{D}$ senkrecht auf $\vec{dA}$ steht.

Die eine Querschnittsfläche A des Feldraumes durchsetzende Gesamtflußstärke ϕ berechnet man demzufolge als das Flächenintegral über die Flußdichte:

$$\phi = \int\limits_A d\phi = \int\limits_A \vec{D} \cdot \vec{dA}.$$

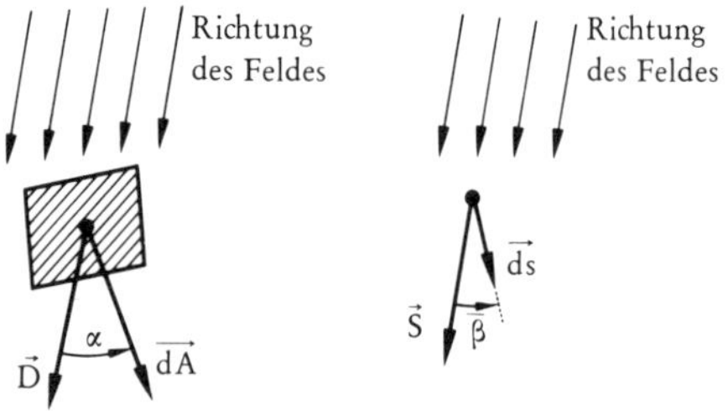

Bild 1.3:
Zur Bildung der skalaren Produkte
$d\Phi = \vec{D} \cdot \vec{dA} \cdot \cos\alpha$ und $d\Delta T = \vec{S} \cdot \vec{ds}$
$= S \cdot ds \cdot \cos\beta$.

Hierbei ist es gleichgültig, wie die Integrationsfläche im Feldraum liegt, sofern sie nur den gesamten Feldquerschnitt umfaßt.

Ist über ein beliebiges, hinreichend kleines Wegelement $\vec{ds}$ des Feldraumes die Feldstärke $\vec{S}$ konstant, so ergibt sich der auf diesem Wegelement wirksame Teil-Flußantrieb $d\Delta T$ als das skalare Produkt aus $\vec{S}$ und $\vec{ds}$:

$$d\Delta T = \vec{S} \cdot \vec{ds}.$$

Dabei ist wieder zu bilden: $d\Delta T = |\vec{S}| \cdot |\vec{ds}| \cdot \cos\beta = S \cdot ds \cdot \cos\beta$, wenn β der Winkel ist, den $\vec{S}$ und $\vec{ds}$ miteinander einschließen (Bild 1.3). $d\Delta T$ wird ein Maximum, wenn man $\vec{ds}$ in Richtung der Feldstärke wählt, $d\Delta T$ wird dagegen Null, wenn man $\vec{ds}$ senkrecht zur Richtung der Feldstärke legt.

Der gesamte zwischen den Körpern 1 und 0 von Bild 1.1 liegende Flußantrieb ΔT läßt sich demzufolge als das Linienintegral über die Feldstärke berechnen:

$$\Delta T = \int\limits_1^0 d\Delta T = \int\limits_1^0 \vec{S} \cdot \vec{ds}.$$

Hierbei ist es gleichgültig, welchen Weg die Integrationslinie im einzelnen nimmt, sofern sie sich nur vom Körper 1 bis zum Körper 0 erstreckt.

Die beiden Beziehungen - die nun auch mathematisch den Ausdruck "integrale Feldgrößen" rechtfertigen - gelten umgeschrieben in die allgemeine Form:

> Flußstärke = Flächenintegral über die Flußdichte

und

> Flußantriebsgröße = Linienintegral über die Feldstärke

für alle Felder.

1.4 *Äquipotentialflächen*

Verbindet man in unserem "Wärmefeld" nach Bild 1.1 jeweils alle jene Feldpunkte miteinander, die auf gleicher Temperatur T liegen, so erhält man "Flächen gleicher Temperatur" oder "Flächen gleichen Wärmepotentials". Man nennt derartige Flächen ganz allgemein "Äquipotentialflächen" (von "aequus", lat.: gleich). Speziell in einem Wärmefeld kann man sie auch genauer als "Wärme-Äquipotentialflächen" bezeichnen.

Äquipotentialflächen und Feldlinien, die ja an jeder Stelle die Richtung von Feldstärke und Flußdichte angeben, stehen immer senkrecht aufeinander. Träfe dies nicht zu, so hätte z.B. die Wärmefeldstärke eine Komponente in der Ebene der Äquipotentialfläche, die ihrerseits eine Komponente der Wärmeflußdichte - ebenfalls in der Ebene der Äquipotentialfläche - hervorriefe. Eine Wärmeströmung bzw. eine Komponente davon ist aber nur in Richtung eines Temperaturabfalls möglich, was der ursprünglichen Annahme konstanter Temperatur längs der betrachteten Fläche widerspricht. Das heißt aber: Feldstärke und Flußdichte treten stets senkrecht aus Äquipotentialflächen aus bzw. in sie ein. Das gilt vor allem auch für die Einmündung der Feldlinien in die voraussetzungsgemäß auf jeweils konstanter Temperatur gehaltenen Körper K_1 und K_0 unseres Beispiels. Häufig ist es bei der Ermittlung von Feldlinienbildern sehr nützlich bzw. unter Umständen sogar leichter, erst die Äquipotentialflächen festzustellen und dann erst die sie senkrecht schneidenden Feldlinien einzuzeichnen.

In Bild 1.4 ist der Verlauf einiger Äquipotentialflächen für unser Wärmefeld eingetragen. Normalerweise zeichnet man sie für jeweils gleiche Potential-

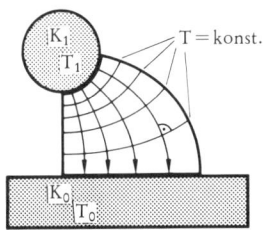

Bild 1.4:
Verlauf der Äquipotentialflächen T = konst. im
Wärmefeld.

unterschiede (hier also für gleiche Wärme-Potentialunterschiede, d.h. für gleiche Temperaturschritte ΔT).

Soll zwischen je zwei Äquipotentialflächen das Linienintegral $\Delta T = \int \vec{S} \cdot \vec{ds}$ immer denselben Wert haben, so ist es klar, daß z.B. bei allmählich abnehmender Feldstärke (= dort, wo die Feldlinien weiter auseinanderstreben, denn Flußdichte und Feldstärke sind einander proportional) die Wegstrecke, über die zu integrieren ist, immer länger wird: Feldlinien und Äquipotentialflächen für jeweils gleiche Potentialschritte rücken immer gemeinsam näher zusammen oder weiter auseinander.

1.5 Quellenfeld und Wirbelfeld

Das hier zur Erläuterung der Feldbegriffe angezogene Wärmefeld ist ein sog. "Quellenfeld": Jede der Feldlinien, die zusammen das ganze Feld charakterisieren, entspringt in einer "Quelle" und endigt in einer "Senke". Es gibt aber daneben noch einen anderen Typ von Feldern, das sind die sog. "Wirbelfelder": bei ihnen sind sämtliche Feldlinien in sich geschlossen, so etwa wie die Wirbellinien eines Wasser- oder Luftwirbels. Auch auf diese Felder wendet man die hier eingeführten Feldbegriffe an.

1.6 Zusammenfassung

Jedes Feld kann durch zwei integrale und zwei ortsbezogene Feldgrößen beschrieben werden:

Die integralen Feldgrößen "Flußantriebsgröße" und "Flußstärke" kennzeichnen als skalare Größen das betreffende Feld in seiner Gesamtheit.

Die ortsbezogenen Feldgrößen "Feldstärke" und "Flußdichte" kennzeichnen als Vektorgrößen den Feldverlauf des betreffenden Feldes in jedem Punkt des Feldraumes nach Größe und Richtung.

Die "Flußantriebsgröße" ist die Ursachengröße des Feldes als Ganzes; sie ist energetisch betrachtet stets eine Potentialdifferenz.

Die "Flußstärke" ist die Wirkungsgröße: das Feld wird in seiner gesamten Ausdehnung von dem betreffenden "Fluß" durchsetzt, der sich bei "homogenem" Feld gleichmäßig, bei "inhomogenem" Feld ungleichmäßig über den Feldraum verteilt. Der Fluß hat in jedem Querschnitt dieselbe Stärke, er besitzt - wie man zu sagen pflegt - "Stromcharakter". Daraus ergeben sich zwei wichtige Folgerungen:

erstens kann man die Stärke eines Flusses, der wechselnde Querschnitte durchläuft, an beliebiger Stelle berechnen, d.h. also an der jeweils für eine Berechnung günstigsten;

zweitens läßt sich auf einen Fluß der entsprechend abgewandelte KIRCHHOFFsche Knotenpunktsatz anwenden: Wenn ein Fluß sich irgendwo verzweigt, dann muß die Summe der einzelnen Teilflußstärken stets gleich der Stärke des Gesamtflusses sein.

Hierbei ist anzumerken, daß der Begriff "Fluß" völlig unabhängig davon gebraucht wird, ob in dem betreffenden Feld wirklich etwas fließt oder nicht. In den meisten Feldern fließt tatsächlich nichts; hier kennzeichnet der "Fluß" ganz einfach den Zustand, in dem sich der gesamte Feldraum befindet.

Zwischen den beiden integralen Feldgrößen besteht der Zusammenhang

Flußstärke = Flußantriebsgröße x maßgebender Leitwert des Feldraumes

(Anstelle des Leitwertes kann man auch den Widerstand des Feldraumes = Kehrwert des Leitwertes, definieren. Leitwertbegriffe sind bei Parallelschaltung, Widerstandsbegriffe hingegen bei Serienschaltung von Feldräumen vorzuziehen; man vergleiche hierzu die analoge Handhabung von Leitwert und Widerstand im elektrischen Stromkreis.)

Der maßgebende Leitwert (Widerstand) eines Feldraumes kann nur bei homogenen Feldern auf einfache Weise unmittelbar berechnet werden; er ist, wenn der betreffende spezifische Leitwert des Feldraumes keine Materialkonstante ist, eine von der Flußbelastung abhängige Größe.

Die "Feldstärke" ist die in einem bestimmten Feldpunkt wirksame, auf ein dort gedachtes infinitesimales Raumelement ortsbezogene Ursachengröße; sie ruft an dieser Stelle eine auf das nämliche Raumelement ortsbezogene Wirkungsgröße, die "Flußdichte" hervor.

Zwischen den beiden ortsbezogenen Feldgrößen gilt der Zusammenhang:

Flußdichte = Feldstärke x maßgebender spezifischer Leitwert des Feldraumes

und zwar nach Größe und Richtung im Raum. Dabei kann der betreffende spezifische Leitwert eine echte Materialkonstante, er kann aber auch eine von der jeweiligen Flußdichte abhängige Größe sein.

Zwischen den integralen und den ortsbezogenen Feldgrößen bestehen die Zusammenhänge:

Flußstärke = Flächenintegral über die Flußdichte

Flußantriebsgröße = Linienintegral über die Feldstärke.

Bei inhomogenen, aber symmetrischen Feldern ermöglicht in der Regel erst ein rechnerischer Ansatz mit den ortsbezogenen Größen die Bestimmung der integralen Größen bzw. deren Zusammenhang untereinaner (siehe hierzu das nachfolgende Beispiel für ein inhomogenes symmetrisches Wärmefeld).

Rechenbeispiel

Zum Abschluß dieses einführenden Kapitels ein Rechenbeispiel für ein "Wärmefeld" (hierzu Bild 1.5):

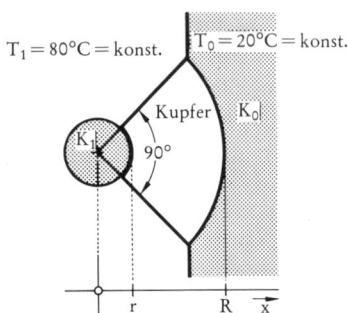

Bild 1.5:

Ein Warmwasserrohr (K_1) mit der konstanten Temperatur T_1 = 80°C (= 353 K) ist durch einen Rohrquadranten aus Kupfer mit einer Wand (K_0) verbunden, die ihrerseits auf der konstanten Temperatur T_0 = 20°C (= 293 K) gehalten wird.

Daten der Anordnung:
Innen- und Außendurchmesser des Kupferrohrquadranten: r = 13, 5 mm, R = 50 mm; seine Länge l = 10 cm; spezifischer Wärmeleitwert von Kupfer: λ = 380 W/m · K = 3,8 W/cm · K (echte Materialkonst.).

Zu berechnen:
die Wärmeflußstärke ϕ,
die Wärmeflußdichte $D_{(r)}$ und $D_{(R)}$ an den Stellen x = r und x = R,
die Wärmefeldstärke $S_{(r)}$ und $S_{(R)}$ an denselben Stellen,
die Abstände x_1, x_2 etc. von der Rohrachse, in denen die Wärmeäquipoten-tialflächen für T = konst. in Temperaturschritten von je 10°C bzw. 10 K liegen.

Die sonstige Umgebung des Rohres und des kupfernen Wärmeleiters sei ver-einfachend als ideal-nichtwärmeleitend - und daher die Verhältnisse im Wär-mefeld nicht störend - anzusehen.

Lösung

Grundbeziehung zwischen den integralen Feldgrößen:

$$\phi = \Delta T \cdot G_W$$

$$\Delta T = T_1 - T_0 = 353 \text{ K} - 293 \text{ K} = 60 \text{ K}.$$

Der Wärmeleitwert G_W des Feldraumes kann hier nicht nach der Gleichung $G_W = \lambda \cdot A/s$ berechnet werden, da der Feldraumquerschnitt A nicht konstant ist. Daher muß man G_W nach der Definitionsgleichung

(a) $$G_W = \frac{\phi}{\Delta T}$$

auf dem Weg über die ortsbezogenen Feldgrößen ermitteln.

Die Symmetrie der Anordnung erlaubt es, über die Wärmeflußdichte zwei Aus-sagen zu machen:

1. $\vec{D}$ ist an jeder Stelle von der Rohrachse weg radial nach außen gerichtet;
2. für konstanten Abstand von der Rohrachse - also auf Zylindermantelflächen, soweit sie im Feldraum liegen - hat D ebenfalls konstante Größe.

Ausgangspunkt für die mathematische Formulierung der Ortsabhängigkeit von D in x-Richtung bildet die Grundtatsache, daß der Wärmefluß an jeder Querschnittstelle dieselbe Stärke hat, also an beliebig gewählter Stelle x ($r \leqslant x \leqslant R$) dieselbe wie an der Stelle r:

$$\phi = \text{konst.} = \int_A \vec{D} \cdot \vec{dA} = D_{(r)} \cdot 1 \cdot \frac{2 \cdot \pi \cdot r}{4} = D_{(x)} \cdot 1 \cdot \frac{2 \cdot \pi \cdot x}{4}$$

$$D_{(x)} = D_{(r)} \cdot r \cdot \frac{1}{x} \ .$$

D nimmt hiernach in x-Richtung, ausgehend von einem Maximalwert $D_{(r)}$ an der Oberfläche des Körpers K_1 mit $1/x$ ab; siehe Bild 1.6. Da wegen $D = S \cdot \lambda$ sich Wärmefeldstärke und Wärmeflußdichte nur um den konstanten Faktor λ unterscheiden, hat S in x-Richtung denselben grundsätzlichen Verlauf:

$$S_{(x)} = \frac{D_{(r)}}{\lambda} \cdot r \cdot \frac{1}{x} = S_{(r)} \cdot r \cdot \frac{1}{x} \quad \left[\text{mit } S_{(r)} = \frac{D_{(r)}}{\lambda} \right].$$

Den Zähler in Gleichung (a) bestimmen wir unmittelbar für die Stelle x = r:

$$\phi = D_{(r)} \cdot \frac{2 \cdot \pi \cdot r}{4} \cdot 1 = D_{(r)} \cdot \frac{\pi \cdot r}{2} \cdot 1.$$

Den zugehörigen Nenner erhalten wir aus dem Linienintegral über die Wärmefeldstärke:

$$\Delta T = \int_1^0 \vec{S} \cdot \vec{ds} = \int_r^R S_{(x)} \cdot dx = \int_r^R S_{(r)} \cdot r \cdot \frac{1}{x} \cdot dx =$$

(b)
$$= S_{(r)} \cdot r \cdot \int_r^R \frac{1}{x} \cdot dx = S_{(r)} \cdot r \cdot \left| \ln(x) \right|_r^R = S_{(r)} \cdot r \cdot (\ln R - \ln r) =$$

$$= S_{(r)} \cdot r \cdot \ln \left(\frac{R}{r} \right) .$$

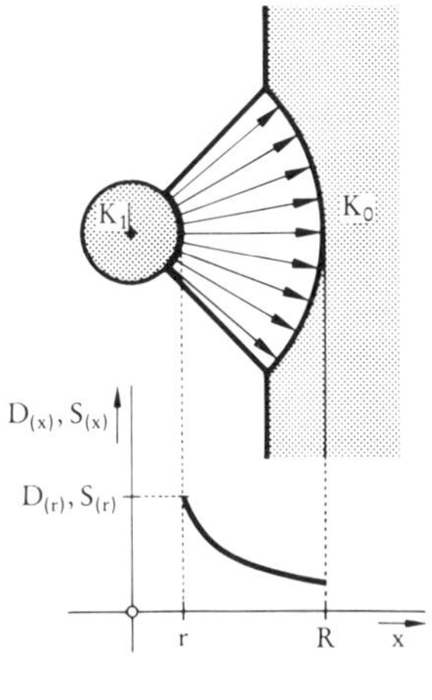

Bild 1.6:
Verlauf von Wärmeflußdichte und Wärmefeldstärke in Abhängigkeit von x. Man vergleiche die Größe von $D_{(x)}$ bzw. $S_{(x)}$ mit der Feldliniendichte an der betreffenden Stelle.

Damit ist der Wärmeleitwert G_W:

$$G_W = \frac{\phi}{\Delta T} = \frac{D_{(r)} \cdot \pi \cdot r \cdot 1/2}{S_{(r)} \cdot r \cdot \ln(R/r)} = \frac{D(r) \cdot \pi \cdot r \cdot 1/2}{(D_{(r)}/\lambda) \cdot r \cdot \ln(R/r)} =$$

$$= \frac{\pi \cdot 1 \cdot \lambda}{2 \cdot \ln(\frac{R}{r})} \cdot$$

Mit den angegebenen Werten wird G_W:

$$G_W = \frac{3,14}{2} \cdot 10\,cm \cdot 3,8 \frac{W}{cm \cdot K} \cdot \frac{1}{1,32} \qquad \left[\ln(\frac{5\,cm}{1,35\,cm}) = \ln 3,7 = 1,32 \right]$$

$$\underline{G_W = 45,2 \frac{W}{K}} \cdot$$

Die Wärmeflußstärke ϕ ist:

$$\underline{\phi = \Delta T \cdot G_W = 60\,K \cdot 45,2 \frac{W}{K} = 2\,720\,W.}$$

Die Wärmeflußdichte D an den Stellen x = r und x = R:

$$\underline{D_{(r)}} = \frac{\phi}{1 \cdot 2\,\pi\,r/4} = \frac{2,72 \cdot 10^3 W}{1,35\,cm \cdot 3,14 \cdot 5\,cm} = \underline{128\,W/cm^2}$$

$$\underline{D_{(R)}} = \frac{\phi}{1 \cdot 2\,\pi\,R/4} = D_{(r)} \cdot \frac{r}{R} = 128 \frac{W}{cm^2} \cdot \frac{1,35\,cm}{5\,cm} = \underline{34,5\,W/cm^2.}$$

Die Wärmefeldstärke S an den Stellen x = r und x = R:

$$\underline{S_{(r)}} = \frac{D_{(r)}}{\lambda} = 128 \frac{W}{cm^2} \cdot \frac{cm \cdot K}{3,8\,W} = \underline{33,7 \frac{K}{cm}}$$

$$\underline{S_{(R)}} = \frac{D_{(R)}}{\lambda} = 34,5 \frac{W}{cm^2} \cdot \frac{cm \cdot K}{3,8\,W} = \underline{9,1 \frac{K}{cm}} \cdot$$

Kontrollrechnung:

$$\Delta T = \int_r^R S_{(x)} \cdot dx = S_{(r)} \cdot r \cdot \ln(\frac{R}{r}) = \qquad [\text{nach Gl. (b)}]$$

$$= 33,7 \frac{K}{cm} \cdot 1,35\,cm \cdot 1,32 = 60\,K.$$

Berechnung der Abstände x_1, x_2 etc. der Äquipotentialflächen von der Rohrachse. Es gilt allgemein nach Gleichung (b):

$$\Delta T_{(r \to x)} = \int_r^x S_{(x)} \cdot dx = S_{(r)} \cdot r \cdot \ln(\frac{x}{r}).$$

Damit kann man ansetzen:

$$10\,K = \int_{r}^{x_1} S_{(x)} \cdot dx = S_{(r)} \cdot r \cdot \ln\left(\frac{x_1}{r}\right)$$

$$\ln\left(\frac{x_1}{r}\right) = \frac{10K}{S_{(r)} \cdot r} = \frac{10\,K \cdot cm}{33{,}7\,K \cdot 1{,}35\;cm} = \frac{10}{45{,}5} = 0{,}22$$

$$\frac{x_1}{r} = 1{,}246;\quad x_1 = 1{,}246 \cdot r = 1{,}246 \cdot 1{,}35\,cm = \underline{1{,}68\,cm.}$$

Nach demselben prinzipiellen Ansatz erhält man:

$$20\,K = \int_{r}^{x_2} S_{(x)} \cdot dx = S_{(r)} \cdot r \cdot \ln\left(\frac{x_2}{r}\right)\;\text{etc.}$$

$$x_2 = 2{,}09\,cm,\quad x_3 = 2{,}6\,cm,\qquad x_4 = 3{,}25\,cm,$$

$$x_5 = 4{,}05\,cm,\quad x_6 = 5\,cm = R.\quad \text{Siehe Bild 1.7.}$$

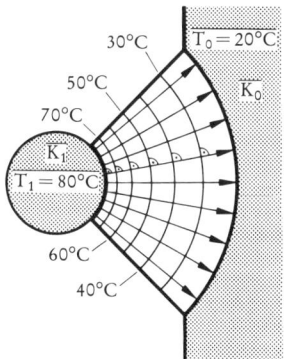

Bild 1.7:
Wärmeäquipotentialflächen im Wärmeleiter.
Wärmeäquipotentialflächen und Feldlinien schneiden
sich stets unter rechtem Winkel.

(Anm.: In diesem wie auch in späteren Kapiteln ist bei der mathematischen Definition der ortsbezogenen Feldgrößen "Feldstärke" und "Flußdichte" eine
Schreibweise verwendet, die zwar, da sie im Nenner eine Vektorgröße aufweist,
nicht ganz korrekt ist, dennoch aber ihrer knappen Prägnanz halber wohl ak-
zeptabel erscheint.)

2. Das elektrische Feld

Die Lehre vom elektrischen Feld geht von zwei fundamentalen Tatsachen aus, die man aufgrund vielfältiger Beobachtungen als gesichert ansehen kann. Die erste davon bildet den Schwerpunkt des nächsten Abschnittes und ihr wesentlicher Inhalt besagt, daß elektrische Ladungen elektrische Felder verursachen; die zweite wird in Kapitel 3 bei der Behandlung der "elektromagnetischen Induktion" genannt werden und führt uns zu der Erkenntnis, daß ein elektrisches Feld auch durch ein sich zeitlich oder örtlich änderndes Magnetfeld verursacht werden kann.

Auf diesen beiden Beobachtungstatsachen läßt sich das ganze Gebäude der elektrischen Feldlehre in einer logischen Aufeinanderfolge von Einzelschritten errichten.

2.1 *Die grundlegenden Beobachtungsbefunde*

Ausgangsbasis für die Behandlung des elektrischen Feldes - wie wir später sehen werden, sogar aller elektrischen und magnetischen Vorgänge überhaupt - ist die Beobachtung, daß eine elektrische Ladung von einem "elektrischen Feld" umgeben wird, dessen Wesensmerkmal es ist, auf eine andere Ladung, die sich in ihm befindet, eine bestimmte Kraft auszuüben. Genau besehen ist es eigentlich so, daß die von den beiden Ladungen ausgehenden elektrischen Felder unmittelbar aufeinander wirken und daß dadurch erst - weil elektrische Ladung und elektrisches Feld untrennbar miteinander verknüpft sind - die Kraftwirkung auf die Träger dieser Felder zustande kommt.

Zur Klarstellung der Verhältnisse seien hier einige elementare Fakten kurz in Erinnerung gebracht: Jegliche Materie ist aus Atomen aufgebaut, die sich ihrerseits wiederum aus den sogenannten Elementarteilchen zusammensetzen. Von den letzteren interessieren für die Vorgänge im elektrischen Feld nur die beiden Träger der positiven und der negativen elektrischen "Elementarladung", das Proton und das Elektron.

Die Einheit der elektrischen Ladung Q ist 1 Coulomb = 1 C = 1 Amperesekunde = 1 As*); ausgedrückt durch diese Einheit hat die elektrische Elementarladung Q_e die Größe $1 Q_e = 1,6 \cdot 10^{-19} C$.

---

*) CHARLES AUGUSTE DE COULOMB (1736 - 1806), franz. Physiker und Ingenieur
ANDRE MARIE AMPÈRE (1775 - 1836), franz. Physiker.

Im Normalzustand enthält jedes Atom genausoviele Elektronen in seinen Umlaufschalen wie Protonen in seinem Kern. Die elektrischen Wirkungen all dieser Protonen und Elektronen kompensieren sich dabei nach außen hin so vollständig, daß die Materie in diesem Zustand als "elektrisch neutral" erscheint.

Eine elektrische Ladung mit Wirkung nach außen hin - und in diesem Sinn wollen wir in Zukunft den Begriff "Ladung" stets verstehen - erhält man nur dann, wenn man den obenerwähnten Gleichgewichtszustand zwischen positiven und negativen Ladungsträgern stört. Das läßt sich bekanntlich durch Reibung bewerkstelligen: bei der Reibung werden auf mechanischem Wege dem einen der aneinander geriebenen Stoffe Elektronen entzogen und vom anderen Stoff mitgenommen. In mehr oder minder starkem Maße kann man auf diese Weise alle festen Stoffe "elektrisieren", aber besonders eindrucksvoll zeigt sich der Effekt beispielsweise bei Glas, Gummi, Nylon oder Bernstein, jeweils etwa mit einem Wollelappen gerieben. Daß Bernstein, griechisch: elektron, durch Reiben in einen höchst bemerkenswerten Zustand gebracht wird, beobachtete man schon im klassischen Griechenland; von daher rührt ja der Name für die ganze "Elektrizität".

Der moderne Mensch verfügt selbstverständlich auch über andere, wesentlich leistungsfähigere Einrichtungen, um elektrische Ladungsträger zu trennen: jede elektrische Gleichspannungsquelle ist ein solches Hilfsmittel, denn an ihrem negativen Pol herrscht ein Übergewicht an Elektronen und an ihrem positiven Pol ein entsprechendes Übergewicht an Protonen.

Völlig unabhängig davon, wie die elektrische Ladung eines Körpers zustandegekommen ist, bemerkt man, daß sich der Raum um den geladenen Körper herum - oder kurz: um die Ladung herum - in einem anderen Zustand befindet als wenn die Ladung nicht vorhanden ist. Dieser Zustand, der sich dem Beobachter in früheren Jahrhunderten nur darin manifestierte, daß der geladene Körper kleine Partikelchen anzog, wird also ganz offensichtlich durch die elektrische Ladung verursacht und man nennt infolgedessen den Raum, soweit sich in ihm derartige Wirkungen feststellen lassen, ein "elektrisches Feld".

Erfreulicherweise ist man sogar in der Lage, die Struktur eines elektrischen Feldes sichtbar zu machen. Man braucht dazu beispielsweise nur ganz feines Kreidemehl vorsichtig in der Umgebung von elektrisch geladenen Körpern zu verstreuen: die einzelnen Partikelchen ordnen sich in ganz bestimmten Mustern an, nach denen man "Feldlinienbilder" der betreffenden elektrischen Felder zeichnen kann. Bild 2.1 zeigt typische Feldlinienverläufe für einige Anordnungen elektrisch geladener Körper.

Was diese Feldlinien zu bedeuten haben, ergibt sich aus einem weiteren Beobachtungsbefund. Bringt man nämlich in ein elektrisches Feld als Versuchs- oder "Probeladung" ein Elektron oder ein Proton, so zeigt sich, daß von dem elektrischen Feld eine Kraftwirkung ausgeht, die die jeweilige Probeladung

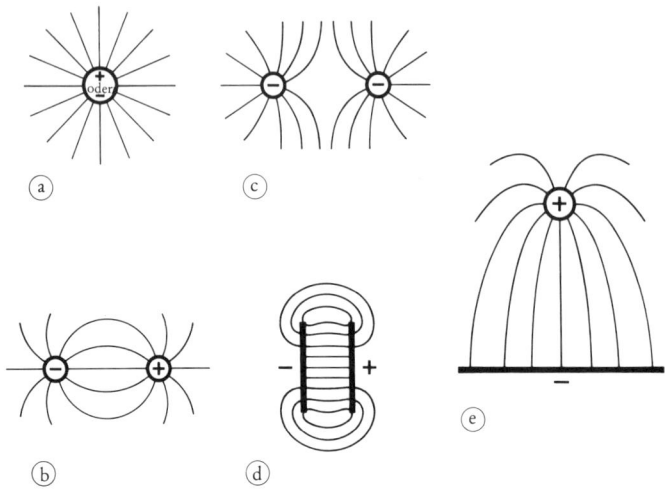

Bild 2.1:
Feldlinienbilder einiger elektrischer Felder
Die Feldlinienbilder können als Darstellungen „ebener" Felder oder als Schnitte durch räumliche
Felder aufgefaßt werden.
a, positiv oder negativ geladene Scheibe (Kugel, kreisrunder Draht).
b, positiv und negativ geladene Scheiben (Kugeln, Drähte).
c, gleichnamig – hier negativ – geladene Scheiben (Kugeln, Drähte).
d, ungleichnamig geladene Stäbe (Platten).
e, Scheibe und Stab (Kugel oder Draht und Ebene).

längs einer Feldlinie bewegt: Die Feldlinien geben also an jeder Stelle des
Feldes die Richtung an, die die vom Feld ausgeübte Kraft dort hat. Außerdem
kann man feststellen, daß die an ein und derselben Stelle eines elektrischen
Feldes auf ein Proton und ein Elektron wirkende Kraft zwar d i e s e l b e G r ö s -
s e , a b e r s t e t s e n t g e g e n g e s e t z t e R i c h t u n g hat; Bild 2.2. Es ist
übrigens bei einer solchen Untersuchung vorausgesetzt, daß die feldererzeu-
gende Ladung eine Ansammlung von sehr vielen Elementarladungen ist und das
gemeinsame elektrische Feld als Ergebnis der Überlagerung entsprechend vie-
ler Einzelfelder daher so stark, daß die eingebrachten Probeladungen Elektron

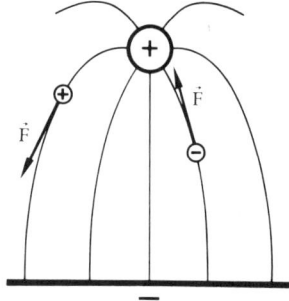

Bild 2.2:
Ein elektrisches Feld übt auf eine Probeladung, die
sich in ihm befindet, eine Kraft F aus, die stets die
Richtung der Feldlinie an dem betreffenden Ort hat;
der Richtungssinn dieser Kraft ist jedoch entgegengesetzt, wenn es sich einmal um eine positive und einmal um eine negative Probeladung handelt.

bzw. Proton mit ihren eigenen Feldern das ursprüngliche Feld nur in vernach-
lässigbarem Maße stören.

Aus der Beobachtung des Richtungssinnes, in dem das elektrische Feld seine
Kraft auf eine Probeladung ausübt, geht die bekannte einfache Aussage hervor:

"Ungleichnamige elektrische Ladungen ziehen sich an, gleichnamige Ladungen stoßen sich ab."

Diese Formulierung ist zwar bestechend ob ihrer schlichten Prägnanz, aber
man sollte doch zumindest parallel dazu stets auch den Gedanken wachhalten,
daß die Kraftwirkung nicht unmittelbar von der Ladung ausgeht, sondern von
dem elektrischen Feld, mit dem sich die Ladung umgibt; das heißt: die Felder
wirken unmittelbar aufeinander und nicht die Ladungen. Dieser Gedanke ist
sehr wichtig, denn es gibt auch elektrische Felder, die nicht von elektrischen
Ladungen erzeugt werden, sondern durch zeitlich oder örtlich veränderliche
magnetische Felder (Kap. 3); derartige elektrische Felder üben aber ganz
genau die gleiche Kraftwirkung auf in sie eingebrachte Ladungsträger aus wie
die hier betrachteten elektrischen Felder.

Der Richtungssinn, in dem ein elektrisches Feld eine Kraft auf eine eingebrachte p o s i t i v e Probeladung ausübt, wird nach allgemeiner Übereinkunft
auf die Feldlinien übertragen, durch die man sich ein solches Feld zu veran-
schaulichen pflegt; Bild 2.3.

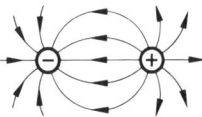

Bild 2.3:
Feldlinienbilder zeichnet man in der Regel so, daß
man in Form von Pfeilspitzen den Richtungssinn ein-
trägt, in dem das elektrische Feld eine Kraft auf eine
p o s i t i v e Ladung ausübt.

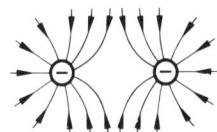

Die Erkenntnis, daß z.B. in einem elektrisch neutralen Wasserstoff-Atom
das elektrische Feld des Kern-Protons durch das elektrische Feld des um-
laufenden Elektrons nach außen hin völlig kompensiert ist*), legt den Schluß
nahe, daß sich ganz allgemein die Felder einzelner Elementarladungen linear
überlagern und daß sich daher die Felder bei entgegengesetzten Vorzeichen
der Ladungen gegenseitig schwächen und bei gleichen Vorzeichen der Ladungen

---

*) Das gilt nur nach außen hin, denn im Innern des Atoms wird das umlaufende
   Elektron gegen die auftretende Fliehkraft vom elektrischen Feld des Protons
   auf seiner Bahn gehalten. Die Massenanziehung spielt dabei, wie sich nachweisen läßt, nur eine vernachlässigbare Rolle.

entsprechend verstärken. Diese Vermutung wird durch das Experiment bestätigt: Die an einer bestimmten Stelle des Feldraumes auf eine Probeladung ausgeübte Kraft verdoppelt sich, wenn die felderzeugende Ladung verdoppelt wird; sie verdoppelt sich aber auch, wenn - bei gleichbleibender felderzeugender Ladung - die Probeladung verdoppelt wird. (Im ersten Fall wird das elektrische Experimentierfeld "verdoppelt", im zweiten das elektrische Feld des Probekörpers; dazu erinnere man sich, daß es die Felder sind, die unmittelbar aufeinander wirken.)

Damit kann man nun die erste der beiden eingangs erwähnten fundamentalen Tatsachen folgendermaßen formulieren:

> Eine elektrische Ladung ist stets von einem "elektrischen Feld" umgeben; dieses elektrische Feld übt eine Kraft auf jede andere Ladung aus, die sich in seinem Feldraum befindet.

> Die Größe der Kraft wird dabei durch die Größen der felderzeugenden und der im Feldraum anwesenden Ladung bestimmt, ihre Richtung hängt von den Vorzeichen dieser Ladungen ab.

Bevor wir nun zur Erzeugung und Diskussion eines einfachen elektrischen Feldes übergehen - d.h. eines Feldes, bei dem sich die Verhältnisse auf einfache Weise berechnen lassen - , sind noch einige Fakten zu nennen, die sich aus der soeben angeschriebenen Beobachtung unmittelbar als logische Folge ergeben und die selbstverständlich auch experimentell verifiziert sind. Die Vertrautheit mit diesen Fakten ist für alles Folgende sehr wesentlich.

Es soll zum Beispiel ein Körper aus elektrisch leitendem Material eine negativ elektrische Ladung bekommen; dazu wird er etwa an irgendeiner Stelle kurz mit dem Minuspol einer elektrischen Gleichspannungsquelle in Berührung gebracht. Im ersten Moment der Berührung sitzt dann die übertragene negative Ladung einigermaßen konzentriert an der Berührungsstelle (Bild 2.4a) und es bildet sich um diese Ladung herum augenblicklich ein elektrisches Feld aus. Jetzt ist es zweckmäßig, die Verhältnisse vom Standpunkt des einzelnen Elektrons aus zu betrachten: Jedes Elektron befindet sich im elektrischen

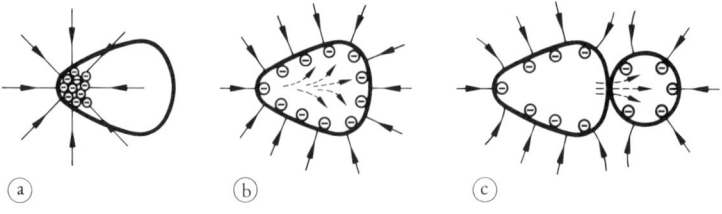

Bild 2.4: Vorgänge bei der Ladung eines Körpers aus Leitermaterial (schematisch)
a, Ladung konzentriert an der Berührungsstelle mit dem negativen Pol einer Gleichspannungsquelle.
b, Statischer Ladungszustand: die überzähligen Elektronen haben sich auf der Leiteroberfläche verteilt.
c, Erweiterung der Oberfläche durch Berühren mit einem zweiten Körper aus Leitermaterial.

Feld aller anderen Elektronen und es wirkt daher eine Kraft auf dieses Elektron, die es von allen anderen zu entfernen trachtet; mit anderen Worten, es stoßen sich alle Elektronen gegenseitig ab. Da nun der betreffende Körper voraussetzungsgemäß ein elektrischer Leiter ist, also ein Metall, in dem sich die Elektronen frei bewegen können, geben sie dieser Abstoßungskraft nach, bewegen sich voneinander weg und kommen erst dort zu Ruhe, wo dieser Bewegung durch die Begrenzung des Leiters ein natürliches Ende gesetzt ist. Im endgültigen Ruhe- oder "statischen" Zustand sind die einzelnen Ladungsträger daher auf der Oberfläche des Leiters so verteilt, daß jeder möglichst weit von allen anderen entfernt ist (Bild 2.4b); bei einer Kugel beispielsweise ergibt das aus Symmetriegründen eine völlig gleichmäßige Verteilung über die Kugeloberfläche.

Bringt man jetzt einen zweiten Körper aus Leitermaterial mit dem ersten in Berührung, so verteilen sich die Ladungsträger erneut auf der nunmehr vergrößerten Oberfläche; Bild 2.4c. Man kann also mit einem geladenen Körper wieder einen weiteren Körper laden.

Dahinströmende Ladung ist das Wesensmerkmal des sogenannten elektrischen "Leitungsstromes"*). Wird ein Metallkörper geladen, so fließt nach dem Vorigen in ihm während einer kurzen Zeitspanne ein "Leitungsstrom", der wieder aufhört, wenn der statische Ladungszustand erreicht ist. Man kann das Ende dieses Stromes aber auch durch ein Feldkriterium ausdrücken: der Leitungsstrom hört auf zu fließen, wenn das elektrische Feld im Inneren des Leiters zu Null geworden ist. Denn über ihre normale ungeordnete Bewegung im Strukturgefüge des metallischen Leiters hinaus werden die freien Leitungselektronen und eventuell vorhandene überzählige Elektronen nur durch Einwirkung einer äußeren Kraft in Bewegung gesetzt und gegen den Energieverlust in Bewegung gehalten, der durch ihre ständigen Stöße an die Atomrümpfe verursacht wird. Hört daher der Leitungsstrom auf, so heißt das, daß keine derartige Kraft mehr wirksam ist: das Innere des elektrischen Leiters muß also feldfrei sein.

Auch aus der Anwendung des Energiesatzes folgt zwingend der Schluß, daß im statischen Ladungszustand das Innere des Leiters frei von elektrischen Feldern ist. Wäre nämlich eines vorhanden, so würden dauernd Kräfte auf die freibeweglichen Elektronen einwirken, diese würden dadurch dauernd beschleunigt und ihre kinetische Energie nähme dauernd zu bzw. sie würden ihre kinetische Energie bei den Stößen an die Atomrümpfe ständig wieder abgeben und der Leiter würde sich zunehmend erwärmen; es ist aber voraussetzungsgemäß gar keine Energiequelle vorhanden, aus der diese Energie entnommen werden könnte.

---

*) Hier ist deshalb nicht vom "elektrischen Strom" schlechthin die Rede, weil "elektrischer Strom" entweder als "Leitungsstrom" auftreten kann - das ist in den allermeisten technischen Anwendungen der Fall - oder aber als "dielektrischer Strom", der später noch zu besprechen sein wird; siehe Kap. 3.1.

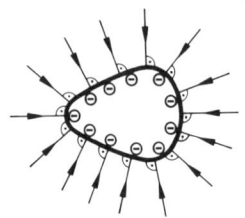

Bild 2.5:
Im statischen Ladungszustand münden sämtliche Feldlinien unter rechtem Winkel auf der Oberfläche des geladenen Körpers aus Leitermaterial; das Innere dieses
Körpers ist feldfrei.

Was den gewöhnlichen elektrischen Stromkreis anbetrifft, so läßt sich für ihn hieraus bereits eine wichtige Erkenntnis gewinnen: In einem elektrischen Leiter fließt
ein Leiterstrom - der hier jedoch aus den frei beweglichen Valenzelektronen besteht und nicht aus überzähligen Elektronen - nur dann, wenn in ihm ein elektrisches
Feld existiert (hierauf werden wir in Kap. 2.7 noch näher eingehen).

Während das Innere eines elektrisch geladenen Leiters im statischen Zustand
feldfrei ist, stehen die Feldlinien, die das von der Ladung in die Umgebung
ausgehende elektrische Feld kennzeichnen, an allen Stellen senkrecht auf der
Leiteroberfläche (Bild 2.5). Wäre das nämlich nicht der Fall, so besäße die
Kraft, die vom Feld auf einen Ladungsträger ausgeübt wird und die ja an
jeder Stelle die Richtung der Feldlinien an diesem Ort hat, eine Komponente
in der Ebene der Oberfläche. Diese Komponente würde demnach an dieser
Stelle frei bewegliche Elektronen verschieben: das widerspricht aber der Voraussetzung, daß der statische Zustand bereits erreicht war. Die hier geschilderten Ladungsverschiebungen finden statt, bevor sich der statische Ladungszustand eingestellt hat.

Bringt man einen elektrisch neutralen Körper aus Leitermaterial in die Nähe
eines geladenen Körpers, also in ein elektrisches Feld, so verschieben sich
unter dem Einfluß des elektrischen Feldes die frei beweglichen Leitungselektronen auf der Oberfläche des ungeladenen Körpers so, daß hier zwei Bereiche
mit entgegengesetzter Ladung entstehen (Bild 2.6a). Man nennt diesen Vorgang

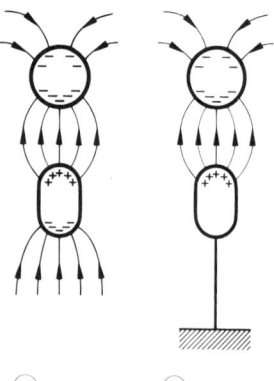

Bild 2.6:
Elektrische Influenz
a, Verschiebung von freien Ladungsträgern auf einem
   elektrischen neutralen Körper aus Leitermaterial
   im elektrischen Feld eines geladenen Körpers.
b, Neutralisierung der negativen Ladung durch elektrisch leitende Verbindung mit „Erde".

"elektrische Influenz"; der geladenen Körper "influenziert" auf dem ungeladenen eine elektrische Ladung. Verbindet man nun das dem geladenen Körper abgewandete Ende des influenzierten Körpers mit Erde - "Erde" ist übrigens stets als leitender Körper anzusehen - so wird die Ladung an diesem Ende neutralisiert. Im Falle des Bildes 2.6b geschieht das dadurch, daß entsprechend viele Elektronen von der negativ geladenen Seite des influenzierten Körpers zur Erde hin abfließen. Wird dann die Erdverbindung wieder aufgetrennt, so trägt der ursprünglich elektrisch neutrale Körper als Resultat die in ihm influenzierte elektrische Ladung.

Die Influenzerscheinung zeigt sich auch dann, wenn ein geladener Körper nach seiner Wirkung auf die im Normalzustand elektrisch neutrale Erde untersucht wird; siehe Bild 2.7. Auf der Erdoberfläche werden durch das elektrische Feld die beweglichen Ladungsträger so verschoben, daß an der dem geladenen Körper zunächst gelegenen Stelle eine elektrische Oberflächenladung entsteht, die dieselbe Größe hat wie die des geladenen Körpers, aber entgegengesetztes Vorzeichen. Man sagt hier: "Ein Körper mit der Ladung +Q (bzw. -Q) influenziert auf der Oberfläche der Erde eine Ladung -Q (bzw. +Q)." Bildlich gesprochen: Von dem geladenen Körper aus scheint durch das "Dielektrikum" - d.h. durch den elektrisch nicht leitenden Raum zwischen den elektrischen Leitern - hindurch ein "dielektrischer Fluß" zu gehen, der von der Ladung +Q (bzw. -Q) ausgeht, auf der anderen Seite die Ladung -Q (bzw. +Q) hervorruft und auf dieser endet.

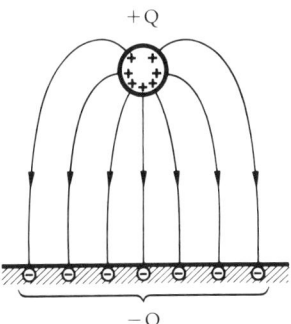

Bild 2.7:
Influenzerscheinung auf der Erdoberfläche.

Die elektrische Influenz ist es übrigens auch, die das Sichtbarmachen der Feldstruktur mittels Kreidemehl ermöglicht: Zwar ist Kreide kein elektrisch leitendes Material, aber unter dem Einfluß des elektrischen Feldes werden die positiven und negativen Ladungen auch in Nichtleitern wie den Kreidepartikeln etwas gegeneinander verschoben, sodaß "elektrische Dipole" mit einem negativen und einem positiven Ende entstehen. Diese Dipole ziehen sich untereinander mit ihren jeweils ungleichnamigen Enden gegenseitig an und bilden so gewissermaßen Ketten auf Linien, längs derer die vom elektrischen Feld ausgehende Kraft wirkt, also auf Feldlinien.

2.2 Die Bestimmung der elektrischen Feldgrößen

In diesem Abschnitt sollen die elektrischen Feldgrößen und daneben auch schon einige damit zusammenhängende Begriffe anhand eines einfachen elektrischen Feldes bestimmt und auf ihre qualitativen und quantitativen Zusammenhänge hin untersucht werden.

2.21 Erzeugung eines einfach berechenbaren elektrischen Feldes

Die Berechnung eines elektrischen Feldes ist dann am einfachsten, wenn es sich um ein "homogenes" Feld handelt. Beim homogenen Feld weist der Feldraum an allen Stellen denselben Querschnitt auf und überall die gleiche Länge; wie in Kapitel 1 dargelegt wurde, haben dann die ortsbezogenen Feldgrößen "Feldstärke" und "Flußdichte" im ganzen Feldraum jeweils konstante Größe und immer dieselbe Richtung. Da bisher von den ortsbezogenen Feldgrößen im elektrischen Feld jedoch noch nicht die Rede war, wollen wir vorerst das Kriterium des homogenen elektrischen Feldes mehr bildlich fassen: die Feldlinien, durch die es sich darstellen läßt, haben überall die gleiche Richtung und überall den gleichen Abstand voneinander.

Ein solches homogenes elektrisches Feld läßt sich in einem sogenannten "ebenen Plattenkondensator" herstellen (Bild 2.8). Der Plattenkondensator ist eine Anordnung aus zwei kreisrunden oder quadratischen ebenen Metallplatten mit der Fläche A, "Elektroden" genannt, die sich in einem bestimmten Abstand s planparallel gegenüberstehen. Der Raum zwischen den Kondensatorplatten wird vom "Dielektrikum" ausgefüllt, d.h. von irgendeinem geeigneten, flüssigen oder gasförmigen elektrischen Nichtleiter oder "Isolator", im einfachsten Fall von Luft.

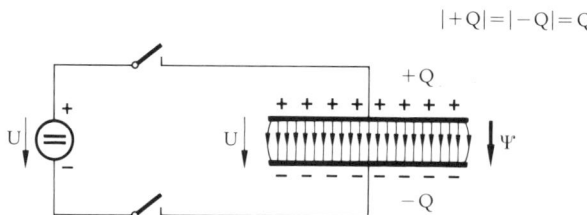

Bild 2.8:
Homogenes elektrisches Feld zwischen den Platten eines ebenen Plattenkondensators von großer Plattenfläche A und vergleichsweise kleinem Plattenabstand s. Der Kondensator trägt die Ladung Q (= |+Q| = |−Q|); auch nach Abschalten der Spannungsquelle herrscht zwischen seinen Platten die Spannung U.
Die Ladungen +Q und −Q sitzen dabei als Oberflächenladungen gleichmäßig verteilt auf den beiden einander zugewandten Plattenseiten. Gegenüber einem Zustand bei relativ großem Plattenabstand, bei dem sich die jeweilige Plattenladung noch unter dem Einfluß der gegenseitigen Abstoßung gleichnamiger Ladungen über beide Plattenseiten verteilt – ein ähnlicher Zustand ist in Bild 2.1d skizziert – überwiegt hier bei engem Plattenabstand die Anziehung zwischen den positiven und negativen Ladungen diese Abstoßung bei weitem, so daß das elektrische Feld auf diese Weise in den Raum zwischen den Platten konzentriert oder „verdichtet" wird; daher hat auch der „Kondensator" = „Verdichter" seinen Namen.

Aufgeladen wird der Kondensator dadurch, daß man seine beiden Platten kurzzeitig an die beiden Pole einer elektrischen Gleichspannungsquelle mit der
Spannung U schaltet. Unter der Wirkung dieser Spannung U werden der einen
Platte freie Leitungselektronen von der Gesamtladung -Q entzogen, sodaß
diese Platte die resultierende positive Ladung +Q erhält; die der positiven
Platte entzogene Ladung -Q wird der gegenüberliegenden Platte zugeführt, die
damit resultierend die negative Ladung -Q trägt.

Bei einem derart geladenen Kondensator sind die Beträge der Ladungen von
negativer und positiver Elektrode stets gleich groß: $|\,{-Q}\,| = |\,{+Q}\,| = Q$; wir
sagen

> "der Kondensator trägt die Ladung Q".

Welche Ladungsmenge Q der Kondensator trägt, hängt bei gegebenen Konden-
satorabmessungen A und s einerseits von der Spannung U ab, mit der er geladen wird, und andererseits vom Dielektrikum, das den Feldraum bildet.

Das elektrische Feld, das sich zwischen den Platten des Kondensators ausbildet, - ein Quellenfeld, denn es nimmt seinen Anfang auf Ladungen und
endigt auf Ladungen - kann dann als hinreichend homogen angesehen werden,
wenn die unvermeidlichen "Randstörungen" (in Bild 2.8 durch gebogene
Randfeldlinien angedeutet) im Verhältnis zum übrigen Feld nur eine vernachlässigbare Rolle spielen. Das heißt: der Plattenabstand s soll sehr klein sein
verglichen mit den Abmessungen der Plattenfläche A: $s \ll \sqrt{A}$. Bei der Betrachtung unserer Kondensatordarstellungen, in denen man ja aus Gründen
der Übersichtlichkeit den Plattenabstand nicht im richtigen Maßstab wieder-
geben kann, sollte man deshalb immer im Gedächtnis behalten, daß dieser
Abstand s außerordentlich klein ist.

Während des Ladevorgangs fließt in den Kondensatorzuleitungen kurzzeitig
ein Leitungsstrom, der "Ladestrom", der sich zwischen den Platten als
"dielektrischer Strom" fortsetzt; über diesen letzteren wird in Kap. 3.1 noch
zu sprechen sein. Wenn der statische Ladungszustand erreicht und das
"elektrostatische Feld" aufgebaut ist, fließt kein elektrischer Strom
mehr und man kann den Kondensator wieder von der Spannungsquelle abtrennen; zwischen den Kondensatorplatten bleibt dabei die Ladespannung U bestehen.

2.22 Die integralen elektrischen Feldgrößen

Die dielektrische Flußstärke

Quantitativ wird das elektrische Feld zwischen den Platten des Kondensators
nach Bild 2.8 in seiner Gesamtheit durch die physikalische Größe "dielektrische Flußstärke ψ" beschrieben*). Dem liegt eine Vorstellung zugrunde, die

---

*) ψ = großer griechischer Buchstabe "Psi".

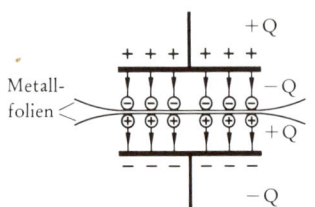

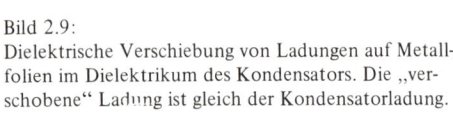

Bild 2.9:
Dielektrische Verschiebung von Ladungen auf Metallfolien im Dielektrikum des Kondensators. Die „ver-
schobene" Ladung ist gleich der Kondensatorladung.

das elektrische Feld als einen "dielektrischen Fluß" auffaßt, der seinen Anfang auf den positiven Ladungen nimmt und auf den negativen Ladungen endigt.
Damit ist auch gleichzeitig der Richtungssinn genannt, den man diesem dielektrischen Fluß zugeordnet hat: von + nach - . Der dielektrische Fluß
kennzeichnet also einen bestimmten elektrischen Raumzustand und er wird in
der bildlichen Felddarstellung ganz einfach durch die Gesamtheit aller Feldlinien repräsentiert; daß irgendetwas in ihm "fließt", davon freilich kann keine Rede sein.

Der dielektrische Fluß ist die integrale Wirkungsgröße in der Anordnung von
Bild 2.8. Mathematisch wird die dielektrische Flußstärke ψ als skalare Größe
ausgedrückt; wenn der Wert von ψ ein Vorzeichen trägt, so gibt dieses unter
Bezug auf einen entsprechenden Zählpfeil an, ob der dielektrische Fluß die
Richtung dieses Zählpfeils hat oder die dazu entgegengesetzte. Ein Wert von ψ
ohne Vorzeichen nennt nur den Betrag der dielektrischen Flußstärke. In einem gegebenen elektrischen Feld hat die dielektrische Flußstärke ψ an sämtlichen Querschnittsstellen denselben Wert (sog. "Stromcharakter" des dielektrischen Flusses).

Einheit und Betrag der dielektrischen Flußstärke ψ ergeben sich aus dem folgenden Versuch (hierzu Bild 2.9): In das elektrische Feld des Plattenkondensators bringt man zwei aufeinanderliegende Metallfolien so ein, daß sie überall senkrecht von den Feldlinien durchsetzt werden. Die Fläche der Folien
muß dabei größer sein als der Querschnitt des elektrischen Feldes, damit
der dielektrische Fluß in seiner ganzen Ausdehnung die Metallfolien durchdringt. Trennt man nunmehr die beiden Folien innerhalb des Kondensators
voneinander und zieht sie dann heraus, so läßt sich feststellen, daß die eine
die Ladung -Q trägt und die andere die Ladung +Q, wobei die Beträge |-Q|
und | +Q | ganz genau gleich der Kondensatorladung Q selbst sind. Physika-
lisch ist das geschehen, was wir im einleitenden Abschnitt unter dem Stichwort "Influenz" kennengelernt haben. Das elektrische Feld übt auf Ladungen
Kräfte in Richtung der Feldlinien aus; diese haben in dem aus zwei Metallfolien bestehenden leitenden Körper freie Ladungen von der einen in die andere Folie verschoben. Weil man nun diesen Verschiebeeffekt dem dielektrischen
Fluß zuschreiben kann, der das elektrische Feld in seiner Gesamtheit verkörpert, hat man früher den dielektrischen Fluß vielfach kurzerhand "Ver-
schiebungsfluß" genannt (und die daraus abgeleitete ortsbezogene Feldgröße
"Verschiebungsdichte"). Wir wollen aber diese Bezeichnungen nicht verwenden.

Der dielektrische Fluß, der von einer Ladung Q ausgeht, ist stets in der Lage, eine Ladung von genau dieser Größe Q zu "verschieben". Es war deshalb
naheliegend, die dielektrische Flußstärke ψ, die ja ein Maß für diese Ver-
schiebefähigkeit sein soll, der verschobenen Ladung Q gleichzusetzen. Durch
Definition wurde daher festgelegt, daß die Flußstärke ψ eines von der Ladung Q ausgehenden dielektrischen Flusses gleich dieser Ladung Q ist:

(1) $\psi = Q$.

Damit hat ψ die Dimension einer elektrischen Ladung und wird unter Verwendung der Einheit für die elektrische Ladung, $[Q] = 1\,C = 1\,As$*), angegeben.

Die elektrische Potentialdifferenz

Das elektrische Feld im Plattenkondensator geht zwar von der elektrischen
Ladung aus, es wäre aber dennoch nicht richtig, diese Ladung als die eigentliche Ursachengröße für das elektrische Feld bzw. für den dafür einstehenden
dielektrischen Fluß anzusprechen. "Ladung" heißt in unserem Sinne immer
"nicht-neutralisierte Ladung", also gegenüber dem Normalzustand getrennte
Ladung. Ladungen trennen sich aber nicht von selber und daher ist die Ursache
für die Ladungstrennung - nämlich die Spannung U der Quelle, mit deren Hilfe der Kondensator geladen wurde - auch die tiefere Ursache für das elektrische Feld bzw. den dielektrischen Fluß. Es ist die Spannung U, die nach
erfolgter Aufladung und auch nach dem Abschalten des Kondensators von der
Quelle zwischen seinen Platten noch weiterhin herrscht.

Die integrale Ursachengröße, die in einem Kondensator die Wirkungsgröße
"dielektrischer Fluß" hervorruft, ist somit die zwischen den Kondensatorplatten existierende "elektrische Potentialdifferenz" oder "elektrische Spannung".

Der elektrischen Spannung U ist per Definition der Richtungssinn "von +
nach - " zugesprochen worden; mathematisch wird sie als skalare Größe ausgedrückt. Bezüglich Vorzeichen gilt auch hier das bereits für die Größe ψ
Gesagte.

Die physikalische Größe "elektrische Spannung U" ist bekanntlich eine bezogene Energiegröße: $U = W/Q$. Sie nennt den Energiebetrag W, der in der einen oder anderen Umwandlungsrichtung umgesetzt wird, wenn eine Ladung Q
diese Spannung U durchläuft. Die Einheit der elektrischen Spannung ist 1 Volt =
1 V = 1 Newtonmeter/Amperesekunde = 1 Nm/As**). Durchläuft also beispiels-

---

*) Die eckigen Klammern [ ] um das Symbol einer physikalischen Größe sind zu le-
sen als: "Die Einheit der Größe...".
**)ALESSANDRO GRAF v. VOLTA (1745 - 1827); italienischer Physiker.
  SIR ISAAC NEWTON (1642 - 1727), englischer Physiker und Mathematiker.

weise eine Ladung Q = 1 As in einer elektrischen Energiequelle die Spannung U = 6 V, so wird dabei eine Energie W = U · Q = 6 Nm aus einer nichtelektrischen Form in die elektrische Form umgewandelt.

Das Wort "Potential" kennzeichnet ganz allgemein die Verfügbarkeit von Energie *) . Besteht zwischen den Platten eines Kondensators eine elektrische Potentialdifferenz, so heißt das nichts anderes als daß eine Ladung von gegebener Größe Q bei ihrem Übergang von der einen Platte zur anderen eine ganz bestimmte Energiemenge gewinnen kann. Diese verfügbare Energie muß beim Aufladen des Kondensators in diesen hineingespeichert worden sein, denn vor der Aufladung existierte ja an ihm keine Potentialdifferenz. Vollzieht die Ladung Q dagegen den Übergang von der einen Platte zur anderen in umgekehrter Richtung wie eben angenommen, so muß sie dabei folgerichtig ihrerseits eine bestimmte Energiemenge an den Kondensator abgeben (die in diesem dann als "grundsätzlich verfügbar" gespeichert wird). Was hier gerade geschildert wurde ist denn auch nur je eine Einzelphase im Entlade- bzw. Ladevorgang eines Kondensators.

Für das Verständnis der elektrischen Geschehnisse am Kondensator sind die energetischen Hintergründe von größter Bedeutung. Wir wollen deshalb das Entladen und das Laden des Kondensators anhand eines schematisierenden Gedankenexperimentes untersuchen, wobei wir der größeren Deutlichkeit halber die Ladungen ihren Weg durch den Feldraum nehmen lassen anstatt durch einen Leiter beim Entladen bzw. durch eine elektrische Spannungsquelle beim Laden; dadurch wird aber nichts wesentliches verfälscht. Wir gehen vom geladenen Kondensator aus und betrachten zuerst den Entladevorgang (Bild 2.10a).

Man stelle sich dabei vor, daß aus der negativ aufgeladenen Elektrode ein Elektron nach dem anderen in den Feldraum austritt, der hier - um alle anderen als seine dielektrischen Einflüsse auszuschließen - als Vakuum gedacht werde. Das einzelne Elektron wird vom elektrischen Feld aufgrund der ausgeübten Kraft $\vec{F}$ in Richtung auf die positive Elektrode beschleunigt und kommt an dieser mit der bis dahin angesammelten kinetischen Energie $m_e \cdot v^2/2$ an (m_e = Masse des Elektrons, v = erreichte Endgeschwindigkeit). Dabei ist zu berücksichtigen: Wenn das erste Elektron angekommen ist und das zweite in den Feldraum eintritt, ist das elektrische Feld schon etwas schwächer geworden, weil die felderzeugende Ladung gegenüber vorher bereits um eine Elementarladung verringert ist. Die Folge davon ist, daß auf jedes Elektron eine etwas kleinere Kraft $\vec{F}$ ausgeübt wird als auf seinen Vorgänger und daß daher auch die angesammelte kinetische Energie jedes Elektrons etwas kleiner ist als die seines Vorgängers. Sind sämtliche n Elektronen, die zu Beginn in ihrer Gesamtheit die Ladung -Q ausmachten, an der positiven Platte angekommen, so ist offenbar die ganze verfügbare Kondensatorenergie aufge-

---

*) Siehe hierzu auch den Abschnitt "Der Potentialbegriff" im Anhang.

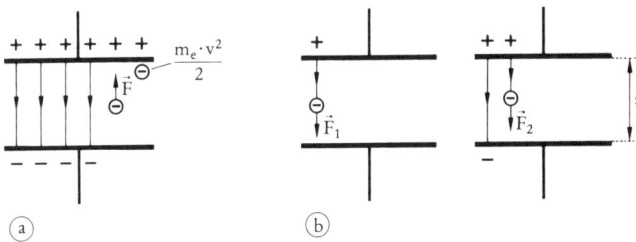

Bild 2.10:
Einzelphasen bei der Entladung bzw. bei der Ladung eines Plattenkondensators (schematisch); das Dielektrikum sei Vakuum.

a, Ein aus der negativen Platte in den Feldraum eintretendes Elektron mit der Masse m_e wird durch die vom Feld ausgehende Kraft $\vec{F}$ beschleunigt und sammelt bis zum Erreichen der positiven Platte die kinetische Energie $m_e \cdot v^2/2$ an.

b, Ein Elektron, das von der oberen Platte durch das Dielektrikum zur unteren transportiert wird, muß durch eine äußere Kraft $\vec{F}_1$ bzw. $\vec{F}_2$ gegen die vom jeweiligen elektrischen Feld ausgeübte Kraft bewegt werden.

braucht (d.h. sie wurde in stetig abnehmenden Portionen zunächst in kineti-sche Energie bewegter Elektronen und dann bei deren Aufprall auf die positi-ve Platte in die entsprechende Wärmeenergie umgewandelt). Denn nach der völligen Entladung sind beide Kondensatorplatten elektrisch neutral, es be-steht zwischen ihnen kein elektrisches Feld mehr, sodaß auch keine Kraft-wirkung mehr statthaben kann auf eine zwischen die Platten eingebrachte Ladung: folglich kann es dann zwischen den Platten auch keine Potentialdiffe-renz mehr geben.

Nun kehren wir das Gedankenexperiment um und laden den Kondensator auf, indem wir ein Elektron nach dem anderen von der oberen Platte durch den Feldraum auf die untere Platte transportieren. In Bild 2.10b sind zwei Pha-sen eines solchen sukzessiven Feldaufbaus schematisch veranschaulicht. Das erste Elektron muß durch eine äußere Kraft $\vec{F}_1$ gegen diejenige Kraft bewegt werden, die von dem elektrischen Feld herrührt, das von der ersten zurückbleibenden positiven Elementarladung ausgeht. Wenn dieses Elektron auf der anderen Platte ankommt, ist - von außen her - die Arbeit
$W_1 = \int_s \vec{F}_1 \cdot \vec{ds}$ geleistet, d.h. in den Kondensator hineingespeichert wor-den. Beim Hinüberschaffen des zweiten Elektrons besteht zwischen den Plat-ten bereits das mit der ersten Elementarladung aufgebaute elektrische Feld; zu dessen Wirkung addiert sich nun diejenige der zweiten zurückbleibenden positiven Elementarladung. $\vec{F}_2$ ist infolgedessen etwas größer als $\vec{F}_1$ und da-her ist dann auch W_2 größer als W_1. Es muß also für die Trennung jeder Ele-mentarladung immer etwas mehr Energie aufgewendet werden als für die vor-hergehende (man vergleiche die korrespondierende Tendenz bei der Entladung = Ladungszusammenführung), weil sich nämlich zwischen den Kondensatorplatten eine stetig wachsende Potentialdifferenz aufbaut. Es leuchtet ein, daß der La-devorgang dann zu einem Abschluß kommt, wenn die sich infolge der Aufla-

dung bildende Potentialdifferenz zwischen den Kondensatorplatten genau die
Höhe derjenigen Spannung U erreicht hat, über die die ladende Quelle verfügt.
Dieses Gedankenexperiment bestätigt die Richtigkeit der Auffassung, daß die
Potentialdifferenz U zwischen den Platten als die integrale Ursachengröße
des elektrischen Feldes bzw. des dielektrischen Flusses zu gelten hat.

Zusammenhang zwischen elektrischer Potentialdifferenz und dielektrischer
Flußstärke

Im elektrischen Feld wird der quantitative Zusammenhang zwischen der integralen Wirkungsgröße ψ und der integralen Ursachengröße U durch den "dielektrischen Leitwert G_d" des Feldraumes hergestellt (vergl. hierzu auch
Kap. 1.1):

(2) $\psi = U \cdot G_d$.

Dielektrische Flußstärke = elektrische Potentialdifferenz x
dielektrischer Leitwert des Feldraumes

Hieraus ergibt sich als Definitionsgleichung für den dielektrischen Leitwert
G_d eines Feldraumes:

(3) $G_d = \dfrac{\psi}{U}$.

Im Begriff des dielektrischen Leitwertes sind die geometrischen Eigenschaften des Feldraumes mit seiner dielektrischen Eigenschaft zu einem einzigen
Ausdruck zusammengefaßt. Dabei versteht man unter der "dielektrischen Eigenschaft" eines Materials ein "Maß für die Bereitwilligkeit, dielektrischen
Fluß zu führen". Dieses Maß wird durch den "spezifischen dielektrischen
Leitwert ϵ", genannt die "Dielektrizitätskonstante ϵ", ausgedrückt*). Es ist
bemerkenswert, daß es kein Material mit $\epsilon = 0$ gibt, d.h. wir können einen
dielektrischen Fluß nicht etwa dadurch in bestimmte Bahnen zwingen, daß wir
diese Bahnen durch dielektrische Nichtleiter begrenzen, denn solche haben
wir nicht. Auch das Vakuum, dem man doch, da es eigentlich "Nichts" ist,
philosophisch überhaupt keine Eigenschaften zusprechen könnte, verfügt über
die Eigenschaft der dielektrischen Leitfähigkeit. Ja, man benützt gerade die
mit ϵ_0 bezeichnete Dielektrizitätskonstante des freien Raumes als Bezugsgröße und drückt die Dielektrizitätskonstante irgendeines Materials durch die
sog. "relative Dielektrizitätskonstante ϵ_r", die "Dielektrizitätszahl ϵ_r" dieses Materials in der Form

$$\epsilon = \epsilon_0 \cdot \epsilon_r$$

aus. Ein $\epsilon_r = 2,5$ beispielsweise gibt also an, daß der spezifische dielektrische Leitwert des betreffenden Materials zweieinhalbmal so groß ist wie der
des Vakuums.

---

*) ϵ = kleiner griechischer Buchstabe "Epsilon".

Der Wert von ϵ_0 wurde experimentell ermittelt zu:

$$\epsilon_0 = \frac{1}{36 \cdot \pi} \cdot 10^{-9} \frac{As}{Vm} \approx 0,885 \cdot 10^{-11} \frac{As}{Vm} = 0,885 \cdot 10^{-13} \frac{As}{Vcm} .$$

Nachfolgend sind die Werte für das ϵ_r einiger Isoliermaterialien ("Dielektrika") angegeben.

Material	ϵ_r	Material	ϵ_r
Luft	1,0006 $\approx$ 1	Glimmer	5 8
Papier	1,8 ... 2,6	Porzellan	4,5 5
Glas	5 10	Öl	2,2 2,5
Kondensa	40 80	Titankeramik	12 .... 10 000

Bei den meisten der in der Elektrotechnik verwendeten Isoliermaterialien kann der spezifische dielektrische Leitwert ϵ als eine Materialkonstante angesehen werden. Das gilt allerdings nicht für die Vertreter der letztgenannten Gruppe (Bariumtitanate, Mischtitanate); deren in der Regel sehr hohes ϵ_r ändert seinen Wert mit der elektrischen Beanspruchung.

Der dielektrische Leitwert G_d läßt sich bei homogenen Feldern von konstantem Querschnitt A und überall gleicher Länge s leicht berechnen, denn bei gegebener Flußantriebsgröße U ist:

1. $\psi \sim A$ Die Flußstärke ist umso größer, je größer der verfügbare Fluß-bzw. Feldquerschnitt ist*).

2. $\psi \sim \frac{1}{s}$ Die Flußstärke ist umso kleiner, je länger die vom Fluß zu durchmessende Weglänge ist.

3. $\psi \sim \epsilon$ Die Flußstärke ist umso größer, je größer die "Durchlässigkeit des Dielektrikums für den dielektrischen Fluß" ist.

Zusammengefaßt ergibt sich:

$$\psi \sim \frac{A \cdot \epsilon}{s}$$

bzw. unter Einbeziehung der Potentialdifferenz U:

(4) $\psi = U \cdot \dfrac{A \cdot \epsilon}{s} .$

Aus der Anwendung der Definitonsgleichung für den dielektrischen Leitwert (3) auf die Gleichung (4) erhält man die Bemessungsgleichung für G_d:

(5) $G_d = \dfrac{\psi}{U} = \dfrac{A \cdot \epsilon}{s} = \dfrac{A \cdot \epsilon_0 \cdot \epsilon_r}{s} .$

---

*) Das Zeichen " $\sim$ " bedeutet: "proportional".

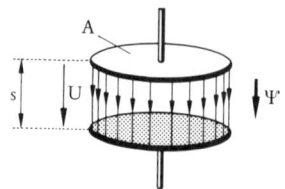

Bild 2.11:

Hierzu ein Beispiel: Ein Plattenkondensator (Bild 2.11) hat die Plattenfläche $A = 150\,cm^2$, den Plattenabstand $s = 0,5\,mm$ und als Dielektrikum Luft mit $\epsilon_r \approx 1$. Sein dielektrischer Leitwert ist:

$$G_d = \frac{A \cdot \epsilon_o \cdot \epsilon_r}{s} = \frac{1,5 \cdot 10^2\ cm^2 \cdot 0,885 \cdot 10^{-13}}{0,5 \cdot 10^{-1}\ cm} \frac{As \cdot 1}{Vcm} =$$

$$= 2,66 \cdot 10^{-10}\ \frac{As}{V}\ .$$

Legt man an den Kondensator eine Spannung $U = 200\ V$ an, so führt er im Dielektrikum einen dielektrischen Fluß von der Stärke:

$$\psi = U \cdot G_d = 200\ V \cdot 2,66 \cdot 10^{-10}\ \frac{As}{V} = 5,32 \cdot 10^{-8}\ As.$$

(Da $\psi = Q$, haben wir damit auch gleichzeitig die elektrische Ladung bestimmt, die der Kondensator bei $U = 200\ V$ trägt. Tatsächlich ist es so, daß infolge dieser Gleichsetzung die hier benützte Größe $A \cdot \epsilon/s$ einen doppelten Charakter hat: einmal stellt sie als "dielektrischer Leitwert" den Zusammenhang zwischen dem Flußantrieb U und der Flußstärke ψ her und das anderemal gibt sie als sog. "Kapazität" an, welche elektrische Ladung der Kondensator bei gegebener Spannung zu fassen vermag. Siehe hierzu später Abschnitt 2.3.)

Ersetzen wir nun das Dielektrikum Luft durch eine Glasplatte mit $\epsilon_r = 6$, so erhöht sich der dielektrische Leitwert gemäß Gleichung (5) gegenüber vorher um den Faktor 6 auf

$$G_{d(Glas)} = 6 \cdot G_{d(Luft)} = 6 \cdot 2,66 \cdot 10^{-10}\ \frac{As}{V} = 15,96 \cdot 10^{-10}\ \frac{As}{V}\ .$$

Entsprechend wächst - bei gleichbleibender Spannung $U = 200\ V$ - die dielektrische Flußstärke auf den 6-fachen Wert an:

$$\psi_{(Glas)} = 6 \cdot \psi_{(Luft)} = 6 \cdot 5,32 \cdot 10^{-8}\ As = 31,92 \cdot 10^{-8}\ As.$$

(Das bedeutet übrigens, daß der Kondensator $\psi_{(Glas)}/Q_e = Q_{(Glas)}/Q_e = 31,92 \cdot 10^{-8}\ As/1,6 \cdot 10^{-19}\ As = 2 \cdot 10^{12}$ Elementarladungen trägt.)

Anstatt den Feldraum durch seinen dielektrischen Leitwert zu beschreiben, kann man selbstverständlich geradesogut den hierzu reziproken Wert, nämlich seinen "dielektrischen Widerstand R_d" angeben. Für diesen gilt die Definitionsgleichung:

$$(6) \qquad R_d = \frac{1}{G_d} = \frac{U}{\psi}$$

bzw. für den Fall des homogenen elektrischen Feldes in einem Plattenkondensator die Bemessungsgleichung:

$$(7) \qquad R_d = \frac{1}{G_d} = \frac{s}{A \cdot \epsilon} = \frac{s}{A \cdot \epsilon_0 \cdot \epsilon_r} \quad .$$

Der dielektrische Leitwert G_d und der dielektrische Widerstand R_d beschreiben ein und dasselbe, nämlich die dielektrische Eigenschaft des betreffenden Feldraumes; nur tun sie es auf zueinander reziproke Weise. Besteht der Feldraum einer Anordung überall aus dem gleichen Material, so ist es gleichgültig, mit welchem der beiden Begriffe man arbeitet. Ist er jedoch quer zur Flußrichtung aus verschiedenen Materialien geschichtet, sodaß also der dielektrische Fluß mehrere hintereinanderliegende dielektrische Strecken überwinden muß, so sind die Widerstandsbegriffe vorzuziehen, denn der dielektrische Widerstand des gesamten Feldraumes ist ganz offensichtlich die Summe der in Reihe liegenden dielektrischen Teilwiderstände. Umgekehrt ist es bei einer Längsschichtung des gesamten Feldraumes: hier bieten sich dem dielektrischen Fluß parallel zueinander liegende Feldräume dar und der dielektrische Leitwert des gesamten Feldraumes ist infolgedessen die Summe der parallel liegenden dielektrischen Teilleitwerte; d.h. in einem solchen Fall benützt man zweckmäßigerweise die Leitwertbegriffe.

Übungsaufgaben (Lösungen siehe Seite 214) $\epsilon_0 = 0,885 \cdot 10^{-13} \, \dfrac{As}{Vcm}$

1. Ein Luftkondensator hat die Abmessungen $A = 100 \text{ cm}^2$ und $s = 1,77$ mm. Welchen dielektrischen Fluß ψ führt der Kondensator bei $U = 120$ V, wenn das Dielektrikum zur Hälfte mit Porzellan ($\epsilon_r = 5$) gefüllt wird, und zwar
a, parallel zu den Platten (Bild 2.12a);
b, senkrecht zu den Platten (Bild 2.12b)?

2. Ein Luftkondensator mit der Fläche A und dem Plattenabstand s führt bei anliegender Spannung U einen bestimmten dielektrischen Fluß ψ. Nun wird eine Glimmerscheibe von der Dicke s und der Dielektrizitätszahl $\epsilon_r = 8$ so-

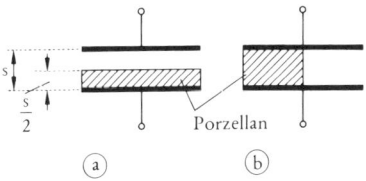

Porzellan

(a) (b)

Bild 2.12:

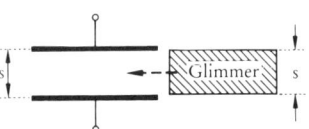

Glimmer

Bild 2.13:

weit zwischen die Platten hineingeschoben (Bild 2.13), daß bei gleicher Spannung U die Flußstärke viermal so groß ist wie vorher. Welcher Teil k · A der gesamten Querschnittsfläche A wird von der Glimmerscheibe überdeckt?

2.23 Die ortsbezogenen elektrischen Feldgrößen

Zur Bestimmung der ortsbezogenen elektrischen Feldgrößen ist nun der Übergang zu machen von der Betrachtung des Feldes in seiner Gesamtheit zu einem infinitesimal kleinen Raumelement des Feldbereiches (vergl. hierzu auch Abschnitt 1.2 des einführenden Kapitels). Für ein solches Raumelement gibt die "elektrische Feldstärke" nach Größe und Richtung an, welcher Teil-Flußantrieb, also welche elektrische Teil-Potentialdifferenz dort wirksam ist, und die "dielektrische Flußdichte" sagt ebenfalls nach Größe und Richtung aus, welcher dielektrische Teil-Fluß dort infolgedessen existiert. Da es sich bei diesen Richtungsangaben um "Richtungen im Raum" handelt, werden die ortsbezogenen elektrischen Feldgrößen "elektrische Feldstärke $\vec{E}$" und "dielektrische Flußdichte $\vec{D}$" mathematisch als Vektorgrößen angeschrieben.

Aus der Einbeziehung der Richtungsangabe erhellt schon, daß die ortsbezogenen Feldgrößen eine überragende Rolle bei der Beschreibung inhomogener Felder spielen. Läßt sich für ein derartiges Feld - etwa eines der in Bild 2.1 skizzierten - der ortsabhängige Verlauf von $\vec{E}$ bzw. von $\vec{D}$ mathematisch exakt formulieren, so ist dieses Feld durch das betreffende "Vektorfeld" eindeutig beschrieben und man ist dann auch in der Lage, den dielektrischen Leitwert sowie weitere damit zusammenhängende Größen zu berechnen.

Die elektrische Feldstärke

Die elektrische Feldstärke $\vec{E}$ wird aus der integralen Feldgröße U, also aus der G e s a m t - Ursachengröße, abgeleitet. Sie ist infolgedessen die o r t s - b e z o g e n e Ursachengröße und ihre allgemeingültige Definiton lautet:

(8) $$\vec{E} = \frac{dU}{\vec{ds}} .$$

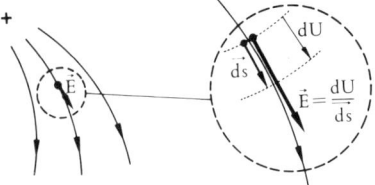

Bild 2.14:
Zur Definition der elektrischen Feldstärke $\vec{E}$.

Hierin hat das Wegelement $\vec{ds}$ die Richtung des stärksten Potentialgefälles, das ist die Richtung der Tangente an die Feldlinie in dem betreffenden Punkt (Bild 2.14). dU ist die längs des Wegelements $\vec{ds}$ anfallende elektrische Potentialdifferenz, also ein differentieller Anteil der Gesamt-Flußantriebsgrösse U^*). Die elektrische Feldstärke $\vec{E}$ hat die Richtung von $\vec{ds}$. Der Verlauf der Feldlinien mitsamt ihrem eingetragenen Richtungssinn "von + nach -" gibt daher in jedem Punkt des Feldraumes die Richtung der elektrischen Feldstärke $\vec{E}$ an.

Im homogenen Feld eines ebenen Plattenkondensators nimmt das elektrische Potential gleichmäßig von der positiven Platte (der nach willkürlicher Übereinkunft das höhere elektrische Potential zugesprochen wird) zur negativen Platte hin ab. Hier vereinfacht sich die Gleichung (8) zu

$$(8a) \qquad E = \frac{U}{s}$$

wobei man üblicherweise auf den Vektorcharakter von E verzichtet.

Die elektrische Feldstärke im Dielektrikum eines Plattenkondensators mit dem Plattenabstand s = 0,5 mm beträgt also z. B. bei einer Plattenspannung U = 200 V:

$$E = \frac{U}{s} = \frac{200\ V}{0,5\ mm} = 4 \cdot 10^5\ \frac{V}{m} = 4 \cdot 10^5\ \frac{Nm}{As\,m} = 4 \cdot 10^5\ \frac{N}{As}\,.$$

Die elektrische Feldstärke gibt zunächst einmal als "Spannung pro Länge" die auf die Weglänge bezogene Potentialdifferenz an. Die soeben durchgeführte Umformung mit Hilfe der Einheitengleichung 1 Nm/As offenbart aber ihren eigentlichen Charakter, der sich natürlich auch aus der Definitonsgleichung für die elektrische Potentialdifferenz U herleiten läßt, $U/s = W/(s \cdot Q) = (F \cdot s)/(s \cdot Q) = F/Q$: die elektrische Feldstärke nennt eine auf die Ladung bezogene Kraft

$$(9) \qquad \vec{E} = \frac{\vec{F}}{Q}\,.$$

Befindet sich demnach eine Ladung Q in einem elektrischen Feld von der Feldstärke $\vec{E}$, so wirkt auf diese Ladung die Kraft $\vec{F} = \vec{E} \cdot Q$. (Das ist der mathematische Ausdruck für den in 2.1 bereits mitgeteilten Beobachtungsbefund, daß die auf eine im elektrischen Feld befindliche Ladung Q ausgeübte Kraft einerseits umso größer ist, je größer Q selbst ist, und daß sie andererseits umso größer ist, je größer die felderzeugende Ladung ist; wir wissen aber nunmehr aus unserem Gedankenexperiment "Kondensatorladung", daß bei

---

*) dU wird dabei in der gleichen Richtung positiv gezählt, wie das Potential g e f ä l l e U selbst, nämlich "von + nach - ". Die in der Literatur häufig angegebene Definition $\vec{E} = - dU/ds$ geht zwar von dem an sich mathematisch richtigen Ansatz: $dU = U_{ende} - U_{anfang}$ aus, wodurch z.B. dU positiv wird, wenn man etwa von -3 V auf + 5 V übergeht; es wird hierbei aber völlig übersehen - oder es scheint doch jedenfalls kaum jemanden zu stören - , daß es in höchstem Grade inkonsequent ist, die Größe U in der einen Richtung positiv zu zählen (von + nach -) und das Differential dU dieser Größe in der genau dazu entgegengesetzten (von - nach +).

gegebener Anordnung mit der felderzeugenden Ladung die Potentialdifferenz
U wächst, und nach Gl. (8a) wächst mit dieser auch die Feldstärke E.)

Hierzu ein Beispiel: Das Dielektrikum des obengenannten Kondensators sei
Vakuum; in ihm befinde sich ein Elektron mit $Q_e = 1,6 \cdot 10^{-19}$ As und $m_e =$
$9,1 \cdot 10^{-31}$ kg. Auf dieses Elektron wirkt eine Kraft von der Größe

$$F = E \cdot Q_e = 4 \cdot 10^5 \, \frac{N}{As} \cdot 1,6 \cdot 10^{-19} \, As = 6,4 \cdot 10^{-14} \, N.$$

Durch diese - für menschliche Verhältnisse doch recht winzige - Kraft
erfährt das Elektron eine Beschleunigung a:

$$\vec{F} = m \cdot \vec{a} \Rightarrow a = \frac{F}{m_e} = \frac{6,4 \cdot 10^{-14} \, N}{9,1 \cdot 10^{-31} \, kg} = 7,05 \cdot 10^{16} \, \frac{N}{kg}$$

$$\text{wegen: } [F] = [m] \cdot [a] : 1 \, N = 1 \, kg \cdot 1 \, \frac{m}{s^2}$$

$$\text{ist: } 1 \, kg = 1 \, N \cdot \frac{s^2}{m}$$

$$a = 7,05 \cdot 10^{16} \, \frac{N \, m}{N \, s^2} = 7,05 \cdot 10^{16} \, \frac{m}{s^2} \, .$$

(Zum Vergleich: Die Beschleunigung bei modernen Verkehrsmitteln liegt in
der Größenordnung von einigen Metern pro s^2.) Von elektrischen Feldkräften
durch Vakuumstrecken bewegte Elektronen bilden zum Beispiel den "elektrischen Strom" in Elektronenröhren oder zeichnen als "elektronische Schreib-
stifte" die Schirmbilder von Elektronenstrahloszillographen und Fernsehgeräten.

Wird die von der elektrischen Feldstärke herrührende Kraft nicht wie in
unserem Beispiel soeben auf eine freie Ladung ausgeübt, die der Kraft durch
eine entsprechende Bewegung nachgeben kann, sondern auf ortsfeste Ladungen,
so wirkt sich die elektrische Feldstärke als eine Materialbeanspruchung aus,
der ein Isoliermaterial nur bis zu einer bestimmten Grenze standhalten kann

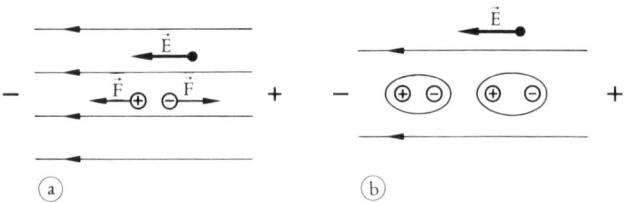

Bild 2.15:
a, Auf positive und negative Elementarladungen im Isoliermaterial werden durch ein elektrisches
   Feld gleichgroße, entgegengesetzt gerichtete Kräfte F ausgeübt.
b, Polarisationserscheinung im Isoliermaterial unter der Einwirkung eines elektrischen Feldes: die
   eingezeichneten positiven und negativen Einzelladungen sollen schematisch die gegenseitige Verschiebung der positiven und negativen „Ladungsschwerpunkte" gegenüber dem elektrisch neutralen
   Zustand deutlich machen.

(hierzu Bild 2.15): Auf die in jedem Isoliermaterial stets in gleicher Anzahl
vorhandenen, ortsfest gebundenen positiven und negativen Elementarladungen
übt die an der betreffenden Stelle herrschende Feldstärke jeweils gleichgroße,
aber entgegengesetzt gerichtete Kräfte aus (in Bild 2.15a steht dafür stellvertretend nur je eine Ladung). Das heißt aber, die Feldstärke versucht, die an
sich zusammengehörenden ungleichnamigen Ladungen jedes Moleküls auseinan-
derzuzerren. Das Resultat ist bei stetig ansteigender Feldstärke zunächst
einmal die sog. "Polarisation": die ungleichnamigen Ladungen im einzelnen
Molekül des Isoliermaterials werden so gegeneinander verschoben, daß ihre
"Ladungsschwerpunkte", die im elektrisch neutralen Zustand zusammenfallen, nunmehr getrennt sind und das Molekül auf diese Weise sozusagen ein
positives und ein negatives Ende aufweist (Bild 2.15b); erreicht die elektrische Feldstärke schließlich den Punkt, an dem die äußeren Kräfte diejenigen
inneren Kräfte überwiegen, die das Molekül zusammenhalten, so wird das Molekül "aufgebrochen". Damit wird das Isoliermaterial als solches natürlich
zerstört, denn das Aufbrechen des Moleküls setzt Ladungsträger frei, die
nun als elektrischer Strom - meist in Verbindung mit optischen und akusti-
schen Erscheinungen - den sog. "elektrischen Durchbruch" vollziehen.

(Bildet Vakuum das Dielektrikum zwischen zwei Elektroden, an denen Spannung liegt, so kann zwar hier das "Isoliermaterial" als solches nicht zerstört werden; die auf den Elektrodenoberflächen sitzenden Ladungen sind
aber ebenfalls den Feldkräften ausgesetzt: sie können bei entsprechend gros-
ser Feldstärke aus der Oberfläche herausgerissen werden und es erfolgt dann
auch hier ein elektrischer Überschlag in Form von elektrischem Strom durch
das Vakuum.)

Diejenige Feldstärke, bei der ein elektrischer Durchbruch auftritt, ist von
Material zu Material verschieden; sie ist die maßgebende Kenngröße, die den
notwendigen Aufschluß über die "elektrische Festigkeit" eines Isoliermaterials
vermittelt. Nachfolgend sind die Werte für die "elektrische Durchschlagfeldstärke E_d" einiger Isolierstoffe angegeben*).

Material	$\dfrac{E_d}{kV/cm}$	Material	$\dfrac{E_d}{kV/cm}$
Luft	≈ 20	Glimmer	600
Glas	100 ... 400	Porzellan	300 ... 400
Weichgummi	150 ... 300	Öl	50 ... 300
Bernstein	580 ... 750	Polystyrol	120 ... 500

*) Die elektrische Durchschlagfeldstärke E_d ist stets eine Funktion der Schicht-
stärke und der Temperatur; deshalb lassen sich in Tabellen normalerweise keine
Einzelwerte angeben, sondern nur ganze Wertebereiche (die natürlich auch den
unterschiedlichen Materialeigenschaften - z.B. diverser Glassorten - Rechnung
tragen).

Der bereits mehrfach als Beispiel verwendete Luftkondensator mit dem Plattenabstand s = 0, 5 mm darf also höchstens mit einer Spannung $U = U_{max}$ betrieben werden:

$$E_{max} = E_d = 20 \frac{kV}{cm} = \frac{U_{max}}{s} \Rightarrow U_{max} = E_d \cdot s = 20 \frac{kV}{cm} \cdot 0,05 \, cm =$$
$$= 1 \, kV.$$

Füllt man hingegen sein Dielektrikum mit Glimmer aus, so ist entsprechend der höheren Durchschlagfeldstärke von Glimmer ein 30-mal so großes U_{max} möglich, nämlich 30 kV. In der Regel betreibt man natürlich Kondensatoren nicht so hart an der Grenze ihrer elektrischen Festigkeit. Arbeitet man daher etwa mit dreifacher Sicherheit gegen elektrischen Durchschlag, so ist die maximale Betriebsspannung für den genannten Plattenkondensator

$$U_{max} = \frac{1000 \, V}{3} = 333 \, V \text{ bei Luft als Dielektrikum,}$$

$$U_{max} = \frac{30 \, kV}{3} = 10 \, kV \text{ bei Glimmer als Dielektrikum.}$$

Die Umstellung der Gl. (8a) ergibt die Beziehung

(10) $U = E \cdot s$,

mit deren Hilfe bei konstanter elektrischer Feldstärke E - also im homogenen elektrischen Feld - die auf eine Weglänge s anfallende elektrische Potentialdifferenz U zu berechnen ist.

Um den Darstellungen elektrischer Felder noch eine zusätzliche Information zu geben, zeichnet man häufig "Äquipotentialflächen" in sie hinein. Eine Äquipotentialfläche ist - wie bereits erwähnt - die Gesamtheit aller Punkte, die jeweils das gleiche elektrische Potential gegenüber einem willkürlich als Bezugspunkt gewählten "Nullpotential" haben. Eine Ladung, die sich im elektrischen Feld in Richtung der Feldstärke $\vec{E}$ (= in Richtung der Feldlinien) bewegt, gewinnt oder verliert je nach der Bewegungsrichtung und ihrer Polarität an Potential. Folglich darf die Feldstärke in der Ebene der Äquipotentialfläche keine Komponente aufweisen, denn eine Ladungsbewegung in dieser Ebene soll ja definitionsgemäß keine Potentialveränderung mit sich bringen: die Äquipotentialflächen werden daher von den Feldlinien stets unter rechtem Winkel geschnitten (vergl. Kap. 1.4). Und umgekehrt: jede Fläche, auf der alle Feldlinien senkrecht stehen, ist eine Äquipotentialfläche; das trifft für die Oberflächen elektrisch geladener Leiter im statischen Ladungszustand immer zu (vergl. Kap. 2.1), und daher sind, wie nach allem Vorangegangenen nicht anders zu erwarten, die Plattenoberflächen eines geladenen Kondensators die beiden äußersten Äquipotentialflächen des betreffenden elektrischen Feldes. In der Regel ordnet man hier der negativen Platte das elektrische Potential 0 V zu, dann hat die positive Platte das elektrische Potential + U, wenn U die zwischen den Platten existierende Potentialdifferenz ist. Die übrigen Äquipotentialflächen zeichnet man zweckmäßigerweise nach dem Prinzip ein, daß jeweils von einer Äquipotentialfläche zur nächsten der gleiche Potentialschritt U_S zu machen ist; dabei soll natürlich die Gesamtspannung U ein ganzzahliges Vielfaches von U_S sein:

$$U = n \cdot U_S \Rightarrow U_S = \frac{U}{n} \quad \text{mit: } n = 2, 3, 4, \ldots$$

Im homogenen elektrischen Feld des ebenen Plattenkondensators sind die Äquipotentialflächen aus Gründen der Symmetrie ebene, parallel zu den Platten liegende Flächen, deren jeweiliger Abstand s_S voneinander sich leicht ermitteln läßt. Nach Gl. (8a) kann man ansetzen:

$$E = \frac{U_S}{s_S} \Rightarrow s_S = \frac{U_S}{E} = \frac{U}{n \cdot E} .$$

Für das in Bild 2.16 gezeigte Beispiel mit U = 300 V, s = 0,75 mm, E = 300 V/0,75 mm = 400 V/mm, erhält man bei n = 5, U_S = 300 V/5 = 60 V, auf diese Weise:

$$s_S = \frac{U_S}{E} = \frac{60 \text{ V}}{400 \text{ V/mm}} = 0,15 \text{ mm}.$$

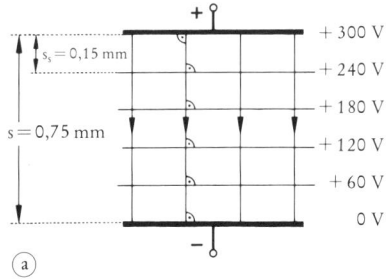 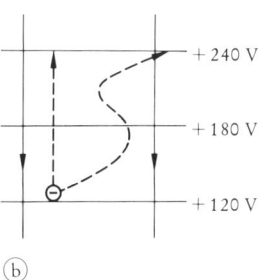

Bild 2.16:
a, Äquipotentialflächen in einem ebenen Plattenkondensator; Plattenspannung U = 300 V, Potentialschritt U_S = 60 V. (Die Darstellung darf nicht als maßstäblich angesehen werden; s muß sehr klein gegenüber den Abmessungen der Platten sein, damit das Feld als hinreichend homogen gelten kann.)
b, Die beim Transport eines Elektrons vom Potential U = +120 V auf das Potential U = +240 V seitens des elektrischen Feldes aufzuwendende Arbeit W ist unabhängig davon, wie der Weg im einzelnen verläuft, da hier immer nur jene Wegkomponenten zählen, die die Richtung der elektrischen Feldstärke $\vec{E}$ (bzw. die dazu entgegengesetzte) haben.

Zur Beurteilung der Potentialverhältnisse wollen wir wieder ein Gedankenexperiment machen: In diesem Feld werde ein Elektron entlang einer Feldlinie durch die vom elektrischen Feld ausgehende Kraft von der Äquipotentialfläche mit U = + 120 V auf die mit U = + 240 V gebracht. Dann muß das Feld die Arbeit W leisten:

$$W = F \cdot 2s_S =$$ wobei nach Gl. (9): $F = E \cdot Q =$
$$= E \cdot Q_e \cdot 2s_S =$$ = konst., wegen
E = konst.
$$= 2 \cdot E \cdot s_S \cdot Q_e = 2 \cdot U_S \cdot Q_e =$$
$$= 2 \cdot 60 \text{ V} \cdot 1,6 \cdot 10^{-19} \text{ As} = 1,92 \cdot 10^{-17} \text{ VAs} = 1,92 \cdot 10^{-17} \text{ Nm}.$$

Prinzipiell ist es gleichgültig, ob das Elektron auf direktem Wege, d.h. längs einer Feldlinie, von der einen zur anderen Äquipotentialfläche gebracht wird oder auf irgendeinem anderen, beliebig verlaufendem Weg (Bild 2.16b). Denn jede Wegkomponente senkrecht zu den Feldlinien liegt auf einer Äquipotentialfläche und erfordert zu ihrer Bewältigung infolgedessen keinen Arbeitsaufwand: es zählen hier grundsätzlich nur die Komponenten in Richtung der Feldstärke und diese sind im homogenen Feld summa summarum stets gleich der kürzesten Verbindung der beiden betreffenden Äquipotenitalflächen.

Für ein inhomogenes elektrisches Feld gilt alles hier Gesagte sinngemäß; es sind nur - entsprechend der Tatsache, daß jetzt die elektrische Feldstärke im allgemeinen von Punkt zu Punkt ihren Betrag und ihre Richtung ändert - die einzelnen Beziehungen einerseits unter Verwendung der Vektorgrößen und andererseits in differentieller bzw. integraler Form zu schreiben. So tritt etwa an die Stelle der einfachen Beziehung $U_S = E \cdot s_S$ zwischen Potentialschritt und elektrischer Feldstärke im homogenen Feld die allgemeingültige Formulierung:

$$U_S = \int_{s_S} \vec{E} \cdot d\vec{s}.$$

Diese Gleichung ist nichts anders als die formale Umkehrung der Gl. (8):

$$\vec{E} = \frac{dU}{d\vec{s}} \Rightarrow dU = \vec{E} \cdot d\vec{s}$$

daraus:

(10a) $$U = \int_s dU = \int_s \vec{E} \cdot d\vec{s}.$$

Aufgrund dieser allgemeingültigen Beziehung läßt sich die längs eines Weges s anfallende Potentialdifferenz U berechnen. Dabei ist $d\vec{s}$ ein Element des Integrationsweges, der im einzelnen beliebig verlaufen kann. Bei der Vektormultiplikation $\vec{E} \cdot d\vec{s}$ sind die Regeln für das "skalare" oder "innere Produkt" anzuwenden: $dU = |\vec{E}| \cdot |d\vec{s}| \cdot \cos \alpha = E \cdot ds \cdot \cos \alpha$, wenn α der Winkel ist, den $\vec{E}$ und $d\vec{s}$ miteinander einschließen (Bild 2.17a). Auf diese Weise wird - je nachdem, wie man es auffaßt - der Betrag der Feldstärke mit der in die Richtung der Feldstärke fallenden Komponente des Wegelementes multipliziert oder aber der Betrag des Wegelementes mit der in die Richtung des Wegelementes fallenden Komponente der Feldstärke (Bild 2.17b).

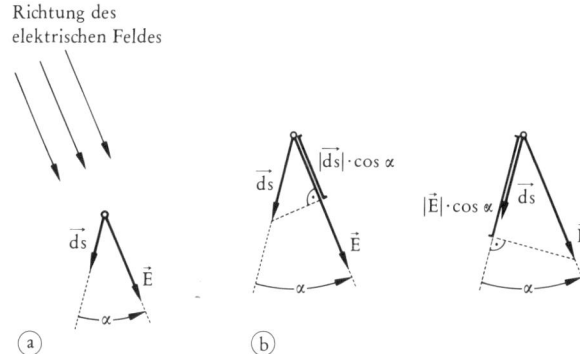

Bild 2.17:   (a)   (b)

Wird in einem inhomogenen elektrischen Feld z.B. eine negative Ladung Q vom Punkt A zum Punkt B gebracht (Bild 2.18), so ist vom Feld - wenn B auf dem höherem elektrischen Potential liegt - die Arbeit W_{AB} zu leisten:

$$W_{AB} = \int_{s_{AB}} \vec{F} \cdot \vec{ds} = \int_{s_{AB}} \vec{E} \cdot Q \cdot \vec{ds} = Q \cdot \int_{s_{AB}} \vec{E} \cdot \vec{ds}.$$

Wendet man hierauf die Gl. (10a) an, so wird daraus:

(11) $$W_{AB} = \int_{s_{AB}} \vec{F} \cdot \vec{ds} = Q \cdot \int_{s_{AB}} \vec{E} \cdot \vec{ds} = Q \cdot U_{AB}.$$

Dieses Ergebnis ist sehr wichtig, denn es bestätigt die für das homogene elektrische Feld bereits gewonnene Erkenntnis als allgemeingültig:

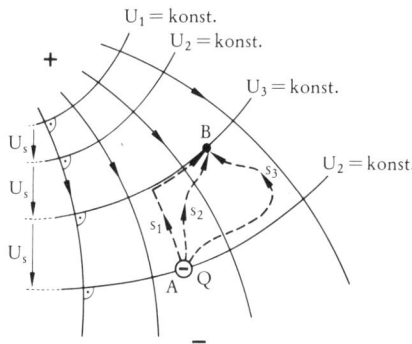

Bild 2.18:
Die Arbeit W_{AB}, die das elektrische Feld aufwenden muß, um die negative Ladung Q von A nach B zu bringen, ist unabhängig vom Verlauf des Transportweges zwischen A und B:

$$W_{AB} = Q \cdot U_{AB}.$$

weil das Linienintegral von A nach B über die elektrische Feldstärke, das die elektrische Potentialdifferenz zwischen den Punkten A und B ergibt, unabhängig vom Integrationsweg ist:

$$\int_{s_1} \vec{E} \cdot \vec{ds} = \int_{s_2} \vec{E} \cdot \vec{ds} = \int_{s_3} \vec{E} \cdot \vec{ds} = U_{AB}.$$

Die bei der Bewegung einer Ladung im elektrostatischen Feld aufzuwendende Arbeit hängt nur von der Potentialdifferenz zwischen dem Anfangs- und dem Endpunkt des Weges ab, nicht aber vom Verlauf des Weges im einzelnen.

Diese Erkenntnis läßt sich auch aus einer Energiebetrachtung gewinnen: Wäre etwa in Bild 2.18 die vom elektrischen Feld aufzuwendende Arbeit auf dem Wege s_2 größer als auf dem Wege s_3, so könnte man eine Ladung Q von A nach B auf dem Wege s_2 führen und dann wieder zurück von B nach A auf dem Wege s_3; man würde dabei Energie gewinnen und könnte diesen Vorgang beliebig oft wiederholen. Das steht aber im Widerspruch zum Energiesatz, denn dem elektrostatischen Feld wird keine Energie von außen zugeführt und durch die Bewegung einer Ladung im Feld auf einer geschlossenen Bahn wird das Feld als solches nicht verändert, d.h. es wird die Plattenladung nicht abgebaut. Auch dies bestätigt also die Gl. (11): Das Linienintegral über die elektrische Feldstärke von A nach B ist im elektrostatischen Feld unabhängig vom gewählten Integrationsweg und ergibt immer die Potentialdifferenz oder Spannung U_{AB}.

Was die Vorzeichen in Gl. (11) anbetrifft, so ist folgendes zu bedenken: Q trägt je nachdem, ob es sich um eine positive oder um eine negative Ladung handelt, das entsprechende Vorzeichen; U_{AB} ist positiv, wenn der Anfangspunkt A positiv gegenüber dem Endpunkt B ist (z.B.: A liegt auf + 20 V, B auf + 12 V), und U_{AB} ist negativ, wenn es sich umgekehrt verhält. Überlegt man sich, welche Vorzeichenkombination auf diese Weise für $Q \cdot U_{AB}$ möglich sind und welches energetische Geschehen dabei jeweils im Hintergrund steht, so sieht man, daß ein positives Vorzeichen von W_{AB} stets besagt: das elektrische Feld gibt diese Energie ab, und ein negatives Vorzeichen: das elektrische Feld gewinnt diese Energie.

Zum Abschluß scheint es angebracht, die hier behandelte elektrische Feldstärke noch einmal vom Begrifflichen her zu diskutieren: Das elektrische Feld ist ein "Kraftfeld", denn sein Wesensmerkmal besteht darin, daß es auf eine in ihm befindliche elektrische Ladung - oder tiefgründiger: auf das von dieser Ladung ausgehende elektrische Feld- eine Kraft ausübt. Genau diese Kraft wird durch die elektrische Feldstärke $\vec{E}$ nach Größe und Richtung für jeden einzelnen Punkt des Feldraumes angegeben.

Entsprechend den beiden soeben zitierten Betrachtungsweisen, nämlich daß das elektrische Feld auf die Ladung Q wirkt oder auf das von dieser Ladung ausgehende Feld, das durch den betreffenden dielektrischen Fluß ψ repräsentiert wird, kann man die elektrische Feldstärke zweifach interpretieren:

$$E = \frac{F}{Q} \quad \text{oder } E = \frac{F}{\psi} \qquad \text{wegen: } \psi = Q$$

In Worten:
die elektrische Feldstärke E nennt eine auf die Ladung Q bezogene Kraft,

oder

die elektrische Feldstärke E nennt eine auf die dielektrische Flußstärke ψ bezogene **Kraft**.

Die zweite Interpretation ist zweifellos die universellere und dem Wesen des elektrischen Feldes gemäßere, da sie den Partner der gegenseitigen Wirkung unmittelbar nennt und nicht speziell eine seiner zwei möglichen Ursachengrößen (wir erinnern hier daran, daß elektrische Felder auch von zeitlich veränderlichen Magnetfeldern verursacht werden können). In der Praxis kommt natürlich der ersten Interpretation die größere Bedeutung zu, weil ja die von einem elektrischen Feld auf ein anderes elektrisches Feld ausgehende Wirkung sich nur dann als reale Kraft manifestiert, wenn dieses zweite elektrische Feld fest an einen Ladungsträger geknüpft ist.

Die dielektrische Flußdichte

Die dielektrische Flußdichte $\vec{D}$ wird aus der integralen Feldgröße ψ, also aus der G e s a m t - Wirkungsgröße abgeleitet. Sie ist daher die o r t s b e z o g e - n e Wirkungsgröße und ihre allgemeingültige Definiton lautet:

(12) $\vec{D} = \dfrac{d\psi}{d\vec{A}}$.

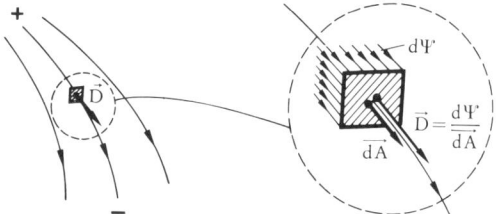

Bild 2.19:
Zur Definition der dielektrischen
Flußdichte $\vec{D}$.

Hierin hat der Vektor des Flächenelementes $d\vec{A}$ die Richtung des stärksten Potentialgefälles, das ist die Richtung der Tangente an die Feldlinie in dem betreffenden Punkt (Bild 2.19). $d\psi$ ist die Stärke des dielektrischen Teilflusses, der das Flächenelement $d\vec{A}$ durchsetzt, also ein differentieller Anteil der Gesamt-Wirkungsgröße ψ. Die dielektrische Flußdichte $\vec{D}$ hat die Richtung von $d\vec{A}$. Der Verlauf der Feldlinien mitsamt ihrem eingetragenen Richtungssinn "von + nach - " gibt daher in jedem Punkt des Feldraumes sowohl die Richtung der elektrischen Feldstärke E als auch der dielektrischen Flußdichte $\vec{D}$ an. Zeichnet man die Feldlinienbilder elektrischer Felder so, daß jede Feldlinie einen gleich großen Teil des gesamten dielektrischen Flusses repräsentiert, so ist die Feldliniendichte an einer bestimmten Stelle des Feldraumes ein unmittelbares Maß für den Betrag der dielektrischen Flußdichte und - weil die ortsbezogene Wirkungsgröße $\vec{D}$ bei gleichbleibendem Material stets in einem festen Zusammenhang zur ortsbezogenen Ursachengröße $\vec{E}$ steht - auch für den Betrag der elektrischen Feldstärke*).

*) Letzteres gilt allerdings nicht mehr, wenn das elektrische Feld mehrere Dielektrika verschiedener dielektrischer Leitfähigkeit durchsetzt; siehe hierzu später Bild 2.33 in Abschnitt 2.4 "Mehrschichtdielektrikum".

Im homogenen Feld eines ebenen Plattenkondensators ist der dielektrische Fluß aus Symmetriegründen gleichmäßig über die Querschnittsfläche A des Feldraumes verteilt. Hier vereinfacht sich die Gl. (12) zu

(12a) $D = \dfrac{\psi}{A}$

wobei man wieder - wie schon im analogen Fall der Feldstärke - auf den Vektorcharakter verzichten kann.

Die dielektrische Flußdichte in einem Plattenkondensator mit der Plattenfläche $A = 150 \text{ cm}^2$, der einen dielektrischen Fluß von der Stärke $\psi = 30 \cdot 10^{-8}$ As führt, beträgt somit;

$$D = \frac{\psi}{A} = \frac{30 \cdot 10^{-8} \text{ As}}{15 \cdot 10^1 \text{ cm}^2} = 2 \cdot 10^{-9} \frac{\text{As}}{\text{cm}^2} \ .$$

Wegen der formalen Gleichsetzung von dielektrischer Flußstärke und Kondensatorladung, $\psi = Q$, gibt die hier errechnete Flußdichte D gleichzeitig die Ladungsdichte Q/A auf den Oberflächen der Kondensatorplatten an. (Das sind im obigen Beispiel umgerechnet $\dfrac{2 \cdot 10^{-9} \text{ As}}{1,6 \cdot 10^{-19} \text{ As}} \dfrac{Q_e}{} = 1,25 \cdot 10^{10}$ Elementarladungen pro Quadratzentimeter.)

Die Umkehrung der Gl. (12) ergibt die allgemeingültige Gleichung zur Berechnung des dielektrischen Flusses ψ, der eine Fläche A durchdringt:

$$\vec{D} = \frac{d\psi}{d\vec{A}} \quad \Rightarrow \quad d\psi = \vec{D} \cdot d\vec{A}$$

daraus:

(13) $\psi = \int\limits_A d\psi = \int\limits_A \vec{D} \cdot d\vec{A}.$

Hierin ist $d\vec{A}$ ein beliebig gelegenes Flächenelement der Integrationsfläche. $\vec{D} \cdot d\vec{A}$ wird als Skalarprodukt gebildet: $d\psi = |\vec{D}| \cdot |d\vec{A}| \cdot \cos\beta = D \cdot dA \cdot \cos\beta$, wobei β der Winkel ist, den die Vektoren $\vec{D}$ und $d\vec{A}$ miteinander einschließen

Richtung des
elektrischen Feldes

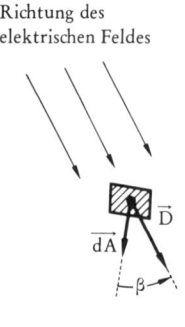

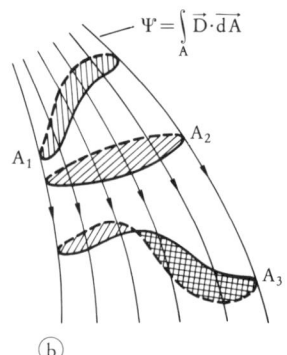

$\Psi = \int\limits_A \vec{D} \cdot d\vec{A}$

Bild 2.20:   ⓐ   ⓑ

(Bild 2.20a). Man kann sich leicht überlegen, daß der Wert des Integrals davon unberührt bleibt, wie die Integrationsfläche im einzelnen verläuft (Bild 2.20b), entscheidend ist nur, daß sie den gesamten Flußquerschnitt erfaßt. Man wird im konkreten Einzelfall die Integrationsfläche natürlich so legen, daß die Integration möglichst einfach wird.

Für homogene Feldverhältnisse vereinfacht sich die Gl. (13) zu

(13a) $\quad \psi = D \cdot A$.

Was den Zusammenhang zwischen den integralen elektrischen Feldgrößen und den aus ihnen abgeleiteten ortsbezogenen Feldgrößen anbetrifft, so haben sich die beiden einander formal ähnlichen Beziehungen ergeben, die wir hier wegen ihrer fundamentalen Bedeutung noch einmal anschreiben wollen:

$$U = \int_s \vec{E} \cdot \vec{ds}.$$

Elektrische Potentialdifferenz = Linienintegral über die elektrische Feldstärke

$$\psi = \int_A \vec{D} \cdot \vec{dA}$$

Dielektrische Flußstärke = Flächenintegral über die dielektrische Flußdichte.

Zusammenhang zwischen elektrischer Feldstärke und dielektrischer Flußdichte

Der Zusammenhang der ortsbezogenen Feldgrößen untereinander wird durch die Eigenschaften des infinitesimalen Raumelementes hergestellt, in dem diese beiden Größen auftreten. Dieses Raumelement hat die Länge $\vec{ds}$ (in Richtung von $\vec{E}$ bzw. $\vec{D}$) und eine senkrecht dazu gelegene Querschnittsfläche dA (Bild 2.21). Zwischen den beiden Begrenzungsflächen in Feldrichtung ist die Potentialdifferenz dU wirksam und erzeugt in dem Raumelement den dielektrischen Fluß der Stärke dψ. Bei hinreichend klein gewähltem Raumelement kann

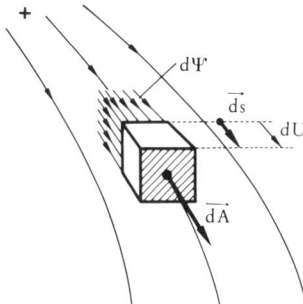

Bild 2.21:
Im Raumelement von der Länge $\vec{ds}$ in Feldrichtung und dem Querschnitt $\vec{dA}$ senkrecht dazu ist die Flußantriebsgröße dU wirksam und verursacht dort den dielektrischen Fluß dψ.

das elektrische Feld in ihm immer als homogen betrachtet werden, d.h. es sind auf diese Weise die Verhältnisse des ebenen Plattenkondensators im Infinitesimalen reproduziert. Infolgedessen lassen sich hier alle für den ebenen Plattenkondensator gültigen Beziehungen - entsprechend umgeschrieben - anwenden, vor allem die Bemessungsgleichung (5) für den dielektrischen Leitwert G_d eines homogenen Feldraumes. Es gilt:

$$\psi = U \cdot G_d \quad [\text{Gl. (2)}] \quad \Rightarrow \quad d\psi = dU \cdot G_d$$

$$G_d = \frac{A \cdot \epsilon}{s} \quad [\text{Gl. (5)}] \quad \Rightarrow \quad G_d = \frac{d\vec{A} \cdot \epsilon}{d\vec{s}}.$$

Daraus wird:

$$d\psi = dU \cdot \frac{d\vec{A} \cdot \epsilon}{d\vec{s}}$$

und durch Umstellen:

$$\frac{d\psi}{d\vec{A}} = \frac{dU}{d\vec{s}} \cdot \epsilon.$$

In dieser letzten Gleichung steht aber links die dielektrische Flußdichte $\vec{D} = d\psi/d\vec{A}$ und rechts die elektrische Feldstärke $\vec{E} = dU/d\vec{s}$ (man beachte, daß in unserem Raumelement nach Bild 2.21 die Vektoren $d\vec{A}$ und $d\vec{s}$ die Richtung des stärksten Potentialgefälles haben, so wie es die Definitonsgleichungen für $\vec{D}$ und $\vec{E}$ fordern). Es ergibt sich also nach Größe und Richtung:

(14) $\vec{D} = \vec{E} \cdot \epsilon = \vec{E} \cdot \epsilon_0 \cdot \epsilon_r$

Dielektrische Flußdichte = elektrische Feldstärke x spezifischer dielektrischer Leitwert

Diese Beziehung ist ebenfalls von fundamentaler Bedeutung. Sie enthält neben dem reinen Größenzusammenhang auch einen Richtungszusammenhang, der besagt, daß die an irgendeiner Stelle des Raumes existierende dielektrische Flußdichte stets dieselbe Richtung hat wie die sie hervorrufende elektrische Feldstärke.

Anwendung der ortsbezogenen Feldgrößen zur Berechnung inhomogener Felder

Die Gleichungen (10), (13) und (14) erlauben nunmehr auch die Berechnung inhomogener elektrischer Felder. Wir wollen als Beispiel das elektrische Feld berechnen, das sich in einem homogenen Dielektrikum zwischen zwei leitenden zylindrischen Flächen von den Radien r und R und der Länge l ausbildet, wenn an die konzentrisch liegenden Zylinderflächen die Spannung U gelegt wird (Bild 2.22a). Damit die an den Stirnflächen unvermeidlich auftretenden Randstörungen nur vernachlässigbaren Einfluß haben, soll die Län-

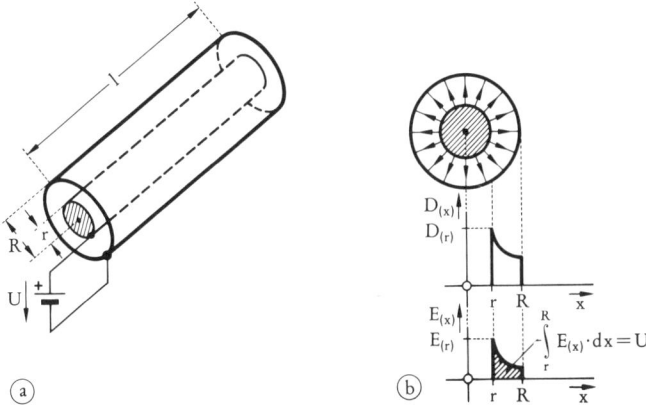

Bild 2.22:
a, Anordnung aus zwei konzentrischen metallischen Leitern, zwischen denen sich ein Dielektrikum
befindet („Zylinderkondensator").
b, Feldlinienbild für die links stehende Anordnung, darunter Verlauf von dielektrischer Flußdichte
und elektrischer Feldstärke in x-Richtung.

ge l groß gegenüber dem Abstand R - r der Zylinderflächen voneinander
sein.

Der vom positiven Innenzylinder ausgehende dielektrische Fluß verteilt sich
wegen der Symmetrie der Anordnung radialsymmetrisch; siehe Feldlinien-
darstellung in Bild 2.22b. Zur Ermittlung der Abhängigkeit des Betrages D
der dielektrischen Flußdichte von der Koordinate x verwenden wir die Beziehung

$$\psi = \int_A \vec{D} \cdot d\vec{A}.$$

Das Integral muß an jeder beliebigen Stelle im Feldraum den gleichen und richtigen Wert für ψ ergeben, sofern nur der gesamte Feldraumquerschnitt dabei
erfaßt wird. Wir setzen dieses Integral für zwei Zylinderflächen an, und zwar
einmal direkt auf der Oberfläche des Innenzylinders, also bei x = r, und einmal bei beliebigem x; die an diesen Stellen existierenden Flußdichten seien
$D_{(r)}$ bzw. $D_{(x)}$. Dabei machen wir Gebrauch von der vorhandenen Radial-
symmetrie, der zufolge für konstantes x die dielektrische Flußdichte D auch
jeweils konstant ist:

$$\psi = \int_A \vec{D} \cdot d\vec{A} = D_{(r)} \cdot 2\pi \cdot r \cdot 1 = D_{(x)} \cdot 2\pi \cdot x \cdot 1$$

daraus ergibt sich:

(15a) $D_{(r)} \cdot r = D_{(x)} \cdot x \Rightarrow D_{(x)} = D_{(r)} \cdot r \cdot \dfrac{1}{x}$.

Das bedeutet: Die dielektrische Flußdichte nimmt, ausgehend von einem Maximalwert $D_{(r)}$ an der Oberfläche des Innenzylinders - den wir allerdings

noch nicht kennen - mit $1/x$ in Richtung nach außen hin ab. Diese Charakteristik ist in Bild 2.22b eingetragen. Wegen $\vec{D} = \epsilon \cdot \vec{E}$ gilt für E derselbe grundsätzliche Verlauf:

(15b) $\qquad \vec{E} = \dfrac{\vec{D}}{\epsilon} \Rightarrow E_{(x)} = \dfrac{D_{(x)}}{\epsilon} = \dfrac{D_{(r)}}{\epsilon} \cdot r \cdot \dfrac{1}{x} = E_{(r)} \cdot r \cdot \dfrac{1}{x}\,.$

Man vergleiche in Bild 2.22b auch die Abnahme der Beträge E und D in x-Richtung mit der korrespondierenden Abnahme der Feldliniendichte.

Die von der E-Kurve mit der x-Achse eingeschlossene Fläche entspricht dem Linienintegral über die Feldstärke, mit den Grenzen bei r und R also der Gesamtspannung U. Die rechnerische Auswertung des Integrals erbringt:

(15c)
$$U = \int\limits_s \vec{E} \cdot \vec{ds} = \int\limits_r^R E_{(r)} \cdot r \cdot \frac{1}{x} \cdot dx = E_{(r)} \cdot r \cdot \int\limits_r^R \frac{1}{x} \cdot dx =$$

$$= E_{(r)} \cdot r \cdot (\ln R - \ln r) = E_{(r)} \cdot r \cdot \ln\left(\frac{R}{r}\right)\,.$$

Damit läßt sich jetzt bei bekannten Größen R, r und U die Feldstärke $E_{(r)}$ auf der Oberfläche des Innenzylinders berechnen. Ist beispielsweise r = 2 cm, R = 3,3 cm und U = 400 V, so wird

$$E_{(r)} = \frac{U}{r \cdot \ln\left(\frac{R}{r}\right)} = \frac{400\ \text{V}}{2\ \text{cm} \cdot \ln\left(\frac{3,3\ \text{cm}}{2\ \text{cm}}\right)} = 400\ \frac{\text{V}}{\text{cm}}\,;$$

damit ist der Verlauf von E in x-Richtung:

$$E_{(x)} = E_{(r)} \cdot r \cdot \frac{1}{x} = 400\ \frac{\text{V}}{\text{cm}}\, 2\ \text{cm} \cdot \frac{1}{x} = 800\ \text{V} \cdot \frac{1}{x}$$

für $2\,\text{cm} \leqslant x \leqslant 3,3\,\text{cm}$.

$$\left(\text{Kontr.}: U = \int\limits_s \vec{E} \cdot \vec{ds} = \int\limits_r^R E_{(x)} \cdot dx = 800\ \text{V} \cdot \int\limits_r^R \frac{1}{x} \cdot dx = \right.$$

$$\left. = 800\ \text{V} \cdot \ln\left(\frac{R}{r}\right) = 800\ \text{V} \cdot 0,5 = 400\ \text{V.}\right)$$

Hat das Dielektrikum zwischen den beiden Zylinderflächen etwa die Dielektrizitätszahl $\epsilon_r = 6$, so ist

$$D_{(r)} = \epsilon \cdot E_{(r)} = \epsilon_0 \cdot \epsilon_r \cdot E_{(r)} = 0,885 \cdot 10^{-13}\ \frac{\text{As}}{\text{V cm}} \cdot 6 \cdot 400\ \frac{\text{V}}{\text{cm}} =$$

$$= 2,13 \cdot 10^{-10}\ \frac{\text{As}}{\text{cm}^2}$$

und der Verlauf von D in x-Richtung

$$D_{(x)} = D_{(r)} \cdot r \cdot \frac{1}{x} = 2,13 \cdot 10^{-10} \frac{As}{cm^2} \cdot 2\,cm\,\frac{1}{x} = 4,26 \cdot 10^{-10} \frac{As}{cm} \cdot \frac{1}{x}.$$

Bei gegebener Länge l - sie soll in diesem Beispiel l = 20 cm betragen -
könnte man jetzt die dielektrische Flußstärke ausrechnen, $\psi = D_{(r)} \cdot 2\pi \cdot r \cdot l$,
und damit dann aufgrund der Definitionsgleichung (3) den dielektrischen Leit-
wert G_d der Anordnung: $G_d = \psi/U$. Wir wollen hier diese Möglichkeit aber nur
zu einer nachträglichen Kontrolle benützen und den dielektrischen Leitwert
für eine solche Anordnung aus ihren geometrischen und dielektrischen Eigenschaften berechnen.

$$G_d = \frac{\psi}{U} = \frac{\int\limits_A d\psi}{\int\limits_s dU} = \frac{\int\limits_A \vec{D} \cdot d\vec{A}}{\int\limits_s \vec{E} \cdot d\vec{s}} = \frac{D_{(r)} \cdot 2\pi \cdot r \cdot l}{\int\limits_r^R E_{(x)} \cdot dx} =$$

$$= \frac{D_{(r)} \cdot 2\pi \cdot r \cdot l}{\int\limits_r^R E_{(r)} \cdot r \cdot \frac{1}{x} dx} = \frac{D_{(r)} \cdot 2\pi \cdot r \cdot l}{E_{(r)} \cdot r \cdot \int\limits_r^R \frac{1}{x} \cdot dx} =$$

$$= \frac{D_{(r)} \cdot 2\pi \cdot r \cdot l}{\dfrac{D_{(r)}}{\epsilon} \cdot r \cdot \ln\left(\dfrac{R}{r}\right)} ;$$

(16)
$$G_d = \frac{\epsilon \cdot 2\pi \cdot l}{\ln\left(\dfrac{R}{r}\right)} = \epsilon_0 \cdot \epsilon_r \frac{2\pi \cdot l}{\ln\left(\dfrac{R}{r}\right)}$$

$$G_d = 0,885 \cdot 10^{-13} \frac{As}{Vcm} \cdot 6 \cdot \frac{6,28 \cdot 20\,cm}{0,5} = 1,33 \cdot 10^{-10} \frac{As}{V}$$

$$\psi = U \cdot G_d = 400\,V \cdot 1,33 \cdot 10^{-10} \frac{As}{V} = 5,33 \cdot 10^{-8}\,As.$$

(Kontr.: $\psi = D_{(r)} \cdot 2\pi \cdot r \cdot l = 2,13 \cdot 10^{-10} \frac{As}{cm^2} \cdot 6,28 \cdot 2\,cm \cdot 20\,cm =$

$= 5,33 \cdot 10^{-8}\,As.$)

Auf die Gleichung (16) werden wir an späterer Stelle noch einmal zurückkommen, weil sie wegen der formalen Gleichheit von ψ und Q auch den Zusammenhang zwischen elektrischer Ladung und Spannung am Zylinderkondensator beschreibt ("Kapazität" des Zylinderkondensators).

Übungsaufgaben $\epsilon_0 = 0,885 \cdot 10^{-13} \frac{As}{Vcm}$

3. Die Punkte M und N liegen in einem homogenen elektrischen Feld von der
Feldstärke E = 120 V/cm; ihre kürzeste Verbindung hat die Länge s = 6 cm und

ist gegen die Richtung des Feldes 30° geneigt. Welche Potentialdifferenz U (hier interessiert nur der Betrag) besteht zwischen M und N?

4. Im homogenen Feld eines Plattenkondensators vom Plattenabstand s = 0,4 cm und der Plattenfläche A = 160 cm^2 herrscht bei einer Kondensatorspannung U = 200 V eine dielektrische Flußdichte D = 4 · 10^{-10} As/cm^2. Welche Dielektrizitätszahl ϵ_r weist das Isoliermaterial zwischen den Platten auf?

5. Ein Elektron fliegt mit der konstanten Geschwindigkeit v_x = 8 · 10^6 m/s in x-Richtung in ein homogenes elektrisches Feld von der Breite d = 2 cm (in x-Richtung) ein; E = 120 V/cm, siehe Bild 2.23. Welche Geschwindigkeitskomponente v_y in y-Richtung hat das Elektron nach Verlassen des Feldraumes? Q_e = 1,6 · 10^{-19} As; m_e = 9,1 · 10^{-31} kg.

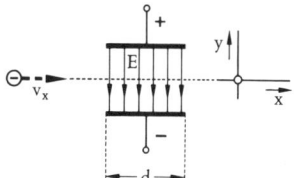

Bild 2.23:

6. Bei einem Koaxialkabel hat der Innenleiter den Radius r = 2 mm, der Aussenleiter den (Innen-)Radius R = 5mm; das Isoliermaterial hat die Dielektrizitätszahl ϵ_r = 4 und die Durchschlagfeldstärke E_d = 300 kV/cm. Für welche maximale Spannung U_{max} ist dieses Kabel verwendbar, wenn im Betrieb eine dreifache Sicherheit gegen elektrischen Durchschlag gefordert wird?

7. Eine kleine Metallkugel, die eine Ladung Q = 3 · 10^{-9} As trägt, befinde sich im freien Raum weit weg von allen möglichen störenden Einflüssen. Wie groß ist der Betrag E der elektrischen Feldstärke in einer Entfernung x = 20cm vom Mittelpunkt dieser Kugel?
(Oberfläche 0 einer Kugel vom Radius r: 0 = $4\pi · r^2$)

2.3 Kapazität

Kondensatoren, also Anordnungen aus zwei Elektroden, zwischen denen sich bei Anlegen einer elektrischen Spannung ein elektrisches Feld aufbaut, finden in zahllosen elektrischen Stromkreisen Verwendung. Der Grund dafür ist ihre Fähigkeit, Energie aufzunehmen, sie zu speichern und bei Bedarf wieder abzugeben. Aus dieser Fähigkeit resultiert ihr "Blindverbraucher"-Verhalten im Wechselstromkreis, das dort durch die elektrische Verbrauchereigenschaft "Blindleitwert" bzw. "Blindwiderstand" gekennzeichnet wird*).

---

*) Siehe hierzu "Weyh, Benzinger: Die Grundlagen der Wechselstromlehre"
R. Oldenbourg Verlag, München Wien.

Wie wir in unserem Gedankenexperiment "Aufladung eines Kondensators" in Abschnitt 2.22 feststellen konnten, ist die in einem geladenen Kondensator gespeicherte Energie gleich der Arbeit, die nötig war, um die Ladung Q auf die Elektroden des Kondensators zu bringen, d.h. um die Kondensatorladung Q zu trennen. Zur Beurteilung der Energiespeicherfähigkeit eines Kondensators bei gegebener Spannung U ist es daher wichtig zu wissen, w i e g r o ß die Ladung Q ist, die man von der einen Kondensatorelektrode zur anderen transportieren muß, um zwischen den Elektroden diese Potentialdifferenz U aufzubauen. Das heißt aber: die maßgebende Kenngröße eines Kondensators ist das für ihn gültige Verhältnis von Kondensatorladung zu Kondensatorspannung. Dieses Verhältnis bezeichnet das "Ladungs-Fassungsvermögen, bezogen auf die Spannung" und wird "Kapazität C" genannt:

(17) $C = \dfrac{Q}{U}$.

Die Einheit von C geht aus der Einheitengleichung hervor:

$$[C] = \frac{[Q]}{[U]} = \frac{1 \text{ As}}{1 \text{ V}} = 1 \frac{\text{As}}{\text{V}} = 1 \text{ Farad} = 1 \text{ F*}).$$

Diese Einheit ist außerordentlich groß; die Mehrzahl der technischen Kondensatoren weist Kapazitäten in der Größenordnung zwischen 10^{-12} F oder pF und 10^{-3} F oder mF auf**).

Stellt man die Definitionsgleichung für die Kapazität um, so erhält man die allgemeingültige wichtige Beziehung

(18) $Q = C \cdot U$,

in der zum Ausdruck kommt, daß Kondensatorladung und Kondensatorspannung bei konstanter Kapazität C einander stets proportional sind. Liegt beispielsweise an einem Kondensator mit $C = 30\,\mu F = 30 \cdot 10^{-6}$ F die Spannung U = 50V, so trägt er die Ladung:

$$Q = C \cdot U = 30 \cdot 10^{-6} \frac{\text{As}}{\text{V}} \cdot 50 \text{ V} = 15 \cdot 10^{-4} \text{ As}.$$

Trägt derselbe Kondensator die vierfache Ladung $Q' = 4 \cdot Q = 60 \cdot 10^{-4}$ As, so muß zwischen seinen Elektroden die Spannung U' liegen:

$$Q = C \cdot U \Rightarrow U' = \frac{1}{C} \cdot Q' = \frac{1 \text{ V}}{30 \cdot 10^{-6} \text{ As}} \cdot 60 \cdot 10^{-4} \text{ As} = 200 \text{ V} =$$

$$= 4 \cdot U.$$

Die Kapazität C als das Verhältnis der beiden elektrischen Größen "Ladung" und "Spannung" zueinander stellt gegenüber den bisher behandelten Größen

---

*) MICHAEL FARADAY (1791 - 1867), englischer Physiker und Chemiker.
**) siehe Anhang: Vorsätze der Einheiten.

an sich eine neuartige Größe dar. Wegen der Gleichsetzung der elektrischen
Ladung Q und dem von dieser Ladung ausgehenden dielektrischen Fluß ψ erweist sich jedoch, daß C mit einer bereits bekannten Größe formal identisch
ist. Aus:

$$Q = \psi \qquad \text{Gl. (1)}$$

und $\qquad \psi = U \cdot G_d \quad \text{Gl. (2)} \quad \Rightarrow \quad G_d = \dfrac{\psi}{U} \quad \text{Gl. (3)}$

folgt unmittelbar:

$$(19) \qquad C = \frac{Q}{U} = \frac{\psi}{U} = G_d.$$

Das heißt: <u>Die Kapazität C eines gegebenen Kondensators ist gleich dem dielektrischen Leitwert G_d der betreffenden Anordnung.</u>

2.31 Kapazitäten einfacher Kondensatoranordnungen

Die einfachste technische Kondensatoranordnung ist der ebene Plattenkonden-
sator von der Fläche A und dem sehr kleinen Plattenabstand s, der mit einem
Dielektrikum von der Dielektrizitätszahl ϵ_r ausgefüllt ist, Bild 2.24. Die
Bemessungsgleichung für seine Kapazität ist wegen $C = G_d$ identisch mit der
Bemessungsgleichung (5) für seinen dielektrischen Leitwert:

$$(20) \qquad C = \frac{A \cdot \epsilon}{s} = \frac{A \cdot \epsilon_0 \cdot \epsilon_r}{s}.$$

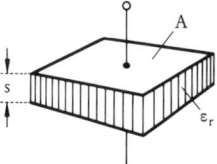

Bild 2.24:
Ebener Plattenkondensator ($s \ll \sqrt{A}$)

In der Elektrotechnik ist man - wie überall - bestrebt, die Baugröße der einzelnen Stromkreiselemente möglichst gering zu halten. Soll ein Kondensator
von geforderter Kapazität möglichst klein ausfallen, so ist nach Gl. (20) zunächst einmal wünschenswert, daß das Dielektrizitätsmaterial eine möglichst
große relative Dielektrizitätskonstante aufweist. Des weiteren zeigt sich, daß
man - bei sonst konstanten Größen - mit der Plattenfläche A im selben Maß
zurückgehen kann wie man den Plattenabstand s verkleinert. Dieser Tendenz
sind aber Grenzen gesetzt: zum ersten kann man nicht jedes Dielektrikum beliebig dünn machen, ohne daß dabei die geforderte völlige Homogenität verloren ginge und zum zweiten darf s nicht unter einen bestimmten Wert sinken,
wenn bei der beabsichtigten Betriebsspannung die Durchschlagfeldstärke nicht
überschritten werden soll. In der elektrischen Nachrichtentechnik, wo hauptsächlich Kapazitätswerte in der Größenordnung von einigen Picofarad bis zu

einigen Nanofarad gebraucht werden, verfügt man heutzutage über sehr winzige Kondensatoren, bei denen zudem der meiste Raum nicht etwa vom Dielektrikum - also vom eigentlichen Träger des gewünschten elektrischen Feldes - eingenommen wird, sondern von Halterungen und dem übrigen notwendigen mechanischen Drum und Dran. In der elektrischen Energietechnik hingegen, wo man einerseits wesentlich größere Kapazitätswerte - bis zu einigen Millifarad - braucht, und wo andererseits auch die Betriebsspannungen in der Regel sehr viel höher liegen, sind die Kondensatoren unter Umständen Bauelemente von recht beträchtlichen Abmessungen. Es ist angesichts solcher Kolosse von Kondensatoren allerdings auch zu bedenken, daß hier der Betriebssicherheit, die sich ja ebenfalls auf die Baugröße auswirkt, eine eminente Bedeutung zukommt, weil bei einem Versagen des Bauelementes recht erhebliche Energiemengen in zerstörerischer Weise frei werden können.

Die Eigenschaften von Isolierstoffen sind übrigens nicht nur in Hinblick auf Kondensatoren interessant, bei denen diese Stoffe als Dielektrika verwendet werden. Wie wir gesehen haben, weist jede Anordnung, bei der Elektroden durch ein Isoliermaterial voneinander getrennt sind, eine bestimmte Kapazität C (= G_d) auf; deren Größe wenigstens näherungsweise zu kennen oder abschätzen zu können, ist z.B. für den Hochfrequenztechniker oft sehr wichtig, denn diese "parasitären" Kapazitäten sind in seinen Schaltungen gewöhnlich von höchst störendem Einfluß.

In der technischen Ausführungsform sind die meistbenützten Kondensatoren Plattenkondensatoren, bei denen wegen des im Verhältnis zur Plattenfläche kleinen Elektrodenabstandes das elektrische Feld als völlig homogen angesehen werden kann. Bild 2.25 zeigt hierzu einige Bauprinzipien. Keramikkondensatoren werden als Platten- oder Röhrchenkondensatoren ausgeführt, Bild 2.25a und b; dabei sind die Elektroden auf die als Dielektrikum dienende keramische Sondermasse meist aufgebrannt. Beim Schichtkondensator, auch Blockkondensator genannt, Bild 2.25c, werden n dielektrische Strecken (z.B. Glimmerschichten) mit aufgepressten oder aufgedampften Elektroden der Fläche A übereinandergelegt und in ein Gehäuse eingebaut; die Kapazität ist C = n · (A · ϵ/s), denn die einzelnen dielektrischen Leitwerte zwischen je zwei Elektroden liegen parallel zueinander. Wickelkondensatoren, Bild 2.25d, bestehen aus Metallfolien (z.B. Aluminium) und Isolierfolien (paraffiniertes Papier oder Kunststoff), die abwechselnd aufeinandergelegt sind; beträgt die Kapazität bei ausgestreckten Folien C = A · ϵ/s, so hat sie bei aufgewickelter Form den Wert C = 2 · (A · ϵ/s), weil hierbei der einen Metallfolie nunmehr auf b e i d e n S e i t e n die andere Metallfolie gegenübersteht.

Beim Metall-Papier-Kondensator (MP-Kondensator) ist die Metallschicht unmittelbar auf die Papierschicht aufgedampft. Er besitzt die bemerkenswerte Eigenschaft der "Selbstheilung": Die elektrische Feldstärke, die sich bei Anlegen der Betriebsspannung einstellt, bleibt zwar im Papier unterhalb der Durchschlagfeldstärke, überschreitet sie aber an den Fehlstellen (Luftlöcher im Papier), sodaß dort ein lokaler elektrischer Durchschlag erfolgt, der die

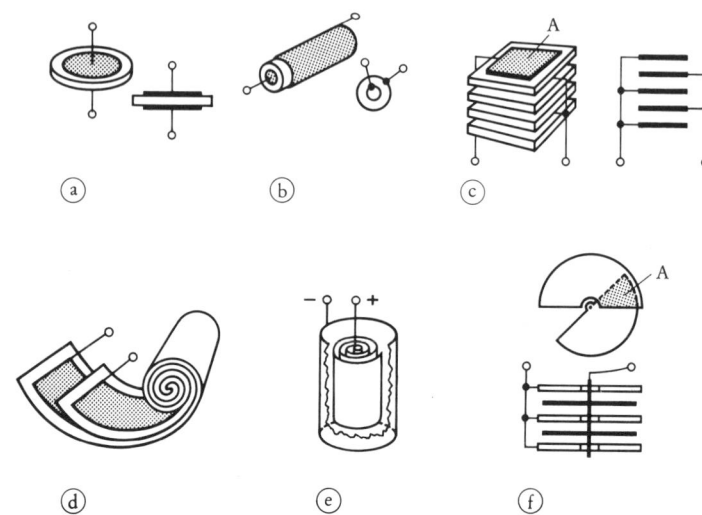

Bild 2.25:
Bauformen von Kondensatoren

a, Plattenkondensator;

c, Schichtkondensator;

e, Elektrolytkondensator;

b, Röhrchenkondensator;

d, Wickelkondensator;

f, Drehkondensator mit halbkreis-
förmigem Plattenschnitt.

Metallschicht um diesen Fehlerort herum wegbrennt und so die unzulängliche
Stelle aus dem Kondensator entfernt. Wickelkondensatoren werden entweder
in zylindrischer Form vergossen oder in feuchtigkeitsfest abgedichtete Alu-
miniumbecher eingebaut. Eine besondere Art von Kondensatoren stellen die
Elektrolytkondensatoren (Elko) dar, Bild 2.25e. Einer aufgerauhten und damit großflächig ausgebildeten Aluminiumwickelfolie steht der sog. "Elektrolyt" gegenüber, zum Beispiel ein Gemisch aus Borax, Glyzerin und Wasser,
aufgesaugt von Papier. Elektrolyt und Aluminiumfolie sind die beiden Elektroden des Kondensators; eine ca. 0,1 μ m starke isolierende Aluminiumoxyd-
schicht, die sich unter der Einwirkung des Elektrolyten auf der Aluminiumfolie bildet - und sich jeder Unebenheit anschmiegt, daher eine große wirksame Oberfläche! - ist das Dielektrikum. Mit Elektrolytkondensatoren lassen sich auf kleinem Raum sehr große Kapazitätswerte herstellen. Sie haben
jedoch auch beträchtliche Nachteile: damit die isolierende Schicht nicht abgebaut wird, muß die Aluminiumfolie immer positiv gegenüber dem Elektrolyten sein, d.h. der Elko kann bei reiner Wechselspannung nicht verwendet
werden; außerdem läßt sich die Spannungsfestigkeit nicht sehr weit treiben,
sodaß also keine hohen Betriebsspannungen in Frage kommen, und schließlich ist die Isolation keineswegs ideal: es fließt im Betrieb ein sog. "Leck-
strom" durch den Kondensator, dessen Größe in vielen Fällen nicht mehr
toleriert werden kann.

Gegenüber den bisher aufgezählten "Festkondensatoren" mit unveränderlicher Kapazität zeichnet sich der "Drehkondensator", Bild 2.25f, gerade dadurch aus, daß seine Kapazität in einem bestimmten Bereich stufenlos variiert werden kann: Ein Satz von metallischen Platten ist drehbar in einem zweiten Satz gleichartiger, aber feststehender Platten angeordnet. Als Dielektrikum kommt hier in erster Linie Luft in Betracht, daneben auch Öl. Da aus konstruktiven Gründen der Plattenabstand s nicht so klein gemacht werden kann wie bei festem Dielektrikum, ist hier das elektrische Feld nicht mehr so weitgehend homogen wie bei den vorher genannten Kondensatortypen, was besonders bei kleiner Überdeckungsfläche A ins Gewicht fällt. Die jeweils eingestellte Kapazität ist $C \approx n \cdot (A \cdot \bar{\epsilon}/s)$, wobei n die Anzahl der dielektrischen Strecken zwischen den insgesamt n + 1 Metallplatten ist. Bei halbkreisförmigen Platten ändert sich C linear mit dem Drehwinkel zwischen einem Minimal- und einem Maximalwert; durch entsprechende Formgebung der Plattenflächen lassen sich auch andere Abhängigkeiten der Kapazität vom Drehwinkel realisieren, z.B. logarithmische oder quadratische. Normalerweise haben Drehkondensatoren ein C_{max} von etwa fünfzig bis zu einigen hundert Picofarad; prinzipiell ist ihrer Größe nur durch die Mechanik eine Grenze gesetzt. Drehkondensatoren werden überall dort verwendet, wo elektrische Hochfrequenzschwingkreise abgestimmt werden müssen, also beispielsweise in jedem Radioapparat.

Unter den Anordnungen, deren systembedingt vorhandene Kapazitäten sich im Betrieb vorwiegend störend auswirken, nehmen die elektrischen Leitungen die erste Stelle ein. Wenn nicht andere Gründe dagegen sprechen - was allerdings häufig der Fall ist - lautet hier nach dem Vorangegangenen die einfache Regel zum Niedrighalten der Störkapazität: Man mache den Abstand zwischen den auf unterschiedlichen Potentialen liegenden Leitungsteilen groß und benütze ein Isoliermaterial mit kleiner Dielektrizitätszahl. In der Nachrichtentechnik ist es, außer bei ganz kurzen Verbindungen, fast immer nötig, aus Gründen der "elektrischen Abschirmung" Koaxialkabel zu verwenden. Ein solches Koaxialkabel, Bild 2.26, besteht aus einem runden Innenleiter vom Radius r, der mit einer Isolierschicht umgeben ist; auf dieser liegt der meist aus Draht geflochtene Außenleiter mit dem Radius R. Das Ganze ist schließlich noch von einer äußeren Schutz- und Isolationshülle umgeben. Die Abschirmungswirkung eines solchen Koaxialkabels besteht darin, daß das elektrische Feld zwischen Innen- und Außenleiter, über das die Nutzsignale

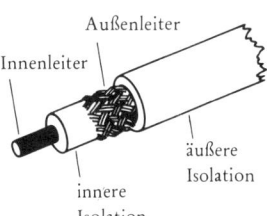

Bild 2.26:
Prinzipieller Aufbau eines Koaxialkabels.

transportiert werden, von einem außerhalb etwa vorhandenen elektrischen Fremdfeld nicht störend beeinflußt werden kann: Die Oberfläche eines metallischen Körpers ist, wie wir an früherer Stelle gesehen haben, stets eine Äquipotentialfläche und daher kann von außen her durch Influenz in seinem Innern - selbst wenn der Körper hohl ist - keine elektrische Feldstärke erzeugt werden (das ist auch das Prinzip des "Faradayschen Käfigs"). Als kapazitive Anordnung betrachtet, ist das Koaxialkabel ein Zylinderkondensator*).

Die Kapazität eines Zylinderkondensators von der Länge l, den Radien r und R der inneren und äußeren Elektrode, dessen Dielektrikum ein Material mit ϵ_r bildet, ist gleich dem dielektrischen Leitwert dieser Anordnung, siehe Gl. (16):

$$(21) \qquad C = \epsilon \cdot \frac{2\pi \cdot l}{\ln(\frac{R}{r})} = \epsilon_0 \cdot \epsilon_r \cdot \frac{2\pi \cdot l}{\ln(\frac{R}{r})} \ .$$

Hat also ein Koaxialkabel etwa den Innenleiterradius r = 0, 75 mm, den Aussenleiterradius R = 2,5 mm, ein Polystyrol-Dielektrikum mit ϵ_r = 2,5 und eine Länge l = 1 m, so beträgt seine Kapazität

$$C = \epsilon_0 \cdot \epsilon_r \cdot \frac{2\pi \cdot l}{\ln(\frac{R}{r})} = 0,885 \cdot 10^{-13} \ \frac{As}{V\,cm} \cdot 2,5 \cdot \frac{6,28 \cdot 10^2\,cm}{1,21} =$$

$$= 11,4 \cdot 10^{-11} \ F = 114 \ pF .$$

Dieser "Kapazitätsbelag" von 114 pF pro Meter Kabellänge stellt in manchen Fällen bereits eine äußerst unangenehme Störgröße dar. Führt man den Außenleiter nicht als Metallgeflecht aus, sondern als metallisches Rohr, so läßt sich als Dielektrikum Luft verwenden (es werden dann nur in bestimmten Abständen Isoliermaterialscheibchen als Stützen für den Innenleiter gesetzt) und man reduziert auf diese Weise den Kapazitätsbelag ungefähr um den Faktor ϵ_r.

Beispiel für die Berechnung einer Kapazität

Wir wollen nun das Verfahren der Berechnung von C als Berechnung des dielektrischen Leitwertes G_d noch einmal in geschlossener Form auf eine einfache Kondensatoranordnung mit inhomogenem Feld anwenden. Die Anordnung bestehe nach Bild 2.27 aus einer metallischen Halbkugel vom Radius r und einer konzentrisch dazu angebrachten etwas größeren hohlen Halbkugel vom Radius R, ebenfalls aus Metall; zwischen den beiden befinde sich ein Dielektrikum mit der Dielektrizitätszahl ϵ_r. Damit die Verhältnisse für uns überhaupt berechenbar werden, wollen wir annehmen, daß sich ein entstehen-

---

*) Man vergleiche hierzu das Berechnungsbeispiel vom Ende des Abschnittes 2.23 auf Seite 54.

des elektrisches Feld exakt kugelsymmetrisch ausbildet und ganz genau nur die vorgegebene Halbkugelschale ausfüllt. Es ist wegen $Q = \psi$:

$$C = \frac{Q}{U} = \frac{\psi}{U} = G_d = \frac{\int\limits_A d\psi}{\int\limits_s dU} = \frac{\int\limits_A \vec{D} \cdot d\vec{A}}{\int\limits_s \vec{E} \cdot d\vec{s}} \quad .$$

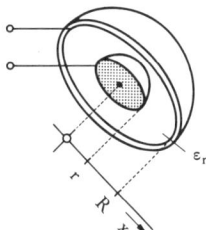

Bild 2.27:
Halbkugelkondensator.

Darin ist A eine Integrationsfläche, die den gesamten von der inneren zur äußeren Halbkugel gehenden dielektrischen Fluß ψ umfaßt, also etwa eine Halbkugel vom Radius x, wobei $r \leqslant x \leqslant R$. Und s ist ein Integrationsweg, der von der Oberfläche der kleineren Halbkugel bis zur inneren Oberfläche der größeren Halbkugel reicht.

Zunächst läßt sich eine Aussage über den Verlauf der dielektrischen Fluß-dichte in radialer Richtung - also in x-Richtung - machen. Für die dielektrische Flußstärke ψ muß man immer denselben Wert erhalten, ganz gleich, ob man das Flächenintegral über die dielektrische Flußdichte beispielsweise an der Stelle x = r berechnet oder an einer beliebigen Stelle x; und die dielektrische Flußdichte ihrerseits hat wegen der Symmetrie der Anordnung für konstantes x auch jeweils einen konstanten Wert. Daher gilt:

$$\psi = D_{(r)} \cdot \frac{4\pi \cdot r^2}{2} = D_{(x)} \cdot \frac{4\pi \cdot x^2}{2} \quad ;$$

(Oberfläche 0 einer Kugel vom Radius r: $0 = 4\pi \cdot r^2$)

daraus

(22) $D_{(x)} = D_{(r)} \cdot \dfrac{r^2}{x^2}$ für $r \leqslant x \leqslant R$.

Das heißt: die dielektrische Flußdichte D nimmt - ausgehend von einem maximalen Wert $D_{(r)}$ auf der Oberfläche der inneren Halbkugel - mit $1/x^2$ nach außen hin ab. Wegen $D = \epsilon \cdot E$ gilt für die Feldstärkeverteilung analog:

(23) $E_{(x)} = \dfrac{D_{(x)}}{\epsilon} = \dfrac{D_{(r)}}{\epsilon} \cdot \dfrac{r^2}{x^2} = E_{(r)} \cdot \dfrac{r^2}{x^2}$ für $r \leqslant x \leqslant R$.

Eingesetzt in die Definitonsgleichung für G_d bzw. C:

$$G_d = C = \frac{\int\limits_A d\psi}{\int\limits_s dU} = \frac{\frac{D_{(r)} \cdot 2\pi \cdot r^2}{R}}{\int\limits_r^R E_{(x)} \cdot dx} = \frac{\frac{D_{(r)} \cdot 2\pi \cdot r^2}{R}}{\int\limits_r^R E_{(r)} \cdot \frac{r^2}{x^2} \cdot dx} =$$

$$= \frac{D_{(r)} \cdot 2\pi \cdot r^2}{\frac{D_{(r)}}{\epsilon} \cdot r^2 \cdot \int\limits_r^R \frac{1}{x^2} \cdot dx} = \frac{\epsilon \cdot 2\pi}{\frac{1}{r} - \frac{1}{R}}$$

(24) $\quad C = \epsilon \cdot \dfrac{2\pi}{\dfrac{1}{r} - \dfrac{1}{R}} \cdot$

Es ist natürlich nicht schwer, von diesem Ergebnis auf die Kapazität einer Anordnung aus innerer Vollkugel mit einer vollständig umhüllenden Hohlkugel zu schließen ("Kugelkondensator"):

(25) $\quad C = \epsilon \cdot \dfrac{4\pi}{\dfrac{1}{r} - \dfrac{1}{R}}$,

und von hier aus weiter auf die Kapazität einer Vollkugel vom Radius r gegenüber einer unendlich weit entfernten und unendlich großen Gegenelektrode ($R \to \infty$):

(26) $\quad C = \epsilon \cdot 4\pi \cdot r.$

Um ein Gefühl für auftretende Größenordnungen zu bekommen, rechnen wir für unseren Halbkugelkondensator noch ein Zahlenbeispiel: Bei r = 2 cm, R = 3 cm und $\epsilon_r = 4$ wird:

$$C = \epsilon_0 \cdot \epsilon_r \cdot \frac{2\pi}{\frac{1}{r} - \frac{1}{R}} = 0,885 \cdot 10^{-13} \frac{As}{V\,cm} \cdot 4 \cdot \frac{6,28\;cm}{(0,5 - 0,33)} = 14\;pF.$$

Abschließend sei noch darauf hingewiesen, daß man die Kapazität C bzw. den dielektrischen Leitwert G_d einer Anordnung auch durch Messung zusammengehöriger Werte von Q und U gemäß der Definitionsgleichung

$$C = \frac{Q}{U} = \frac{\psi}{U} = G_d$$

bestimmen kann. Dieses Verfahren ist offensichtlich dort von besonderem Interesse, wo sich aus irgendwelchen Gründen C bzw. G_d auf rechnerischem Wege nicht ermitteln läßt.

Übungsaufgaben $\epsilon_O = 0,885 \cdot 10^{-13} \dfrac{As}{V\,cm}$

8. Bei einer kapazitiven Anordnung wird gemessen, daß sich die Ladung um $75 \cdot 10^{-5}$ As erhöht, wenn die Spannung von 100 V auf 125 V gesteigert wird. Wie groß ist C?

9. Für einen Wickelkondensator werden zwei Metallfolien von 2 cm Breite und 10m Länge verwendet; das Dielektrikum wird von Kunststoff mit der Dicke s = 0,005 cm und ϵ_r = 3,4 gebildet. Welche Kapazität C besitzt der Wickelkondensator?

10. Es soll ein Schichtkondensator mit C = 100 μF für eine Betriebsspannung U = 20 000 V hergestellt werden; Dielektrikum: Glimmer, ϵ_r = 6, E_d = 600 kV/cm. Geforderte Sicherheit gegen elektrischen Durchschlag: 1,5-fach. Welches Volumen V nimmt allein das Dielektrikum dieses Kondensators ein?

11. Ein Luft-Drehkondensator wird aus halbkreisförmigen Platten vom Radius R = 3 cm aufgebaut. Wieviele Platten sind insgesamt nötig, wenn bei einem Abstand s = 0,7 mm jeweils zwischen einer festen und einer beweglichen Platte eine Maximalkapazität von rund 100 pF erreicht werden soll?

12. Ein konzentrischer Halbkugelkondensator (wie in Bild 2.27 dargestellt) hat die Radien r = 0,2 cm und R = 1,5 cm; das Dielektrikum ist Luft. Der Kondensator wird an eine Spannung U = 3 000 V gelegt.
a, Welche Ladung Q trägt er?
b, An welchen Stellen treten die größte und die kleinste elektrische Feldstärke auf und welche Werte haben diese? (Annahme: idealisiert radialsymmetrisches elektrisches Feld.)

13. Man weise nach, daß die Bemessungsgleichung für die Kapazität eines Zylinderkondensators, Gl. (21): $C = \epsilon \cdot 2\pi \cdot l / \ln(R/r)$, für immer kleiner werdenden Unterschied zwischen den Radien r und R in die Bemessungsgleichung für die Kapazität des ebenen Plattenkondensators, Gl. (20): $C = \epsilon \cdot A/s$, übergeht.
(Die Reihenentwicklung für ln(1 + x) lautet:

$$\ln(1 + x) = x - \frac{x^2}{2} + \frac{x^3}{3} - \frac{x^4}{4} + \dots)$$

2.32 Zusammenschaltung von Kapazitäten

Zusammenschaltungen von Kapazitäten werden entweder absichtlich hergestellt, weil damit ein bestimmter Zweck erreicht werden soll, oder aber sie treten als vornehmlich den Nachrichtentechniker störende Beigabe in vorhandenen elektrischen Schaltungen auf, nämlich als Kombinationen der unvermeidlichen Kapazitäten zwischen einzelnen Leitungsteilen und Stromkreiselementen (sog. "Schaltkapazitäten"). In beiden Fällen ist es wichtig, die aus der Zusammenschaltung resultierende Kapazität, die "Ersatzkapazität", berechnen zu können, wenn die Einzelkapazitäten bekannt sind. Die "Ersatz-kapazität" verhält sich an den Eingangsklemmen genauso wie die gesamte Zusammenschaltung aus den Einzelkapazitäten, sie kann daher stellvertre-tend für die letztere einstehen - z.B. in einem Schaltbild - und stellt auf diese Weise ein vereinfachendes, die Übersicht erleichterndes "Ersatzschalt-bild" für eine oft umfangreiche Schaltung dar. Wir bestimmen im folgenden die resultierende Kapazität reiner Parallel- und Serienschaltungen von einzel-nen Kapazitäten und leiten dann aus den Ergebnissen die Regeln für die rechne-rische Ermittlung der Ersatzkapazität beliebig gemischter Serien-Parallel-schaltungen ab. Grundlage der Berechnung ist immer der fundamentale Zu-sammenhang zwischen Spannung und Ladung an einer Kapazität: $Q = C \cdot U$.

Parallelschaltung von Kapazitäten

Die Kapazitäten C_1, C_2 .... C_n seien in ungeladenem Zustand parallel zu-sammengeschaltet worden; siehe hierzu Bild 2.28. Grundsätzlich gilt für jede dieser Kapazitäten der Zusammenhang zwischen Kondensatorladung Q und Kondensatorspannung U nach Gl. (18):

$$Q = C \cdot U \Rightarrow Q_1 = C_1 \cdot U_1$$

$$Q_2 = C_2 \cdot U_2$$

$$\cdot$$
$$\cdot$$

$$Q_n = C_n \cdot U_n \; .$$

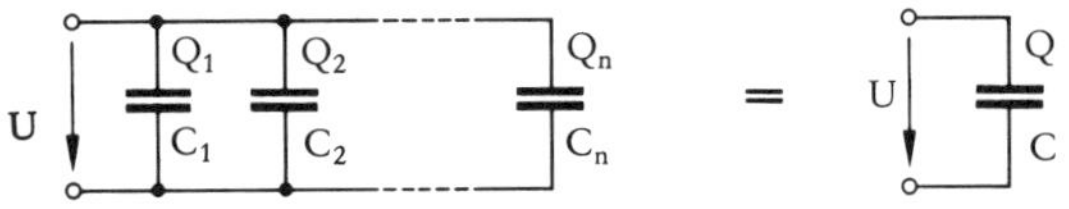

Bild 2.28:
Parallelschaltung
von n Kapazitäten

$$C = \sum_{\nu=1}^{n} C_\nu$$

Es ist aber wegen der Parallelschaltung notwendigerweise immer:

$$U_1 = U_2 = \dots = U_n = U;$$

woraus zunächst folgt:

$$Q_1 = C_1 \cdot U$$

$$Q_2 = C_2 \cdot U$$

$$\cdot$$
$$\cdot$$

$$Q_n = C_n \cdot U .$$

Die resultierende Kapazität C zwischen den Eingangsklemmen ist definitions-gemäß nach Gl. (17): $C = Q/U$, wobei Q die von der gesamten Schaltung bei

der Spannung U festgehaltene Ladung ist, also die Summe der Einzelladungen*).
Es gilt:

(27)
$$C = \frac{Q}{U} = \frac{Q_1 + Q_2 + \ldots + Q_n}{U} = \frac{C_1 \cdot U + C_2 \cdot U + \ldots + C_n \cdot U}{U} =$$
$$= C_1 + C_2 + \ldots + C_n.$$

In Worten: Bei Parallelschaltung ist die resultierende Kapazität gleich der Summe der zusammengeschalteten Kapazitäten.

Serienschaltung von Kapazitäten

Die Kapazitäten C_1, C_2 ... C_n seien in ungeladenem Zustand nach Bild 2.29 in Reihe zusammengeschaltet worden. Für jede dieser Kapazitäten gilt auch hier wiederum stets die Gl. (18):

$$Q = C \cdot U \Rightarrow Q_1 = C_1 \cdot U_1$$
$$Q_2 = C_2 \cdot U_2$$
$$\cdot$$
$$\cdot$$
$$Q_n = C_n \cdot U_n.$$

Da die Zusammenschaltung voraussetzungsgemäß bei ungeladenen Kapazitäten vorgenommen wurde, kann nun bei Anlegen einer Spannung U an die gesamte Schaltung der Aufladevorgang im einzelnen nur so ein Ergebnis zeitigen, wie es in Bild 2.29 für C_1 und C_2 getrennt herausgezeichnet ist: Die untere Elektrode des Kondensators C_1 trägt genau diejenige negative Ladung, die von der ursprünglich elektrisch neutralen oberen Elektrode des Kondensators C_2 weggeholt wurde; das bedeutet: $|- Q_1| = |+Q_2|$. Der den Feldraum durch-

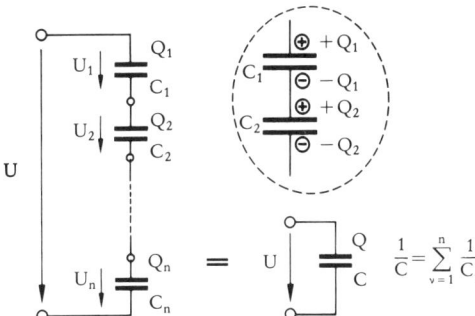

Bild 2.29:
Serienschaltung
von n Kapazitäten

*) Wir wollen hier und in vergleichbaren Fällen nach Möglichkeit immer so verfahren, daß wir nur die Einzelgrößen mit einem Index versehen, die resultierende Größe oder Gesamtgröße aber ohne Index belassen.

setzende dielektrische Fluß, der von der Ladung $+Q_2$ ausgeht, bindet auf der unteren Elektrode von C_2 eine negative Ladung $-Q_2$ von genau derselben Grösse, die ihrerseits wieder der oberen Elektrode des dritten Kondensators entzogen wurde, etc. Es ist daher bei der Serienschaltung von Kapazitäten, die in neutralem Zustand zusammengeschaltet wurden, immer:

$$Q_1 = Q_2 = \ldots = Q_n = Q,$$

woraus zunächst folgt:

$$Q = C_1 \cdot U_1 \quad \Rightarrow \quad U_1 = \frac{Q}{C_1}$$

$$Q = C_2 \cdot U_2 \qquad U_2 = \frac{Q}{C_2}$$

$$\vdots \qquad\qquad \vdots$$

$$Q = C_n \cdot U_n \qquad U_n = \frac{Q}{C_n} \ .$$

Die resultierende Kapazität C zwischen den Eingangsklemmen ist nach Gl. (17): $C = Q/U$, wobei U die zur Trennung der Ladung Q nötige Spannung ist, also die Summe der in Reihe liegenden Einzelspannungen an den Kondensatoren. Es gilt:

(28)
$$C = \frac{Q}{U} \Rightarrow \frac{1}{C} = \frac{U}{Q} = \frac{U_1 + U_2 + \ldots U_n}{Q} =$$

$$= \frac{\dfrac{Q}{C_1} + \dfrac{Q}{C_2} + \ldots + \dfrac{Q}{C_n}}{Q} = \frac{1}{C_1} + \frac{1}{C_2} + \ldots + \frac{1}{C_n}$$

In Worten: Bei Serienschaltung ist der Kehrwert der resultierenden Kapazität gleich der Summe der Kehrwerte der zusammengeschalteten Kapazitäten.

Ein häufiger Sonderfall ist die Reihenschaltung von zwei Kapazitäten, Bild 2.30. Hier bringt die Anwendung von Gl. (28):

(29)
$$\frac{1}{C} = \frac{1}{C_1} + \frac{1}{C_2} = \frac{C_1 + C_2}{C_1 \cdot C_2} \quad \Rightarrow \quad C = \frac{C_1 \cdot C_2}{C_1 + C_2} \ .$$

Während bei der Parallelschaltung mehrerer Kapazitäten $C_1 \ldots C_n$ die resultierende Kapazität C_p als die Summe aller Teilkapazitäten stets größer ist als die größte der dabei beteiligten Kapazitäten, ist die aus der Serien-

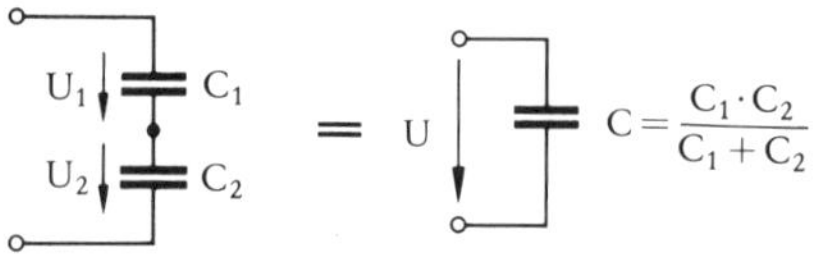

Bild 2.30:
Serienschaltung
aus zwei Kapazitäten

schaltung derselben Kapazitäten resultierende Kapazität C_s stets kleiner als die kleinste der dabei beteiligten Kapazitäten. Beweis für zwei Kapazitäten:

$$C_s = \frac{C_1 \cdot C_2}{C_1 + C_2} = \frac{C_1}{1 + \frac{C_1}{C_2}} < C_1$$

bzw.

$$C_s = \frac{C_1 \cdot C_2}{C_1 + C_2} = \frac{C_2}{1 + \frac{C_2}{C_1}} < C_2 .$$

Für die gezielte Veränderung vorhandener Kapazitäten durch zusätzliche kapazitive Beschaltung kann man daraus die allgemeingültige Regel ableiten:

zusätzliche parallele Beschaltung mit einer Kapazität vergrößert die resultierende Kapazität;

zusätzliche serielle Beschaltung mit einer Kapazität verkleinert die resultierende Kapazität.

Für die Spannungen U_1 und U_2 in Bild 2.30 läßt sich anschreiben:

$$\left.\begin{array}{l} Q_1 = C_1 \cdot U_1 \\ Q_2 = C_2 \cdot U_2 \end{array}\right\} \quad \text{wegen } Q_1 = Q_2 \text{ wird daraus: } C_1 \cdot U_1 = C_2 \cdot U_2.$$

Man kann also das Verhältnis der Spannungen zueinander durch die beiden Kapazitäten ausdrücken:

(30) $$\frac{U_1}{U_2} = \frac{C_2}{C_1} .$$

In Worten: Die elektrischen Spannungen an in Reihe geschalteten Kapazitäten verhalten sich umgekehrt zueinander wie die betreffenden Kapazitäten selbst ("kapazitive Spannungsteilung").

Setzt man aus der Gl. (30) in die Gleichung für die Gesamtspannung: $U = U_1 + U_2$, ein, so erhält man:

$$\left.\begin{array}{l} U_1 \cdot C_1 = U_2 \cdot C_2 \\ U_1 + U_2 = U \end{array}\right\} \quad \begin{array}{l} U_2 = U_1 \cdot \dfrac{C_1}{C_2} \\ \\ U_1 + U_1 \cdot \dfrac{C_1}{C_2} = U; \quad U_1 = U \cdot \dfrac{C_2}{C_1 + C_2} . \end{array}$$

Analog dazu ergibt sich aus dem entsprechenden Ansatz:

$$U_2 = U \cdot \frac{C_1}{C_1 + C_2}$$

Beispiel: $C_1 = 2\,\mu F$, $C_2 = 8\,\mu F$, $U = 40\,V$;

$$U_1 = U \cdot \frac{C_2}{C_1 + C_2} = 40\,V \cdot \frac{8\,\mu F}{10\,\mu F} = 32\,V;$$

$$U_2 = 40\,V \cdot \frac{2\,\mu F}{10\,\mu F} = 8\,V.$$

Kontrolle: $\dfrac{U_2}{U_1} = \dfrac{C_1}{C_2} = \dfrac{8\,V}{32\,V} = \dfrac{2\,\mu F}{8\,\mu F} = \dfrac{1}{4}$; $U_1 + U_2 = U = 32\,V + 8\,V$.

Erinnert man sich daran, daß die Kapazität C dem dielektrischen Leitwert G_d des betreffenden Feldraumes gleichgesetzt ist und der Kehrwert $1/C$ infolgedessen dem zugehörigen dielektrischen Widerstand R_d, so leuchten die in den Gl. (27) und (28) angeschriebenen Ergebnisse auch sozusagen vom Standpunkt des dielektrischen Flusses aus gesehen unmittelbar ein:

Bei der Parallelschaltung von n Kondensatoren findet der dielektrische Fluß n parallele dielektrische Wege vor, d.h. ihm bietet sich ein Gesamtleitwert $G_d = G_{d1} + G_{d2} + \ldots + G_{dn}$ an. Bei der Serienschaltung von n Kondensatoren muß der dielektrische Fluß n hintereinanderliegende dielektrische Strecken überwinden, d.h. es stellt sich ihm ein Gesamtwiderstand $R_d + R_{d1} + R_{d2} + \ldots + R_{dn}$ entgegen; dabei ist es ohne Belang, daß der Fluß immer wieder durch elektrisch leitende Zwischenstücke unterbrochen wird.

Gemischte Serien-Parallelschaltung von Kapazitäten

Gemischte Serien-Parallelschaltungen von Kapazitäten mit dem Ziel, eine bestimmte resultierende Kapazität herzustellen, kommen normalerweise nicht

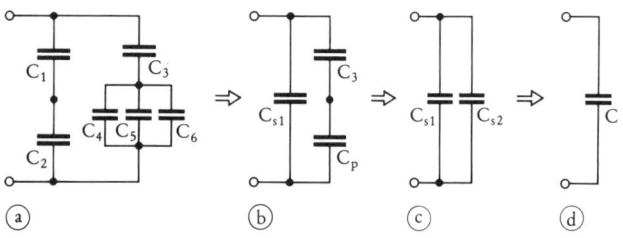

Bild 2.31:
Ermittlung der Ersatzkapazität C einer gemischten Serien-Parallelschaltung mit bekannten Kapazitätswerten
a, gegebene Schaltung

$$b,\ C_{s1} = \frac{C_1 \cdot C_2}{C_1 + C_2}\ ;\ C_p = C_4 + C_5 + C_6.$$

$$c,\ C_{s2} = \frac{C_3 \cdot C_p}{C_3 + C_p}.$$

$$d,\ C = C_{s1} + C_{s2}.$$

vor, wenn man von einschlägigen Übungsaufgaben absieht. Da sie aber, wie schon erwähnt, als unvermeidliches Zubehör irgendwelcher Schaltungen das Interesse des Ingenieurs beanspruchen können, ist es wichtig, die Regeln zur Ermittlung der resultierenden Kapazität zu kennen. Diese sind sehr einfach und lassen sich als Anleitung zu einem iterativen Verfahren folgendermassen angeben:

1. Man ersetze reine Serienschaltungen von einzelnen Kapazitäten durch die entsprechende Ersatzkapazität und ersetze desgleichen reine Parallelschaltungen von Kapazitäten durch die entsprechende Ersatzkapazität;
2. man wiederhole diese Maßnahme solange, bis die gesamte Schaltung nur noch eine resultierende Kapazität enthält.

In Bild 2.31 ist dieses Verfahren mit seinen einzelnen Schritten an einem Beispiel demonstriert.

Übungsaufgaben

14. Eine vorhandene Kapazität C soll durch serielle Beschaltung mit einer zusätzlichen Kapazität C_z auf den Wert $k \cdot C$ mit $k < 1$ gebracht werden. Wie groß muß C_z sein, ausgedrückt durch k und C? Man kontrolliere das Ergebnis für C = 1 nF und $k \cdot C$ = 0,4 nF.

15. Zwei Kapazitäten, C_1 = 35 μF und C_2 = 25 μF, sind parallelgeschaltet; in Reihe dazu liegt die Kapazität C_3 = 40 μF. An die gesamte Schaltung wird die Spannung U = 100 V gelegt.
Man berechne die Ladungen Q_1, Q_2 und Q_3 der drei Kondensatoren.

16. Es stehen drei Einzelkondensatoren mit jeweils C = 1 μF zur Verfügung. Welche verschiedenen Kapazitätswerte lassen sich hiermit insgesamt herstellen?

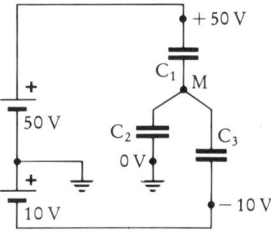

Bild 2.32:

17. Drei Kapazitäten, C_1 = 50 μF, C_2 = 60 μF und C_3 = 10 μF, sind in ungeladenem Zustand mit je einem Anschluß zusammengeschaltet worden und liegen nun, wie Bild 2.32 zeigt, mit ihren jeweils zweiten Anschlüssen auf den elektrischen Potentialen + 50 V, 0 V und - 10 V. Auf welchem elektrischen Potential liegt dabei der Schaltungspunkt M?

2.4 Mehrschichtdielektrikum

Unter einem "Mehrschichtdielektrikum" versteht man ein quer zur Richtung
des dielektrischen Flusses aus verschiedenen Materialien geschichtetes Dielektrikum. Anordnungen, die in elektrischen Schaltungen gezielt als Kapazitäten dienen sollen, haben normalerweise kein Mehrschichtdielektrikum;
das Mehrschichtdielektrikum kommt in der Regel nur bei Isolationen vor,
und auch dort ist es meist nur als Sonderfall eines Defektes von etwas grös-
serem Interesse, nämlich wenn sich die als "Einschichtdielektrikum" gedachte Isolation von einer Elektrode ablöst, sodaß sich ein Luftspalt als un-
beabsichtigte zweite Dielektrikumsschicht ausbildet. Hier ist es vor allem
wichtig zu wissen, welche elektrischen Feldstärken sich dabei in Luft- und
Isolationsschicht einstellen, d.h. ob die elektrische Festigkeit der gesamten Anordnung bei solch einer Störung noch ausreicht. Wir wollen diese prinzipiellen Fragen zunächst am einfachen Beispiel des ebenen Plattenkondensators mit Zweischichtdielektrikum untersuchen und dann die Ergebnisse auf
die Verhältnisse beim Koaxialkabel übertragen, dem vom praktischen Standpunkt aus gesehen größere Bedeutung zukommt.

Ein ebener Plattenkondensator, Bild 2.33a, von der Plattenfläche A enthält
ein Mehrschichtdielektrikum aus den Medien 1 und 2 mit den Daten: ϵ_{r1}, E_{d1},
s_1 sowie ϵ_{r2}, E_{d2}, s_2, wobei $s = s_1 + s_2$. Wegen der Kontinuitätsbedingung
für die Stärke des dielektrischen Flusses: $\psi_1 = \psi_2 = \psi$, und wegen der überall
gleichen Querschnittsfläche A gilt für die dielektrische Flußdichte in den beiden Medien:

$$\left. \begin{array}{l} D_1 = \dfrac{\psi_1}{A_1} = \dfrac{\psi}{A} \\[2mm] D_2 = \dfrac{\psi_2}{A_2} = \dfrac{\psi}{A} \end{array} \right\} \qquad D_1 = D_2 = D.$$

Man kann dieses Ergebnis verallgemeinern: Bei konstantem Feldraumquerschnitt hat die dielektrische Flußdichte D in sämtlichen, quer zur Richtung
des dielektrischen Flusses geschichteten Medien denselben Wert.

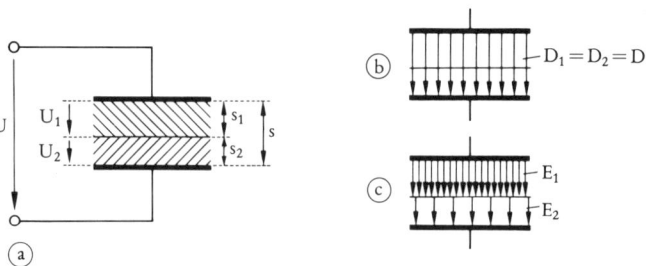

Bild 2.33:
a, Ebener Plattenkondensator mit Zweischichtdielektrikum
b, Feldlinienbild des „Flußdichtefeldes" (D-Linien);
c, Feldlinienbild des „Feldstärkefeldes" (E-Linien) bei $\epsilon_2 > \epsilon_1$.

Wegen $D = \epsilon \cdot E$ gilt weiter:

$$\left.\begin{array}{l} D_1 = \epsilon_1 \cdot E_1 = \epsilon_0 \cdot \epsilon_{r1} \cdot E_1 = D \\ D_2 = \epsilon_2 \cdot E_2 = \epsilon_0 \cdot \epsilon_{r2} \cdot E_2 = D \end{array}\right\} \qquad \epsilon_{r1} \cdot E_1 = \epsilon_{r2} \cdot E_2$$

daraus:

(31) $\qquad \dfrac{E_1}{E_2} = \dfrac{\epsilon_{r2}}{\epsilon_{r1}}$.

Das heißt: Bei gleicher dielektrischer Flußdichte verhalten sich die elektrischen Feldstärken in den verschiedenen Medien umgekehrt zueinander wie deren relative Dielektrizitätskonstanten.

Besteht also beispielsweise die eine Dielektrikumsschicht aus Luft mit $\epsilon_r \approx 1$ und die andere aus einem Isoliermaterial mit $\epsilon_r = 6$, so ist die elektrische Feldstärke in der Luftschicht rund sechsmal so groß wie im Isoliermaterial. Das erweist sich bedauerlicherweise deshalb als ganz besonders nachteilig, weil die elektrische Durchschlagfeldstärke gerade für Luft recht niedrig liegt und man infolgedessen bei solch einer Schichtung die meist sehr viel höhere Durchschlagfestigkeit des Isoliermaterials nicht im entferntesten ausnützen kann.

Während man zur Veranschaulichung des elektrischen Feldes in einem einheitlichen Dielektrikum Feldlinienbilder zeichnen konnte, deren Feldlinien wahlweise als Feldstärkelinien oder als Flußdichtelinien zu betrachten waren, weil in ein und demselben Medium zwischen E und D immer der gleiche Größenzusammenhang besteht, muß man sich hier nun entscheiden, ob man in einem Feldbild das "Flußdichtefeld" oder das "Feldstärkefeld" darstellen will. Das Flußdichtefeld, Bild 2.33b, enthält stets in allen Querschnittsschichten gleich viele "D-Linien", weil ja die Gesamtheit der D-Linien die Flußstärke ψ repräsentiert, die an jeder Stelle des Flußweges denselben Wert hat: D-Linien entspringen im elektrostatischen Feld auf Ladungen und enden auf Ladungen. Beim Feldstärkefeld hingegen, Bild 2.33c, ist es anders: da die jeweilige Dichte der "E-Linien" ein unmittelbares Maß für die Größe der elektrischen Feldstärke sein soll, muß an Stellen, wo sich die Feldstärke sprunghaft ändert, auch die E-Liniendichte sprunghaft ab- oder zunehmen.

Zur Berechnung der absoluten Größen der einzelnen elektrischen Feldstärken ist neben der Gl. (31), die nur über ihr Verhältnis zueinander Auskunft gibt, noch die Gl. (10) in Ansatz zu bringen:

(32) $\qquad U = \int\limits_s \vec{E} \cdot \vec{ds} \;\Rightarrow\; U = E_1 \cdot s_1 + E_2 \cdot s_2 = U_1 + U_2.$

Nach Gl. (31) kann man schreiben:

$$E_2 = E_1 \cdot \frac{\epsilon_{r1}}{\epsilon_{r2}} \quad \text{bzw.} \quad E_1 = E_2 \cdot \frac{\epsilon_{r2}}{\epsilon_{r1}} \; ;$$

eingesetzt in Gl. (32):

$$U = E_1 \cdot s_1 + E_2 \cdot s_2 = E_1 \cdot s_1 + E_1 \cdot \frac{\epsilon_{r1}}{\epsilon_{r2}} \cdot s_2$$

$$= E_1 \cdot (s_1 + \frac{\epsilon_{r1}}{\epsilon_{r2}} \cdot s_2)$$

(33a) $$E_1 = \frac{U}{s_1 + \dfrac{\epsilon_{r1}}{\epsilon_{r2}} \cdot s_2}$$

bzw. aus dem entsprechenden Ansatz mit E_2:

(33b) $$E_2 = \frac{U}{s_2 + \dfrac{\epsilon_{r2}}{\epsilon_{r1}} \cdot s_1} .$$

Hierzu ein Beispiel: Für einen ebenen Plattenkondensator mit Zweischichtdielektrikum liegen folgende Daten vor

Medium 1: $\epsilon_{r1} = 2,4$ Medium 2: $\epsilon_{r2} = 5,6$

$s_1 = 0,2$ cm $s_2 = 0,7$ cm $s = 0,9$ cm.

An diesen Kondensator wird eine Spannung $U = 3\,500$ V gelegt. Zu berechnen sind die elektrischen Feldstärken E_1 und E_2 sowie die beiden Teilspannungen U_1 und U_2 an den beiden Medien.

Nach Gl. (33a) ist

$$E_1 = \frac{U}{s_1 + \dfrac{\epsilon_{r1}}{\epsilon_{r2}} \cdot s_2} = \frac{3\,500 \text{ V}}{2 \cdot 10^{-1} \text{ cm} + (2{,}4/5{,}6) \cdot 7 \cdot 10^{-1} \text{ cm}} =$$

$$= 7\,000 \, \frac{V}{cm} ;$$

Nach Gl. (31):

$$\frac{E_2}{E_1} = \frac{\epsilon_{r1}}{\epsilon_{r2}} \Rightarrow E_2 = E_1 \cdot \frac{\epsilon_{r1}}{\epsilon_{r2}} = 7 \, \frac{kV}{cm} \cdot \frac{2,4}{5,6} = 3 \, \frac{kV}{cm} ;$$

$$U_1 = E_1 \cdot s_1 = 7 \, \frac{kV}{cm} \cdot 0,2 \text{ cm} = 1\,400 \text{ V};$$

$$U_2 = E_2 \cdot s_2 = 3 \, \frac{kV}{cm} \cdot 0,7 \text{ cm} = 2\,100 \text{ V}; \quad U_1 + U_2 = 3\,500 \text{ V} = U.$$

Kommt ein Zweischichtdielektrikum dadurch zustande, daß sich die als Einschichtdielektrikum gedachte Isolation (Medium 1) von einer Elektrode ablöst, wodurch ein Lufteinschluß entsteht (Medium 2), so ist s_2 meist sehr klein gegenüber s_1 und man kann die elektrischen Verhältnisse mit hinreichender Genauigkeit durch die folgende Näherung berechnen:

$$E_1 = \frac{U}{s_1 + \frac{\epsilon_{r1}}{\epsilon_{r2}} \cdot s_2} \approx \frac{U}{s} \quad \text{für} \quad s_2 \ll s_1; \quad s_1 \approx s.$$

$$E_2 = E_1 \cdot \frac{\epsilon_{r1}}{\epsilon_{r2}}.$$

Auch hierzu ein Beispiel: Ein Plattenkondensator mit $s = 0,2$ cm, $\epsilon_r = 6$, wird an einer Spannung $U = 1\,600$ V betrieben. Die sich hierbei einstellende elektrische Feldstärke ist $E = U/s = 1\,600$ V$/0,2$ cm $= 8$ kV/cm. Entsteht nun ein extrem schmaler Luftpalt (Medium 2) zwischen einer Elektrode und dem Isoliermaterial (Medium 1) so bleibt in letzterem die elektrische Feldstärke angenähert auf ihrem vorigen Wert:

$$E_1 \approx \frac{U}{s} = 8 \frac{kV}{cm};$$

im Luftspalt entsteht eine elektrische Feldstärke

$$E_2 = E_1 \cdot \frac{\epsilon_{r1}}{\epsilon_{r2}} = 8 \frac{kV}{cm} \cdot \frac{6}{1} = 48 \frac{kV}{cm},$$

die über der Durchschlagfeldstärke für Luft liegt. Es findet folglich im Luftspalt ein dauernder elektrischer Überschlag statt, der unter Umständen allmählich das Dielektrikum 1 zerstört.

Grundsätzlich dieselben Überlegungen lassen sich auch für den Zylinderkondensator - das heißt: für ein Koaxialkabel - mit Mehrschichtdielektrikum anstellen. In Bild 2.34 ist ein solcher Zylinderkondensator mit Zweischichtdielektrikum in axialer Draufsicht dargestellt. Seine innere Elektrode hat den Radius r, das Dielektrikum 1 reicht von r bis zum Radius r_1, das Dielektrikum 2 von r_1 bis zum Radius R der Außenelektrode; die Länge des Zylinderkondensators ist l.

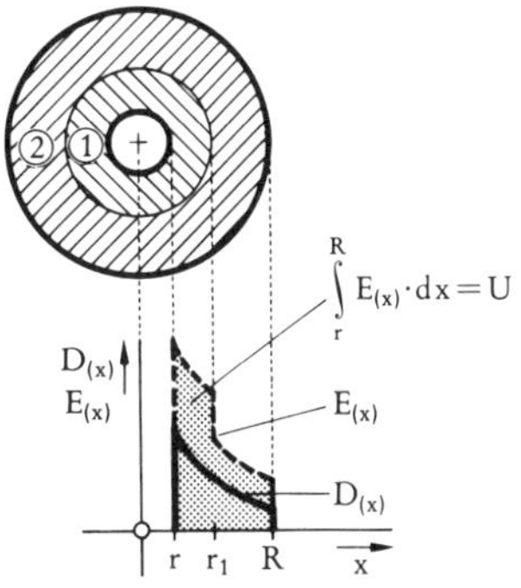

Bild 2.34:
Zylinderkondensator mit Zweischichtdielektrikum;
dazu Verlauf der dielektrischen Flußdichte D und der
elektrischen Feldstärke E in radialer Richtung bei
$\epsilon_{r2} > \epsilon_{r1}$.

Auch hier ergibt sich der Ansatzpunkt zur Berechnung aus der Kontinuitätsbedingung für die Stärke des dielektrischen Flusses: $\psi_1 = \psi_2 = \psi$. Wegen der Symmetrie der Anordnung ist auf konzentrischen Zylindermantelflächen vom Radius x mit $r \leqslant x \leqslant R$ die dielektrische Flußdichte D jeweils konstant.

$$\psi = \int_A \vec{D} \cdot d\vec{A} \Rightarrow \psi = D_{(r)} \cdot 2\pi \cdot r \cdot 1 = D_{(x)} \cdot 2\pi \cdot x \cdot 1 \qquad \text{für } r \leqslant x \leqslant R$$

daraus:

$$D_{(x)} = D_{(r)} \cdot r \cdot \frac{1}{x} \ .$$

Das ist aber genau die in Abschnitt 2.23 für den Zylinderkondensator mit Einschichtdielektrikum abgeleitete Gl. (15a). Also: Für den grundsätzlichen Verlauf der dielektrischen Flußdichte $D_{(x)}$ in radialer Richtung ändert sich nichts, wenn das Einschichtdielektrikum durch ein Mehrschichtdielektrikum ersetzt wird; dieser mit $1/x$ abnehmende Verlauf ist in Bild 2.34 dargestellt. (Die Größe von $D_{(x)}$ an einer bestimmten Stelle ändert sich dabei natürlich schon, denn diese hängt von der Stärke des dielektrischen Flusses ψ ab, und der wird seinerseits wieder - bei gegebener Spannung - durch den dielektrischen Leitwert G_d der gesamten Anordnung bestimmt; beim Übergang vom Einschichtdielektrikum auf ein Mehrschichtdielektrikum ändert sich aber G_d.)

Wegen $D = \epsilon \cdot E$ ist der Verlauf der elektrischen Feldstärke in den beiden Schichten:

(34a) $$E_{1(x)} = \frac{D_{(x)}}{\epsilon_1} = \frac{D_{(r)}}{\epsilon_0 \cdot \epsilon_{r1}} \cdot r \cdot \frac{1}{x} \qquad \text{für } r \leqslant x \leqslant r_1$$

(34b) $$E_{2(x)} = \frac{D_{(x)}}{\epsilon_2} = \frac{D_{(r)}}{\epsilon_0 \cdot \epsilon_{r2}} \cdot r \cdot \frac{1}{x} \qquad \text{für } r_1 \leqslant x \leqslant R.$$

An der Stelle $x = r_1$ tritt demnach ein Sprung in der elektrischen Feldstärke auf (siehe Bild 2.34), dessen Höhe durch das Verhältnis der beiden Dielektrizitätszahlen zueinander gegeben ist:

(35) $$\frac{E_{1(r_1)}}{E_{2(r_1)}} = \frac{\dfrac{D_{(r)}}{\epsilon_0 \cdot \epsilon_{r1}} \cdot \dfrac{r}{r_1}}{\dfrac{D_{(r)}}{\epsilon_0 \cdot \epsilon_{r2}} \cdot \dfrac{r}{r_1}} = \frac{\epsilon_{r2}}{\epsilon_{r1}} \Rightarrow E_{1(r_1)} = E_{2(r_1)} \cdot \frac{\epsilon_{r2}}{\epsilon_{r1}} \ .$$

Ist ϵ_{r2} größer als ϵ_{r1}, so ist E_1 an der Stelle $x = r_1$ größer als E_2 an derselben Stelle und der Feldstärkeverlauf sieht so aus wie in Bild 2.34. Vergleicht man das obige Ergebnis mit der beim Zweischicht-Plattenkondensator gewonnenen Gl. (31), so kann man sagen: in unmittelbarer Umgebung der Grenzschicht zwischen den Medien 1 und 2 sind die Verhältnisse beim Mehrschicht-Zylinderkondensator genauso wie beim Mehrschicht-Plattenkondensator.

Zur Berechnung der absoluten Größen der elektrischen Feldstärken in den verschiedenen Abschnitten ist - wie im vorigen Fall des Plattenkondensators - noch die Gl. (10) mit in Ansatz zu bringen:

$$U = \int\limits_{s} \vec{E} \cdot \vec{ds}$$

daraus wird hier:

$$U = \int\limits_{r}^{R} E_{(x)} \cdot dx = \int\limits_{r}^{r_1} E_{1(x)} \cdot dx + \int\limits_{r_1}^{R} E_{2(x)} \cdot dx =$$

(36)
$$= \frac{D_{(r)}}{\epsilon_0 \cdot \epsilon_{r1}} \cdot r \cdot \int\limits_{r}^{r_1} \frac{1}{x} \cdot dx + \frac{D_{(r)}}{\epsilon_0 \cdot \epsilon_{r2}} \cdot r \cdot \int\limits_{r_1}^{R} \frac{1}{x} \cdot dx =$$

$$= \frac{D_{(r)}}{\epsilon_0} \cdot r \cdot \left[\frac{1}{\epsilon_{r1}} \cdot \ln\left(\frac{r_1}{r}\right) + \frac{1}{\epsilon_{r2}} \cdot \ln\left(\frac{R}{r_1}\right) \right].$$

Fassen wir nun wieder den Fall ins Auge, daß sich bei einem Koaxialkabel die ursprünglich vorhandene einzige Isolierschicht (Medium 2 mit $\epsilon_{r2} > 1$) aus irgendwelchen Gründen von den Elektroden ablöst und auf diese Weise ganz dünne Luftschichten zuläßt (Medium 1 und evtl. Medium 3 mit $\epsilon_{r1} = \epsilon_{r3} \approx 1$), so kann man angesichts des Feldstärkeverlaufes in Bild 2.34 feststellen: Was den elektrischen Durchschlag anbetrifft, so liegt die gefährdetste Stelle nach wie vor am Rand der inneren Elektrode, d.h. dort, wo der kleinste Krümmungsradius zu finden ist. Gehen wir wie beim Mehrschicht-Plattenkondensator wieder von der Annahme aus, der unbeabsichtigt am Innenleiter entstandene Luftspalt sei so schmal, daß er die ursprünglichen Verhältnisse im Isoliermaterial nur unwesentlich verändert, so ist nach Gl. (35) die elektrische Feldstärke in diesem Luftspalt am Innenleiter:

$$E_{1(r)} \approx E_{2(r)} \cdot \frac{\epsilon_{r2}}{\epsilon_{r1}} \quad ,$$

wobei $E_{2(r)}$ die elektrische Feldstärke am Innenleiter bei intaktem Koaxialkabel ist, also diejenige Größe, die der Bemessung des Kabels auf eine bestimmte maximale Betriebsspannung hin zugrundegelegt wurde. Tritt also beispielsweise bei einer bestimmten Betriebsspannung im fehlerfreien Koaxialkabel, dessen Isolationsmaterial ein $\epsilon_r = 3$ aufweist, am Innenleiter die Feldstärke $E_{(r)} = 8$ kV/cm auf, so erhöht sich dieser Wert, wenn am Innenleiter ein Luftspalt entsteht, auf rund $3 \cdot 8$ kV/cm $= 24$ kV/cm ($> E_{dLuft}$).

Wie anhand des Bildes 2.34 leicht einzusehen ist, kann man natürlich in einem Koaxialkabel die Feldstärkeverteilung in axialer Richtung durch ein Mehrschicht-Dielektrikum auch in günstiger Weise beeinflussen. Schichtet man nämlich so, daß das weiter innen liegende Medium eine höhere Dielektrizitätszahl aufweist als das weiter außen liegende, so ergibt sich an der Trennstelle ein Feldstärkesprung in umgekehrter Richtung wie in Bild 2.34. Da bei gegebener Spannung U das Wegintegral über die elektrische Feldstärke: $U = \int \vec{E} \cdot d\vec{s}$ (repräsentiert durch die zwischen E-Verlauf und x-Achse eingeschlossene Fläche) immer denselben Wert haben muß, kann man auf diese Weise ganz offensichtlich die Stelle mit dem kleinsten Krümmungsradius feldstärkemäßig entlasten (bezogen auf die Verhältnisse bei Einschichtdielektrikum).

Was schließlich die Kapazität C einer Anordnung mit Mehrschichtdielektrikum anbetrifft, so genügt der Hinweis, daß C dem dielektrischen Leitwert G_d des gesamten Feldraumes gleichgesetzt ist. Bei einem Mehrschichtdielektrikum liegen - vom dielektrischen Fluß aus gesehen - zwei oder mehr dielektrische Strecken in Reihe; infolgedessen addieren sich ihre dielektrischen Widerstände R_{d1}, R_{d2} etc. zum dielektrischen Gesamtwiderstand $R_d = R_{d1} + R_{d2} + \ldots$; $C = G_d = 1/R_d$.

Übungsaufgaben $\epsilon_0 = 0{,}885 \cdot 10^{-13} \dfrac{As}{V\,cm}$

18. Die Daten eines Zweischicht-Plattenkondensators sind:

Medium 1: $\epsilon_{r1} = 3{,}2$	Medium 2: $\epsilon_{r2} = 2{,}4$
$E_{d1} = 200\ kV/cm$	$E_{d2} = 250\ kV/cm$
$s_1 = 0{,}4\ cm$	$s_2 = 0{,}2\ cm$

Plattenfläche $A = 400\ cm^2$

Die Spannung U an diesem Kondensator wird von 0 V an stetig gesteigert. Bei welcher Spannung U_d erfolgt ein elektrischer Durchschlag und in welchem Medium geschieht das? (Was passiert anschließend?)

19. In einen ebenen Plattenkondensator vom Plattenabstand s = 1 cm (Dielektrikum: Luft), der an einer Spannung U = 12 kV liegt, wird eine Glasplatte von der Stärke $s_G = 0{,}75$ cm eingeschoben ($\epsilon_{rG} = 8$). Wie groß ist die elektrische Feldstärke E_L in Luft vor und nach dem Einschieben der Glasplatte?

20. Ein Koaxialkabel besitzt ein Dielektrikum mit $\epsilon_{ri} = 2{,}8$ (Index i für Isolation) und $E_{di} = 100\ kV/cm$. Es ist so ausgelegt, daß bei einer maximalen Betriebsspannung $U_{max} = 15$ kV noch doppelte Sicherheit gegen elektrischen Durchschlag gewährleistet ist.
Welche maximale Betriebsspannung U'_{max} ist bei diesem Kabel höchstens zulässig, wenn man damit rechnen muß, daß sich die Isolation an manchen Stellen vom Innen- oder Außenleiter abgelöst hat, und man unter diesen Umständen immer noch mit doppelter Sicherheit gegen elektrischen Durchschlag arbeiten will?

21. Welche Kapazität C besitzt der Plattenkondensator mit Mehrschichtdielektrikum von Übungsaufgabe 18?

22. Ein Zylinderkondensator mit Zweischichtdielektrikum hat folgende Daten: Länge $l = 20$ cm; Radius des Innenleiters $r = 1$ cm; Radius des Außenleiters $R = 2,25$ cm; Medium 1 (zwischen Innenleiter und $r_1 = 1,5$ cm): $\epsilon_{r1} = 4,8$; Medium 2 (zwischen r_1 und Außenleiter): $\epsilon_{r2} = 2,6$. Welche Kapazität C hat der Zylinderkondensator?

2.5 Energie im elektrischen Feld

Es war schon mehrfach davon die Rede, daß zum Aufbau eines elektrischen Feldes - z.B. in einem Kondensator - Energie aufgewendet werden muß, daß diese Energie dann im elektrischen Feld gespeichert ist und beim Abbau des Feldes wieder frei wird. In den folgenden beiden Abschnitten wollen wir nun die quantitativen Zusammenhänge zwischen den an dieser Energiespeicherung beteiligten Größen ermitteln. Dabei untersuchen wir zunächst die Frage, wie groß die in einem geladenen Kondensator enthaltene Gesamtenergie ist, und berechnen dann die Energiedichte im elektrischen Feld ganz allgemein.

2.51 Gespeicherte Energie im geladenen Kondensator

Ein Kondensator mit der Kapazität C wird nach Bild 2.35 durch Anlegen an eine veränderliche elektrische Spannung u aufgeladen. Wir benützen hier zur Kennzeichnung der elektrischen Spannung wie auch der übrigen beteiligten Größen, die sich zeitlich ändern, kleine Formelbuchstaben, wie sie für Augenblicks- oder Momentanwerte üblich sind. Es ist vielleicht nicht überflüssig, daran zu erinnern, daß die elektrische Stromstärke I (gleichbleibende Stromstärke) bzw. i (Momentanwert der elektrischen Stromstärke) definiert ist als das Verhältnis der durch einen bestimmten Leiterquerschnitt hindurchtransportierten elektrischen Ladung Q bzw. q zu der dazu benötigten Zeit t bzw. dt:

$$(37) \qquad I = \frac{Q}{t} \quad \text{bzw.} \quad i = \frac{dq}{dt} \,.$$

Die Einheit der elektrischen Stromstärke ergibt sich aus der zugehörigen Einheitengleichung zu:

$$[I] = \frac{[Q]}{[t]} = \frac{1\,\text{As}}{1\,\text{s}} = 1\,\text{Ampere} = 1\,\text{A}.$$

Als Richtung des elektrischen Stromes ist per Definition diejenige Richtung festgelegt worden, in der sich dabei die positive Ladung bewegt; bei elektrischem Strom in metallischen Leitern ist sie der Bewegungsrichtung der freien Leitungselektronen gerade entgegengesetzt.

Zählen wir die Momentanladung q des Kondensators in Bild 2.35 positiv, wenn die obere Elektrode positiv aufgeladen ist, so ergibt bei dem gewählten Zählpfeilsystem ein positiver Ladestrom i - also ein Strom, der die Richtung seines Zählpfeils hat - eine positive Kondensatorladung q und eine positive Kondensatorspannung u.

Mit Hilfe der Definitionsgleichung (37) für die elektrische Stromstärke und der Gleichung (18): $Q = C \cdot U$, läßt sich nun - wenn wir letztere für Momentanwerte anschreiben - der wichtige Zusammenhang zwischen Stromstärke i und Spannung u an einer Kapazität C = Konst. allgemeingültig formulieren:

$$q = C \cdot u$$

(38) $$i = \frac{dq}{dt} = \frac{d}{dt}(C \cdot u) = C \cdot \frac{du}{dt} \; .$$

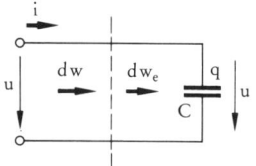

Bild 2.35:
Ein Kondensator von der Kapazität C wird mit einer
elektrischen Spannung u, die vom Wert Null ansteigt,
geladen.

Die Stärke des Kondensatorstromes ist also in jedem Moment der zeitlichen Änderung der Kondensatorspannung proportional; ist du/dt positiv - d.h. steigt etwa die Spannung in der durch ihren Zählpfeil bezeichneten Richtung an - so ist auch i positiv und hat damit die Richtung seines Zählpfeils, bei negativem du/dt dagegen ist i ebenfalls negativ und hat demzufolge die entgegengesetzte Richtung. Man kann diese Gleichung natürlich auch andersherum interpretieren: Ändert sich nicht ursächlich die Kondensatorspannung, sondern fließt ursächlich ein Kondensatorstrom, so antwortet die Kapazität darauf mit einer zeitlichen Spannungsänderung, deren Größe und Richtung von der Größe und Richtung des Kondensatorstromes abhängt: du/dt = i $\cdot$ 1/C.

Den Ansatzpunkt für die Berechnung der im elektrischen Feld des geladenen Kondensators gespeicherten Energie W_e liefert der Energiesatz: Da, wie wir wissen, der Kondensator keine elektrische Energie in irgendeine den Kondensator verlassende Energieform umwandelt wie zum Beispiel Licht, Wärme, mechanische Energie, ist er gewissermaßen von einer energieundurchlässigen Hülle umgeben und daher muß die gesamte Energie, die in Bild 2.35 die gestrichelte Grenzlinie von links nach rechts überquert, anschließend im Kondensator gespeichert sein. Berechnet man daher die auf der linken Seite insgesamt aufgewendete Arbeit oder Energie W, so hat man damit den Wert der auf der rechten Seite im elektrischen Feld gespeicherten Energie W_e ermittelt.

Die elektrische Spannung U (gleichbleibende Spannung) bzw. u (Augenblickswert der Spannung) ist bekanntlich definiert als das Verhältnis der umgesetzten Energie W bzw. dw zu der Ladung Q bzw. dq, die während dieses Energieumsatzes einen bestimmten Leiterquerschnitt passiert:

(39) $$u = \frac{W}{Q} \quad \text{bzw.} \quad u = \frac{dw}{dq} \; .$$

2.5 Energie im elektrischen Feld

Damit läßt sich ansetzen:

$$dw_e = dw =$$

$$= u \cdot dq = u \cdot i \cdot dt = \qquad \text{nach Gl. (39) und (37)}$$

$$= u \cdot C \cdot \frac{du}{dt} \cdot dt = \qquad \text{nach Gl. (38)}$$

$$= C \cdot u \cdot du.$$

Daraus wird, wenn die Spannung u am Kondensator von Null an bis zum Wert U steigt:

$$(40) \qquad W_e = \int dw_e = C \cdot \int_o^U u \cdot du = \frac{C \cdot U^2}{2}.$$

Eine Kapazität, die von einer elektrischen Energiequelle aufgeladen wird, formt also "elektrische Energie" - so wollen wir zur genaueren Unterscheidung nur diejenige Energieform nennen, die sich durch $\int u \cdot i \cdot dt$ ausdrücken läßt - in "elektrische Feldenergie" oder "dielektrische Energie" um und speichert sie in ihrem elektrischen Feld. Der Betrag der gespeicherten elektrischen Feldenergie wächst linear mit der Kapazität C, aber quadratisch mit dem Wert der angelegten Spannung. Beim Abbau des elektrischen Feldes wird die darin enthaltene Energie wieder frei, d.h. sie wird wieder zurückgewandelt in elektrische Energie; dazu ist allerdings Voraussetzung, daß dem Kondensator an seinen Klemmen ein Abnehmer für diese Energie, ein "elektrischer Verbraucher", zur Verfügung steht.

Bei der vorangegangenen Ableitung wurden keinerlei Einschränkungen hinsichtlich des zeitlichen Verlaufes der Kondensatorspannung gemacht. Dieser Verlauf hat in der Tat auch keinen Einfluß auf die Höhe des gespeicherten Energiebetrages. Denn wenn wir unterstellen, daß die Energie W_e im elektrischen Feld des Kondensators gespeichert wird, so kann ihre Größe doch nur davon abhängen, bis zu welchem Wert die f e l d e r z e u g e n d e elektrische Spannung u ansteigt, nicht aber davon, wieviel Zeit sie dazu braucht und welchen zeitlichen Verlauf sie im einzelnen nimmt (z.B. zeitlich linearen, quadratischen, exponentiellen).

Um hier ein konkretes Beispiel mit leicht überschaubaren Verhältnissen vor Augen zu haben, wollen wir annehmen, der Kondensator werde mit einem konstanten Strom i = I aufgeladen; siehe Bild 2.36. Nach Gl. (38) hat in diesem Fall der zeitliche Spannungsanstieg du/dt einen konstanten Wert:

$$\frac{du}{dt} = \frac{1}{C} \cdot i = \frac{1}{C} \cdot I = \text{konst.},$$

d.h. die Spannung u selbst steigt zeitlich linear an:

$$du = \frac{1}{C} \cdot I \cdot dt \quad \Rightarrow \quad u = \frac{1}{C} \cdot I \cdot t.$$

Damit kann man jetzt umgekehrt feststellen: soll ein Kondensator mit konstanter Stromstärke I geladen werden, so muß die angelegte elektrische Spannung u von Null an zeitproportional zunehmen; vergl. Bild 2.36.

Bild 2.36:
Die zeitlichen Verläufe von elektrischer Spannung u und gespeicherter Energie w_e für einen Kondensator, der mit konstanter Stromstärke i = I geladen wird.

i = I: zeitlich konstanter Stromstärkeverlauf

$u = \dfrac{1}{C} \cdot I \cdot t$: zeitlich linearer Spannungsanstieg

$$w_e = \frac{C \cdot u^2}{2} = \frac{C}{2} \cdot \left(\frac{1}{C} \cdot I \cdot t\right)^2 = \frac{I^2}{2 \cdot C} \cdot t^2:$$

zeitlich quadratischer Anstieg der gespeicherten Energie.

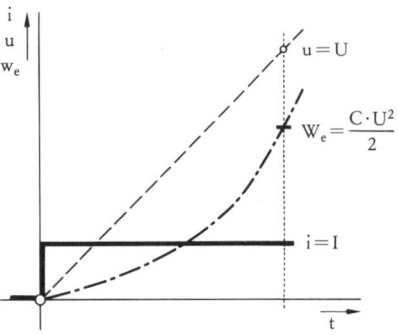

Der Momentanwert w_e der elektrischen Feldenergie ist gemäß Gl. (40) gegeben durch

$$w_e = \frac{C \cdot u^2}{2},$$

wobei u der in dem betreffenden Augenblick herrschende Momentanwert der Kondensatorspannung ist. Bei zeitlich konstantem Ladestrom und daraus resultierender zeitlich linear ansteigender Spannung nimmt der Momentanwert der elektrischen Feldenergie einen zeitlichen quadratischen Verlauf; siehe hierzu Bild 2.36.

Soll also etwa eine Kapazität C = 20 μF mit konstantem I = 1 mA geladen werden, so muß die ladende Quelle einen zeitlichen Anstieg der Spannung

$$\frac{du}{dt} = \frac{1}{C} \cdot I = \frac{V}{20 \cdot 10^{-6} \, As} \frac{1 \cdot 10^{-3} \, A}{} = 50 \, \frac{V}{s} = \text{konst.}$$

aufweisen, d.h. die Spannung u muß je Sekunde um 50 V ansteigen. Erreicht sie einen Endwert U = 500 V, so trägt der Kondensator die elektrische Feldenergie

$$W_e = \frac{C \cdot U^2}{2} = \frac{20 \cdot 10^{-6} \, As}{V} \frac{25 \cdot 10^4 \, V}{2} V = 2,5 \, VAs =$$

$$= 2,5 \text{ Wattsekunden} = 2,5 \text{ Ws} = 2,5 \text{ Joule} = 2,5 \text{ J*}.$$

Um eine Vorstellung von der Größe dieser Energie zu bekommen, ist es zweckmäßig, sie durch die mechanische Energieeinheit auszudrücken:

$$2,5 \text{ Ws} = 2,5 \text{ Newtonmeter} = 2,5 \text{ Nm}.$$

Mit der im Kondensator gespeicherten Energie könnte man also etwa eine Masse, die von der Erde mit einer Kraft F = 1 N angezogen wird (rund 100 g)

---

*) JAMES WATT (1736 - 1819), schottischer Erfinder und Ingenieur
JAMES PRESCOTT JOULE (1818 - 1889), englischer Physiker

2,5 Meter hoch heben. Solch Energiebetrag mag nicht sonderlich beeindruckend sein, trotzdem verdankt die Kapazität diesem Vermögen, Energie aus der elektrischen Form in die dielektrische umzuwandeln, sie festzuhalten und sie dann wieder - bei gleichzeitiger Rückumwandlung - freizugeben, ihre so ausserordentlich breite Anwendung in der Wechselstromtechnik, insbesondere in der elektrischen Nachrichtentechnik.

Zum Abschluß wollen wir die Gleichung, durch deren Ansatz wir die im Kondensator gespeicherte Energie W_e berechnet haben, noch einmal etwas umformen:

$$dw_e = dw = u \cdot dq = u \cdot i \cdot dt = u \cdot C \cdot \frac{du}{dt} \cdot dt = C \cdot u \cdot du;$$

mit $C \cdot u = q = \psi$ (hier Momentanwert) wird daraus:

$$dw_e = \psi \cdot du.$$

Damit läßt sich die Änderung der elektrischen Potentialdifferenz so interpretieren:

$$du = \frac{dw_e}{\psi} .$$

Im elektrischen Feld nennt die **Änderung der elektrischen Potentialdifferenz** du die umgesetzte Energie dw_e, bezogen auf die dabei beteiligte dielektrische Flußstärke ψ.

$([\psi] = 1\ As;\ \ [du] = 1\ V = 1\ Nm/As.)$

Auf diese Weise ist einerseits eine formale Analogie zur Interpretation der elektrischen Potentialdifferenz im elektrischen Stromkreis hergestellt:

$$U = \frac{W}{Q}.$$

Im elektrischen Stromkreis nennt die elektrische Potentialdifferenz U die umgesetzte Energie W, bezogen auf die dabei beteiligte Ladung Q;

andererseits kommt aber auch klar der Unterschied im energetischen Verhalten zum Ausdruck: Während im elektrischen Stromkreis bei unveränderlicher Potentialdifferenz U ein dauernder Energieumsatz stattfindet, tritt eine Energieänderung - und damit ein Energieumsatz - im elektrischen Feld immer nur dann auf, wenn sich die Potentialdifferenz U ändert.

2.52 Energiedichte im elektrischen Feld

Um die in einem elektrischen Feld an beliebiger Stelle existierende Energiedichte zu ermitteln, gehen wir von der Gleichung (40) aus, stellen diese aber so um, daß statt der Kapazität C, die ja für ein einzelnes Raumelement innerhalb des elektrischen Feldes nicht definiert ist, eine Feldgröße erscheint:

(41) $$W_e = \frac{C \cdot U^2}{2} = \frac{\psi \cdot U}{2}$$ wegen: $C = \dfrac{Q}{U} = \dfrac{\psi}{U}$.

Die elektrische Feldenergie in einem Feldraum ist gleich der Hälfte des Produktes aus der Flußantriebsgröße U und der dielektrischen Flußstärke ψ .

In einem infinitesimalen Raumelement des elektrischen Feldes vom Querschnitt dA senkrecht zur Richtung des dielektrischen Flusses an dieser Stelle und von der Länge ds in Flußrichtung ist die Teil-Antriebsgröße dU wirksam:

$$dU = E \cdot ds,$$

und dieses Raumelement wird von einem Teil-Fluß $d\psi$ durchgesetzt:

$$d\psi = D \cdot dA.$$

Der in diesem Raumelement gespeicherte Anteil dW_e der elektrischen Feldenergie ist daher nach Gl. (41):

$$dW_e = \frac{d\psi \cdot dU}{2} = \frac{D \cdot dA \cdot E \cdot ds}{2} .$$

Die Energiedichte, d.h. das Verhältnis eines Feldenergieanteils dW_e zu dem von ihm eingenommenen Volumenelement dV, ist damit:

(42a) $$\frac{dW_e}{dV} = \frac{D \cdot dA \cdot E \cdot ds}{2 \cdot dA \cdot ds} = \frac{E \cdot D}{2} .$$

Hier wird besonders deutlich: Das elektrische Feld kennzeichnet einen bestimmten Energiezustand des Raumes; überall, wo eine von Null verschiedene elektrische Feldstärke E und damit auch eine von Null verschiedene dielektrische Flußdichte D herrscht, enthält ein Volumenelement dV des Raumes den Energiebetrag $dV \cdot E \cdot D/2$ in Form dielektrischer Energie.

Wegen $D = \epsilon \cdot E$ läßt sich die Gl. (42a) auch noch in einigen Varianten anschreiben:

(42b) $$\frac{dW_e}{dV} = \frac{D \cdot E}{2} = \epsilon_0 \cdot \epsilon_r \cdot \frac{E^2}{2} = \frac{D^2}{2 \cdot \epsilon_0 \cdot \epsilon_r} .$$

Die in einem bestimmten Dielektrikum maximal erreichbare Energiedichte ist in der Regel durch die höchstzulässige elektrische Feldstärke bestimmt. So ist beispielsweise in Glimmer mit $\epsilon_r = 8$ und $E_d = 600$ kV/cm - wenn wir für E_{max} etwa 550 kV/cm als noch zulässig erachten - die maximale Energiedichte:

$$\left(\frac{dW_e}{dV}\right)_{max} = \epsilon_0 \cdot \epsilon_r \cdot \frac{E_{max}^2}{2} = 0{,}885 \cdot 10^{-13} \frac{As}{V \cdot cm} .$$

$$\frac{8 \cdot 30 \cdot 10^{10} \, V \cdot V}{2 \qquad cm \cdot cm} = 0{,}106 \frac{Ws}{cm^3} .$$

Die bei der Energiespeicherung in einem Dielektrikum erreichbaren Energiedichten sind vergleichsweise sehr bescheiden; bereits bei Trockenbatterien
und Akkumulatoren liegen die Energiedichten um mehrere Zehnerpotenzen
höher, und auch diese werden ihrerseits wieder um einige Zehnerpotenzen
übertroffen von den Energiedichten in flüssigen Brennstoffen wie Benzin,
Dieselkraftstoff oder dergleichen (siehe hierzu auch Übungsaufgabe 26).

2.53 Dielektrische Leistung

In der Aufbau- und in der Abbauphase eines elektrostatischen Feldes findet
jeweils ein einmaliger und zeitlich begrenzter Energieumsatz statt, bei dem
elektrische Energie in dielektrische Energie (elektrische Feldenergie) umgewandelt wird, bzw. umgekehrt. Während dieser dynamischen Phasen im Dasein eines elektrischen Feldes tritt "dielektrische Leistung" auf. Der Momentanwert p_d der dielektrischen Leistung ist gemäß der allgemeingültigen
Leistungsdefinition gegeben als die zeitliche Energieänderung des elektrischen
Feldes, und diese ist nach den in Abschnitt 2.51 angestellten Überlegungen
gleich der zu- bzw. abgeführten elektrischen Leistung $p = u \cdot i$:

$$p_d = \frac{dw_e}{dt} = p = u \cdot i = u \cdot \frac{dq}{dt} = u \cdot \frac{d\psi}{dt}$$

$$p_d = u \cdot \frac{d\psi}{dt} .$$

Hierin kommt noch einmal klar zum Ausdruck: dielektrische Leistung tritt
nur auf, wenn sich das elektrische Feld zeitlich ändert, d.h. wenn $d\psi/dt \neq 0$.
Die zeitliche Änderung der dielektrischen Flußstärke, $d\psi/dt$, entspricht
offensichtlich sowohl formal wie auch energetisch gesehen der Stromstärke $i =
dq/dt$ des elektrischen Leitungsstromes; konsequenterweise werden wir diese
Größe in Kap. 3.1 auch als "dielektrische Stromstärke" wiederfinden.

Bildet man zur Kontrolle:

$$W_e = \int w_e = \int p_d \cdot dt = \int u \cdot \frac{d\psi}{dt} \cdot dt = \int u \cdot d\psi = \int u \cdot dq =$$

$$= \int_0^U u \cdot C \cdot du = \frac{C \cdot U^2}{2} ,$$

so erhält man dasselbe Ergebnis wie in Gl. (40).

2.54 Die Kapazität als „Spannungs-Trägheit"

Die in der Gleichung (38) abgeleitete Beziehung zwischen den elektrischen
Größen Spannung und Stromstärke an einer Kapazität gestattet es, die Kapazität auch noch von übergeordneter Warte aus zu diskutieren, nämlich unter
dem Aspekt der "Trägheit", und auf diese Weise eine Analogie zu einer aus
der Mechanik vertrauten Erscheinung herzustellen. Dazu dient die folgende
Überlegung.

Wir verstehen doch unter "Trägheit" ganz allgemein die mangelnde Bereitschaft, eine bestehende Zustandsgröße zu verändern, verbunden mit einer
Widersetzlichkeit gegenüber einer Änderung dieser Größe von fremder Seite her. Wollen wir eine spezielle Trägheit näher kennzeichnen, so erscheint
es zweckmäßig, in ihren Namen jene Größe mit aufzunehmen, deren Änderung sie zu verhindern trachtet. Nach diesem Grundsatz nennen wir also die
aus der Mechanik bekannte Eigenschaft eines Körpers, seine momentane Geschwindigkeit von sich aus nicht zu ändern bzw. sich einer von fremder Seite her aufgezwungenen Geschwindigkeitsänderung zu widersetzen: "Geschwindigkeits-Trägheit".

Drückt man die Beschleunigung als Differentialquotienten aus Geschwindigkeit v und Zeit t aus, so lautet die dynamische Grundgleichung "Kraft ist Masse mal Beschleunigung":

$$(43) \qquad F = m \cdot \frac{dv}{dt} \quad \Rightarrow \qquad \frac{dv}{dt} = \frac{1}{m} \cdot F \, .$$

Aus der rechts angeschriebenen Form ist direkt abzulesen: bei gegebener
Kraft F ist die zeitliche Änderung der Geschwindigkeit dv/dt umso kleiner, je
größer die Masse m ist. Die physikalische Größe "Masse" gibt also unmittelbar an, in welchem Maße sich der betreffende Körper einer G e s c h w i n d i g -
k e i t s ä n d e r u n g widersetzt, d.h. wie stark ausgeprägt bei ihm die Eigenschaft der "Geschwindigkeits-Trägheit" ist.

Was das energetische Geschehen anbetrifft, so ereignet sich beim Wirksam-
werden einer Geschwindigkeits-Trägheit dieses: Tritt eine Kraft auf, die die
Geschwindigkeit zu steigern trachtet, so wirkt die Masse energieverzehrend
(sie speichert Energie in Form von kinetischer Energie), und tritt eine Kraft
auf, die die Geschwindigkeit zu vermindern trachtet, so gibt die Masse Energie frei (aus ihrem Vorrat an kinetischer Energie); dadurch kommt ihre vergleichmäßigende Wirkung hinsichtlich der Geschwindigkeit, ihre "Pufferwir-
kung", zustande.

Die Gleichung (38) läßt sich nun ebenso anschreiben wie die Gleichung (43) und
ganz analog interpretieren:

$$i = C \cdot \frac{du}{dt} \quad \Rightarrow \qquad \frac{du}{dt} = \frac{1}{C} \cdot i \, .$$

Bei gegebener Stromstärke i ist die zeitliche Änderung der elektrischen
Spannung du/dt umso kleiner, je größer die Kapazität C ist. Die physikalische Größe "Kapazität" gibt also unmittelbar an, in welchem Maße sich die
betreffende elektrische Anordnung einer S p a n n u n g s ä n d e r u n g widersetzt, d.h. wie stark ausgeprägt bei ihr die Eigenschaft der "Spannungs-Trägheit" ist.
Eine elektrische Anordnung mit Spannungs-Trägheit verwirklicht diese Eigenschaft in der Weise, daß sie bei einem Versuch, die Spannung zu erhöhen, mit

Hilfe ihrer Kapazität Energie in Form elektrischer Feldenergie bindet, wodurch ein abruptes Ansteigen der Potentialdifferenz verhindert wird; und daß
sie bei einem Versuch, die Spannung abzusenken, Energie aus ihrem Vorrat
an elektrischer Feldenergie freigibt, wodurch ein abruptes Absinken der Potentialdifferenz verhindert wird. Dadurch kommt ihre bekannte "Pufferwir-
kung", ihre vergleichmäßigende Wirkung hinsichtlich der elektrischen Spannung zustande.

In vielen Schaltungen, in denen elektrische Spannungen - gegenüber Last-
schwankungen und anderen störenden Einflüssen - konstant gehalten oder
"stabilisiert" werden sollen, finden sich Kondensatoren, weil diese aufgrund ihrer Kapazität über die hier benötigte Eigenschaft der Spannungs-
Trägheit verfügen.

Übungsaufgaben $\epsilon_o = 0{,}885 \cdot 10^{-13} \dfrac{\text{As}}{\text{V cm}}$

23. Ein Kondensator mit $C = 4\ \mu F$ wird an eine Spannung u gelegt, deren
zeitlicher Verlauf in Bild 2.37 dargestellt ist. Zu ermitteln ist der zugehörige zeitliche Verlauf des Kondensatorstromes i.

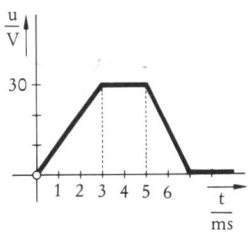

Bild 2.37:   Bild 2.38:

24. Auf einen zum Zeitpunkt $t = 0$ ungeladenen Kondensator mit $C = 0{,}5\ \mu F$
werden Stromimpulse nach Bild 2.38 gegeben.
a, Man gebe die zugehörigen zeitlichen Verläufe der Kondensatorspannung u
   und der elektrischen Feldenergie w_e in einem entsprechenden Diagramm
   an.
b, In welchem Breiten- (= Impulsdauer-) Verhältnis müßten die drei ersten
   Stromimpulse zueinander stehen, wenn sie - bei gleichbleibender Höhe -
   die elektrische Feldenergie jeweils um den selben Betrag steigern sollten?

25.
a, Man vergleiche ganz allgemein die (Netto-) Volumina V_1 und V_2 zweier
   Dielektrika 1 und 2 mit ϵ_{r1}, E_{d1} und ϵ_{r2}, E_{d2} miteinander unter der Voraussetzung, daß mit jedem von ihnen ein Kondensator ausgerüstet werden
   soll, in dem ein vorgegebener Energiebetrag W_e zu speichern ist. Der
   Einfachheit halber nehme man an, daß die maximal zulässige elektrische
   Feldstärke jeweils gleich 80% der Durchschlagfeldstärke sei.

b, Nach dem Ergebnis von a suche man nun unter den beiden nachstehend spe-
zifizierten Medien 1 und 2 dasjenige aus, mit dem ein W_e = 200 Ws bei
kleinstem Dielektrikumsvolumen V gespeichert werden kann, und berechne
dieses Volumen.
Medium 1: ϵ_{r1} = 4, E_{d1} = 150 kV/cm; Medium 2: ϵ_{r2} = 6, E_{d2} = 120 kV/cm

26. Man vergleiche die auftretenden Energiedichten in den folgenden drei
Fällen miteinander:
a, Energiespeicherung in einem Metall-Papier-Kondensator bei maximal zu-
lässiger Spannung; ϵ_r = 2,5; E_{max} = 135 kV/cm.
b, Energiespeicherung in einem Blei-Akku von den Abmessungen: 17 cm x
18cm x 30cm; Betriebsspannung 12 V; "Kapazität": 60 Ah (Amperestun-
den; d.h. die geladene Batterie kann bei U = 12 V z.B. 30 Stunden lang
einen Strom I = 2 A abgeben, dann ist sie erschöpft). Bei der Berechnung
des aktiven Volumens zieht man zweckmäßigerweise vom Bruttovolumen
rund 15% als "Verpackung" ab.
c, Energiespeicherung in Dieselkraftstoff mit einem "Heizwert" von rund
10 000 kcal/Liter (1 kcal = 4,1868 · 10^3 Ws).

27. In einem Schienenfahrzeug ist ein Gleichstromgenerator fest an eine
Laufachse angekuppelt; die Urspannung u_0 dieses Generators ist seiner Dreh-
zahl exakt proportional, sodaß ein Spannungsmesser als Geschwindigkeitsmes-
ser verwendet werden kann (Bild 2.39). Bei $\dot{v}$ = 75 m/s (= 270 km/h) ist u_0 =
300 V.
Ein elektrischer Stromstärkemesser mit Zeigernullstellung in der Skalenmitte
soll nun als Beschleunigungsmesser (bzw. Verzögerungsmesser) eingesetzt
werden. Wie groß ist die mit ihm in Reihe zu schaltende Kapazität C zu bemessen, damit der Vollausschlag des Strommessers (tritt auf bei I = 1,2 mA)
gerade ein | dv/dt | = 6 m/s^2 anzeigt?

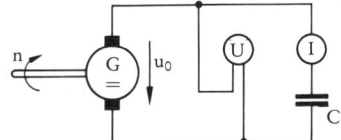

Bild 2.39:

2.6 *Kräfte zwischen den Elektroden eines geladenen Kondensators*

Da sich ungleichnamige elektrische Ladungen gegenseitig anziehen (vergl.
Abschnitt 2.1), ist es nur natürlich, daß sich die Elektroden eines geladenen
Kondensators, die ja mit Oberflächenladungen entgegengesetzten Vorzeichens
besetzt sind, ebenfalls anziehen. Wir wollen nachfolgend feststellen, mit
welcher Kraft F sie das tun, und betrachten dazu einen ebenen Plattenkondensator von der Plattenfläche A, dessen eine Elektrode (isoliert) befestigt ist,

Bild 2.40:
Ebener Plattenkondensator mit konstanter
Ladung Q; linke Platte ortsfest, rechte Platte
wird durch ein Kraft F um ds nach rechts be-
wegt. Darunter Verlauf von Kapazität C und
Kondensatorspannung U in Abhängigkeit vom
Plattenabstand s bei Q = ψ = konst.

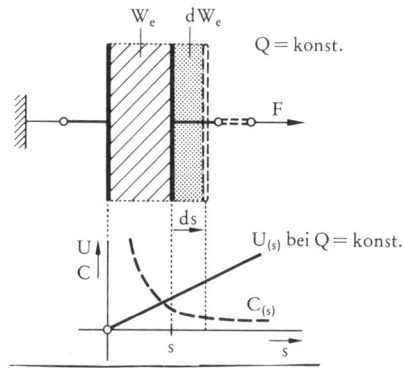

während sich die andere frei bewegen läßt, sodaß man den Plattenabstand s
verändern kann, siehe Bild 2.40.

Der Kondensator wird beim Plattenabstand s auf die Spannung U aufgeladen
und dann von der ladenden Quelle abgetrennt. Um nun die Kraft F zu bestimmen, mit der man die bewegliche Platte an ihrem Ort festhalten muß bzw.
die man aufbringen muß, um die bewegliche Platte gegen die Anziehungskraft
zwischen den Platten um ein Wegelement ds zu verrücken, untersuchen wir
zuerst einmal ganz generell, wie sich die elektrischen und dielektrischen
Größen ändern, wenn wir bei dieser Anordnung den Plattenabstand verändern.

Diejenigen Größen, die in diesem Fall unbedingt konstant bleiben, weil vor-
raussetzungsgemäß gar keine Möglichkeit zu ihrer Änderung besteht, sind die
Kondensatorladung Q und - wegen Q = ψ - die dielektrische Flußstärke ψ :

$$Q = \psi = \text{konst.}$$

Die Kapazität C des ebenen Plattenkondensators ist nach Gl. (20) C = $\epsilon \cdot A/s$:

$$C \sim \frac{1}{s} .$$

C ist also dem Plattenabstand umgekehrt proportional (vorausgesetzt, s bleibt
immer so klein, daß das elektrische Feld zwischen den Platten stets als angenähert homogen betrachtet werden kann); siehe Bild 2.40.

Zwischen Kondensatorladung und Kondensatorspannung muß in jedem Fall die
fundamentale Gleichung (18): Q = C · U erfüllt sein; speziell hier gilt:

$$Q = C \cdot U = \text{konst.}$$

Soll das Produkt aus C und U immer konstant bleiben, wobei C dem Plattenabstand s umgekehrt proportional ist, so muß U dem Plattenabstand s direkt
proportional sein:

$$U \sim s;$$

siehe Bild 2.40. Das heißt, wenn wir einen Kondensator beim Plattenabstand
s auf die Spannung U aufladen, ihn von der Quelle abtrennen und dann seinen

Plattenabstand auf $2s$ vergrößern, so steigt dabei seine Spannung auf $2\,U$; verkleinern wir stattdessen den Abstand auf $s/3$, so sinkt dabei auch die Spannung auf $U/3$ etc.

Steigt bei einem ebenen Plattenkondensator mit homogenem elektrischen Feld die Spannung U linear mit dem Plattenabstand s an: $U = \text{konst.} \cdot s$, so bleibt die elektrische Feldstärke E konstant:

$$E = \frac{U}{s} = \frac{\text{konst.} \cdot s}{s} = \text{konst.}$$

Zu diesem letzten Ergebnis kann man auch aufgrund einer ganz einfachen Überlegung gelangen: Wenn bei einer Änderung des Plattenabstandes wegen $Q = \text{konst.}$ die dielektrische Flußstärke ψ konstant bleibt, so muß bei konstantem Feldraumquerschnitt A auch die dielektrische Flußdichte $D = \psi/A$ konstant bleiben; wegen $D = \epsilon \cdot E$ ist dann auch E konstant.

Für die in Bild 2.40 dargestellten Verhältnisse gilt also, daß bei einer Verschiebung der rechten Kondensatorplatte um ds die Größen $Q = \psi$ und E konstant bleiben, während U sich um $U \cdot ds/s = E \cdot ds$ ändert. Die elektrische Feldenergie W_e des Kondensators beim Plattenabstand s ist nach Gl. (41):

$$W_e = \frac{C \cdot U^2}{2} = \frac{\psi \cdot U}{2} = \frac{\psi \cdot E \cdot s}{2}\ .$$

Nachdem durch Einwirken der Kraft F die rechte Platte um ds bewegt wurde, ist die elektrische Feldenergie W_e':

$$W_e' = \frac{C' \cdot U'^2}{2} = \frac{\psi \cdot U'}{2} = \frac{\psi \cdot E \cdot (s + ds)}{2} = \frac{\psi \cdot E \cdot s}{2} + \frac{\psi \cdot E \cdot ds}{2} =$$

$$= W_e + dW_e.$$

Der gegenüber vorher hinzugekommene Anteil dW_e wurde durch die von aussen her wirkende Kraft F eingebracht:

$$dW_e = F \cdot ds = \frac{\psi \cdot E \cdot ds}{2}$$

daraus:

(44) $$F = \frac{\psi \cdot E}{2} = \frac{D \cdot E}{2} \cdot A = \epsilon \cdot \frac{E^2}{2} \cdot A = \frac{D^2}{2 \cdot \epsilon} \cdot A.$$

Die zwischen den Elektroden des Kondensators wirksame Kraft F ist also dem Quadrat der elektrischen Feldstärke E proportional. Die Gleichung (44) gilt auch dann, wenn man den Kondensator nicht - wie wir es zur Ermittlung der Kraft F getan haben - von der Quelle abtrennt, sondern ihn an der Spannung U liegen läßt; es ist dann

$$F = \epsilon \cdot \frac{E^2}{2} \cdot A = \epsilon \cdot \frac{U^2}{2 \cdot s^2} \cdot A, \qquad\qquad \text{wegen: } E = \frac{U}{s}$$

d. h. die Kraft F ist proportional dem Quadrat der angelegten Spannung U.
Mißt man diese Kraft F mit einer Kraftwaage, so hat man damit einen echten
Spannungsmesser, einen sog. "elektrostatischen Spannungsmesser" (die
üblichen Spannungsmesser messen die elektrische Stromstärke, sind aber in
Spannungseinheiten geeicht und geben auf diese Weise an, welche elektrische
Spannung nötig ist, um durch ihr Meßwerk nebst eingebautem Vorwiderstand
den betreffenden elektrischen Strom zu treiben).

Die spezifische Kraft, d. h. die auf die Fläche bezogene Kraft F/A ist in ihrer Größe durch den maximal zulässigen Wert der elektrischen Feldstärke
beschränkt; setzt man für Luft beispielsweise E_{max} mit 20 kV/cm an, so
wird

$$\frac{F}{A} = \epsilon \cdot \frac{E^2}{2} = 0,885 \cdot 10^{-3} \frac{As}{Vcm} \cdot \frac{400}{2} \cdot 10^6 \frac{V}{cm}\frac{V}{cm} = 1,77 \cdot 10^{-5} \frac{VAs}{cm\,cm^2} =$$

$$= 1,77 \cdot 10^{-5} \frac{Nm\,As}{As\,cm\,cm^2} = 1,77 \cdot 10^{-5} \frac{N \cdot 10^2\,cm}{cm\,cm^2} = 1,77 \cdot 10^{-3} \frac{N}{cm^2} .$$

Diese maximal erreichbare spezifische Kraft ist recht winzig und es ist daher verständlich, daß es keine elektrostatischen Spannungsmesser als Be-
triebsmeßgeräte gibt; sie kommen nur als Labormeßgeräte vor.

Übungsaufgaben $\epsilon_0 = 0,885 \cdot 10^{-13} \frac{As}{Vcm}$

28. Ein ebener Plattenkondensator (Dielektrikum: Luft) mit der Plattenfläche
$A = 225\ cm^2$ und dem Plattenabstand $s = 0,2\ cm$ wird an einer Spannung $U =$
1000 V aufgeladen und dann von der Spannungsquelle abgetrennt.
Welche mechanische Arbeit W_{mech} muß man aufbringen, um den Plattenabstand auf $s' = 0,5\ cm$ zu erhöhen?

29. Bei einem Luftkondensator von der Plattenfläche A läßt sich der Plattenabstand verändern wie bei der Anordnung nach Bild 2.40. Man bestimme die
Kraft F, die auf die bewegliche Platte wirkt, als Funktion des Plattenabstandes s für die beiden Fälle:
a, der Kondensator ist dauernd angeschaltet an eine Quelle mit der Spannung
U;
b, der Kondensator wird beim Plattenabstand s_0 von einer Quelle mit der
Spannung U aufgeladen und dann von der Quelle abgetrennt.
(In beiden Fällen werde das elektrische Feld stets als homogen betrachtet.)

30. Ein Luftkondensator von der Plattenfläche $A = 400\ cm^2$ und dem Plattenabstand $s = 0,6\ cm$ wird an einer Spannung $U = 12\ kV$ aufgeladen und daraufhin von der Quelle getrennt. Nun wird eine Glasplatte ($A > 400\ cm^2$, $\epsilon_{rG} = 5$)
von der Stärke $s = 0,6\ cm$ zwischen die Elektroden geschoben. Man bestimme die elektrische Feldenergie W_e vor, sowie Spannung U' und W_e' nach dem
Einschieben der Glasplatte. (Erklärung für die Differenz zwischen W_e und W_e'?)

2.7 Das elektrische Strömungsfeld

Das in den zurückliegenden Abschnitten behandelte "elektrische" bzw. genauer gesagt "elektrostatische Feld" kennzeichnet den Zustand, in dem sich ein Dielektrikum, also ein elektrischer Nichtleiter, unter der Einwirkung einer elektrischen Feldstärke befindet. Dieses elektrostatische Feld wandelt sich zum "elektrischen Strömungsfeld", wenn das Dielektrikum seine isolierende Eigenschaft verliert und zum elektrischen Leiter wird, d.h. wenn es das Dahinströmen von Ladungsträgern zuläßt, und der dielektrische Fluß geht über in einen elektrischen Leitungsstrom. Da die Ursachengröße im elektrostatischen wie im elektrischen Strömungsfeld dieselbe ist, kann man das elektrische Strömungsfeld als einen Sonderfall des elektrischen Feldes ganz allgemein ansehen.

Das Entstehen eines elektrischen Strömungsfeldes

Der Übergang vom elektrostatischen Feld zum elektrischen Strömungsfeld kann in einem einfachen Gedankenexperiment vollzogen werden. Man stelle sich vor, daß das Dielektrikum eines elektrostatischen Feldes von Null an allmählich an elektrischer Leitfähigkeit gewinnt. Dann werden die auf diese Weise der festen Atombindung entrinnenden und somit nunmehr "freien" Elektronen sich unter der Einwirkung der elektrischen Feldstärke in Bewegung setzen und einen Weg nehmen, der an jeder Stelle des Feldes durch die Richtung der dort herrschenden Feldstärke $\vec{E}$ bestimmt ist: längs der Feldlinien; siehe Bild 2.41. Die Gesamtheit der dahinströmenden Ladungsträger wird demnach den Feldraum in der gleichen räumlichen Verteilung erfüllen wie vorher der dielektrische Fluß - von dem hier noch einmal gesagt sei, daß bei ihm absolut nichts wirklich fließt, sondern daß er ein zur integralen Beschreibung des Raumzustandes eingeführter Begriff ist. Damit sich jetzt bei leitfähigem Material im elektrischen Feld ein s t a t i o n ä r e r Z u s t a n d d e r L a d u n g s - t r ä g e r s t r ö m u n g einstellen kann, ist es natürlich unerläßlich, daß die an irgendeiner Stelle abströmenden Ladungsträger stets sofort wieder ersetzt werden. Mit anderen Worten: Es ist ein geschlossener elektrischer Leiterkreis notwendig mit einer darin eingefügten "Ladungsträgerpumpe" (sprich: elektrische Energiequelle), die dafür sorgt, daß die ursprünglich vorhandene felderzeugende Potentialdifferenz U auch bei der jetzt stattfindenden Ladungsträgerbewegung dauernd in gleicher Höhe weiterbesteht.

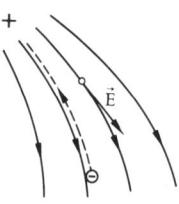

Bild 2.41:
Ein freier elektrischer Ladungsträger bewegt sich im elektrischen Feld unter der Einwirkung der elektrischen Feldstärke $\vec{E}$ stets entlang einer Feldlinie.

Bild 2.42:
„Stationäres elektrisches Strömungsfeld" in
einem elektrisch schwach leitenden Material
zwischen den Elektroden des Plattenkondensators.

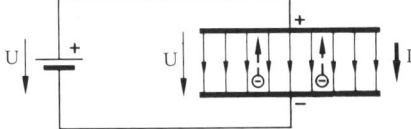

Ein solcher Kreis ist in Bild 2.42 dargestellt: Der an eine elektrische Energiequelle mit der Spannung U angeschlossene ebene Plattenkondensator ist statt
mit einem Dielektrikum mit einem Material von geringer, aber eben doch von
Null verschiedener elektrischer Leitfähigkeit ausgefüllt. Die Spannungsquelle
ersetzt einerseits dauernd die von der negativen Platte in den Feldraum abströmenden Elektronen und zieht andererseits die aus dem Feldraum an der
positiven Platte ankommenden Elektronen dauernd von dort ab. Auf diese Weise wird ein kontinuierlicher Kreisstrom der Ladungsträger aufrechterhalten,
ein "elektrischer Leitungsstrom", dessen Stromstärke I (= das Verhältnis
der durch einen betrachteten Leiterquerschnitt hindurchtretenden Ladung Q
zu der dazu benötigten Zeit t, I = Q/t) konstant ist. Seine Richtung wurde
durch Definition als diejenige festgelegt, in der sich freie positive Ladungen
im elektrischen Feld bewegen würden: von + nach -. Zwischen den Elektroden
des Plattenkondensators - der nun eigentlich nicht mehr so genannt werden
darf, weil der Ausdruck "Kondensator" speziell einer Anordnung vorbehalten
ist, die der "Kondensierung " = "Verdichtung" eines elektrostatischen Feldes
dient - besteht also jetzt ein elektrisches Strömungsfeld und wir können feststellen: Das elektrische Strömungsfeld ist wesentlicher Bestandteil des bekannten elektrischen Stromkreises.

Zur Erzielung eines "homogenen" elektrostatischen Feldes war beim ebenen
Plattenkondensator der Forderung nach vergleichsweise kleinem Plattenabstand zu genügen (Abschn. 2.21). Da es keinen "dielektrischen Nichtleiter"
gibt, breitet sich das elektrostatische Feld - repräsentiert durch den dielektrischen Fluß - über den ganzen zur Verfügung stehenden Raum aus und man kann
dieses Feld eben nur dadurch "verdichten", d.h. auf einen vorgegebenen Raum
konzentrieren und die unvermeidlichen Randstörungen auf ein vernachlässig-
bares Maß herabdrücken, daß man die Platten sehr nahe aneinanderbringt.
Beim elektrischen Strömungsfeld liegen die Dinge in dieser Hinsicht ganz
anders: Hier gibt es sehr wohl "elektrische Nichtleiter" und man kann infolgedessen das Strömungsfeld durchaus in einen vorgegebenen Raum zwingen, indem man nämlich den elektrischen Leiter, in dem es sich aufhalten soll,
durch elektrische Nichtleiter umgibt. Daher besteht für ein "homogenes" elektrisches Strömungsfeld die Forderung nach kleiner Ausdehnung in Längsrichtung
nicht; im Gegenteil, je stärker ausgeprägt das elektrische Leitvermögen des
betreffenden Feldraumes ist, desto mehr sollte sich seine Gestalt der des
Drahtes oder "linienhaften Leiters" annähern, wenn ein homogenes Strömungsfeld in ihm gefordert wird. Zur Begründung dieser Forderung lassen wir in
Gedanken die elektrische Leitfähigkeit des Feldraumes der Anordnung von

Bild 2.42 immer weiter ansteigen, bis sie diejenige der Elektroden erreicht hat. Dann wird die - bei gleichbleibender Elektrodenspannung U gegenüber vorher selbstverständlich enorm angewachsene - Ladungsträgerströmung etwa eine räumliche Verteilung annehmen, wie sie in Bild 2.43 skizziert ist, d.h. sie wird in der Umgebung der Querschnittsveränderung inhomogen. Ist also die Länge s des betrachteten Feldraumes nicht so groß, daß die Zonen der "Randstörungen" demgegenüber vernachlässigt werden können, so läßt sich auch nicht mehr angenähert von einem "homogenen" elektrischen Strömungs-feld sprechen.

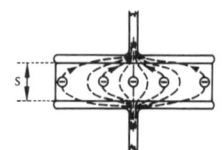

Bild 2.43:
„Inhomogenität" der Ladungsträgerströmung bei
einer Querschnittsveränderung in einem überall gleich
gut leitenden Körper.

Die integralen Feldgrößen

Die Antriebsgröße oder integrale Ursachengröße ist beim elektrischen Strö-mungsfeld dieselbe wie beim elektrostatischen Feld, es ist die Potential-differenz oder elektrische Spannung U, die über dem Feldraum liegt. Der integralen Wirkungsgröße "dielektrische Flußstärke ψ " des elektrostatischen Feldes entspricht beim Strömungsfeld die "elektrische Stromstärke I" und in-folgedessen entspricht dem "dielektrischen Leitwert $G_d = \psi/U$" der "elektri-sche Leitwert G":

(45) $G = \dfrac{I}{U}$.

Dabei verfahren wir - wie schon im Fall des Wärmefeldes und des elektro-statischen Feldes - nach dem Prinzip, ganz generell bei "Feldern" den Be-griff "Leitwert" als das Verhältnis von integraler Wirkungsgröße zu integra-ler Ursachengröße zu definieren (und den Begriff des "Widerstandes" umge-kehrt). Die Einheit des elektrischen Leitwertes ist:

$$[G] = \frac{[I]}{[U]} = \frac{1\,A}{1\,V} = 1\,\frac{A}{V} = 1\,\text{Siemens} = 1\,\text{S} *).$$

Der elektrische Leitwert G eines Feldraumes hängt von seiner Länge s in Richtung der Ladungsträgerströmung, von seinem Querschnitt A senkrecht dazu und von seinem "spezifischen elektrischen Leitwert κ " (einer Material-eigenschaft) **) ab. Hier wie bei vielen nachfolgenden Betrachtungen gelten die bereits für das elektrostatische Feld angestellten Überlegungen sinnge-mäß und wir können uns somit kurz fassen; bei homogenem Strömungsfeld ist daher (vergl. Abschn. 2.22):

---

*) WERNER v. SIEMENS (1812-1892), deutscher Erfinder und Elektroingenieur.
**)κ = kleiner griechischer Buchstabe "Kappa".

(46) $G = \dfrac{A}{s} \cdot \kappa$

$[\kappa] = \dfrac{[G] \cdot [s]}{[A]} = 1 \dfrac{S \cdot m}{m^2}$; gebräuchliche Untereinheit: $1 \dfrac{S \cdot m}{mm^2}$.

Der "elektrische Widerstand R" als der Kehrwert des elektrischen Leitwertes ist in diesem Fall:

(47) $R = \dfrac{U}{I} = \dfrac{1}{G} = \dfrac{s}{A \cdot \kappa} = \dfrac{s}{A} \cdot \varrho$

mit dem "spezifischen elektrischen Widerstand ϱ " *) als Kehrwert von κ .
Die Einheit des elektrischen Widerstandes ist:

$[R] = \dfrac{[U]}{[I]} = \dfrac{1\ V}{1\ A} = 1 \dfrac{V}{A} = 1\ \text{Ohm} = 1\ \Omega$ **),

und die des spezifischen elektrischen Widerstandes:

$[\rho] = \dfrac{[R] \cdot [A]}{[s]} = 1 \dfrac{\Omega \cdot m^2}{m}$; gebräuchliche Untereinheit $1 \dfrac{\Omega \cdot mm^2}{m}$.

Ein Stab aus Bogenlampenkohle mit $\kappa = 0,0125\ Sm/mm^2$ von der Länge s = 80 cm und dem Querschnitt A = 4 mm^2 hat also als Feldraum des elektrischen Strömungsfeldes in Längsrichtung den elektrischen Leitwert:

$$G = \dfrac{A}{s} \cdot \kappa = \dfrac{4\ mm^2}{0,8\ m} \cdot 0,0125\ \dfrac{Sm}{mm^2} = 0,0625\ S$$

bzw. den elektrischen Widerstand

$$R = \dfrac{1}{G} = \dfrac{1}{0,0625\ S} = 16\ \Omega.$$

Legt man an diesen Kohlestab eine Spannung U = 12 V, so bildet sich in ihm ein homogenes elektrisches Strömungsfeld aus mit einer Ladungsträgerströmung (= elektrischer Strom) von der Intensität

$$I = U \cdot G = 12\ V \cdot 0,0625\ S = 0,75\ A.$$

Der spezifische elektrische Leitwert κ (und damit auch sein Kehrwert ρ) eines elektrischen Leitermaterials ist keine echte Materialkonstante. In der Regel hängt κ (bzw. ρ) von der Temperatur, in manchen Fällen zusätzlich aber auch noch von der Strombelastung des betreffenden Materials ab***).

---

*) ρ = kleiner griechischer Buchstabe "Rho".

**) GEORG SIMON OHM (1787-1854), deutscher Physiker.

***)Siehe hierzu Kap. 2 in "Benzinger/Weyh: Die Grundlagen der Gleichstromlehre",
     R. Oldenbourg Verlag München Wien.

Für inhomogene elektrische Strömungsfelder ermittelt man den elektrischen Leitwert nach seiner Definitionsgleichung $G = I/U$ entweder aus einer Stromstärke- und Spannungsmessung oder über eine Berechnung mit Hilfe der ortsbezogenen Feldgrößen; letzteres ist jedoch meist nur bei Vorhandensein irgendwelcher Symmetrieeigenschaften des Feldes möglich.

Die ortsbezogenen Feldgrößen

Die elektrische Feldstärke $\vec{E}$ als ortsbezogene, im Raum gerichtete Ursachengröße ist für das elektrische Strömungsfeld genauso definiert wie schon für das elektrostatische Feld; vergl. hierzu Gl. (51):

$$\vec{E} = \frac{dU}{d\vec{s}}.$$

An die Stelle der dielektrischen Flußdichte $\vec{D}$ des elektrostatischen Feldes tritt im Strömungsfeld die ortsbezogene, im Raum gerichtete Wirkungsgrösse "elektrische Stromdichte $\vec{S}$":

$$(48) \qquad \vec{S} = \frac{dI}{d\vec{A}}.$$

In dieser Definitionsgleichung ist $d\vec{A}$ der Vektor eines senkrecht zur Strömungsrichtung an der betreffenden Stelle liegenden Flächenelementes mit dem Richtungssinn der elektrischen Feldstärke an dieser Stelle: von + nach - (siehe Bild 2.44). dI ist der durch dieses Flächenelement hindurchtretende differentielle Anteil der Gesamtstromstärke I. $\vec{S}$ hat die Richtung von $d\vec{A}$, d.h.: der Stromdichte S wird genauso wie der Stromstärke I selbst per Definition ein Richtungssinn zugesprochen.

Im homogenen elektrischen Strömungsfeld vereinfachen sich die oben angeschriebenen Gleichungen zu

$$E = \frac{U}{s} \quad \text{und} \quad S = \frac{I}{A},$$

wobei man auf den Vektorcharakter der ortsbezogenen Feldgrößen verzichten kann.

Bild 2.44:
Zur Definition der elektrischen Stromdichte $\vec{S}$
(gestrichelte Pfeile: Bewegungsrichtung der „freien" Leitungselektronen)

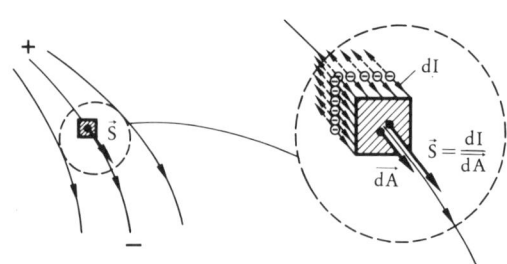

Der Zusammenhang zwischen der ortsbezogenen Ursachengröße $\vec{E}$ - die ja
nach Gl. (9) unmittelbar eine auf die Ladung Q bezogene mechanische Antriebskraft $\vec{F}$ nennt: $\vec{E} = \vec{F}/Q$ - und der ortsbezogenen Wirkungsgröße $\vec{S}$ ist
durch die elektrische Eigenschaft "Leitwert G" des betreffenden infinitesimalen Raumelementes von der Länge $\vec{ds}$ in Richtung von $\vec{E}$ und vom Querschnitt
$\vec{dA}$ senkrecht dazu gegeben. Ist dieses Raumelement hinreichend klein, sodaß
das Strömungsfeld in ihm als homogen angesehen werden kann, so ist sein
elektrischer Leitwert G nach Gl. (46):

$$G = \frac{\vec{dA}}{\vec{ds}} \cdot \kappa .$$

Längs dieses Raumelementes ist die Antriebsgröße dU wirksam und treibt
einen elektrischen Strom von der Stärke dI durch seinen Querschnitt; dann
ist nach Gl. (45):

(49)
$$dI = dU \cdot G = dU \cdot \frac{\vec{dA}}{\vec{ds}} \cdot \kappa$$

$$\frac{dI}{\vec{dA}} = \frac{dU}{\vec{ds}} \cdot \kappa \Rightarrow \qquad \vec{S} = \vec{E} \cdot \kappa .$$

Für eine in Kupferleitungen übliche Stromdichte von 2 A/mm^2 (bis etwa
10 A/mm^2) ist also bei einem spezifischen elektrischen Leitwert κ =
56 Sm/mm^2 für Kupfer eine elektrische Feldstärke

$$E = \frac{S}{\kappa} = \frac{2\,A}{mm^2} \frac{mm^2}{56\,Sm} = 0,0356\,\frac{V}{m} = 3,56 \cdot 10^{-4}\,\frac{V}{cm}$$

(bis etwa $18 \cdot 10^{-4}$ V/cm) nötig. Ein Vergleich mit den Beispielen aus den
vorangegangenen Abschnitten zeigt deutlich: Die üblichen elektrischen Feldstärken liegen bei den elektrischen Strömungsfeldern um mehrere Zehnerpotenzen niedriger als bei den elektrostatischen Feldern. Andererseits muß man
klar erkennen: ein elektrischer Strom in einem Leiter ist nur bei Vorhandensein einer elektrischen Feldstärke möglich, denn nur sie ist es, die eine mechanische Kraft auf den Ladungsträger ausübt und ihn auf diese Weise - sofern
er ein "freier" Ladungsträger ist - in Bewegung setzt. Infolgedessen tritt
längs einer stromführenden Leitung auch stets eine Potentialdifferenz auf,
wenngleich diese häufig gegenüber den sonstigen beteiligten Potentialdifferenzen vernachlässigt werden kann.

Bei der soeben berechneten elektrischen Feldstärke in einem Kupferdraht
mit S = 2 A/mm^2 wirkt auf das einzelne Leitungselektron die Kraft F:

$$F = E \cdot Q_e = 3,56 \cdot 10^{-2}\,\frac{V}{m} \cdot 1,6 \cdot 10^{-19}\,As = 5,7 \cdot 10^{-21}\,\frac{VAs}{m} =$$

$$= 5,7 \cdot 10^{-21}\,\frac{Nm}{As}\,\frac{As}{m} = 5,7 \cdot 10^{-21}\,N .$$

Und die Potentialdifferenz U, die auf 100 m dieser Leitung anfällt, ist

$$U = E \cdot s = 3,56 \cdot 10^{-2} \frac{V}{m} \cdot 10^2 \ m = 3,56 \ V.$$

Betreibt man also beispielsweise einen Verbraucher, der 100 m von einer Spannungsquelle mit U = 12 V entfernt ist, über eine Kupfer-Doppelleitung bei S = 2 A/mm², so macht der Spannungsfall längs der Leitung mit 2 · 3,56 V bereits mehr als die Hälfte der insgesamt verfügbaren Spannung aus. Beträgt jedoch die Versorgungsspannung 220 V, so ist der "Spannungsverlust" durch die Leitung unerheblich.

Zusammenhang zwischen den ortsbezogenen und den integralen Feldgrößen

Die elektrische Potentialdifferenz U über einer Strecke s ist - wie beim elektrostatischen Feld - gegeben durch das Linienintegral über die elektrische Feldstärke:

$$U = \int_s \vec{E} \cdot d\vec{s}.$$

Die elektrische Stromstärke I, die einen Feldraum vom Querschnitt A durchsetzt, ist gegeben durch das Flächenintegral über die elektrische Stromdichte:

$$(50) \qquad I = \int_A \vec{S} \cdot d\vec{A}.$$

Für den Sonderfall des homogenen Strömungsfeldes wird aus diesen Gleichungen:

$$U = E \cdot s \quad und \quad I = S \cdot A.$$

Elektrische Eigenschaft von inhomogenen Strömungsfeldern mit Symmetrieeigenschaft

Zur Berechnung des elektrischen Leitwertes G von inhomogenen Strömungsfeldern mit gewissen Symmetrieeigenschaften kann man ebenso verfahren wie bei der Bestimmung des dielektrischen Leitwertes G_d (bzw. der Kapazität $C = G_d$) in analogen Fällen. Man schreibt die Definitionsgleichung

$$G = \frac{I}{U} = \frac{\int_A \vec{S} \cdot d\vec{A}}{\int_s \vec{E} \cdot d\vec{s}}$$

an und formuliert die beiden Integrale unter Verwendung der vorausgesetzten Symmetrieeigenschaft so um, daß in diesem Ausdruck schließlich nur noch die geometrischen Abmessungen des Feldraumes und sein spezifischer elektrischer Leitwert κ erscheinen (vergl. hierzu die einschlägigen Beispiele in früheren Abschnitten). Für den Fall, daß von einer Anordnung jedoch bereits die Kapazität C (=G_d) bekannt ist, kann man noch einfacher verfahren, indem

man die Analogie zwischen G_d und G ausnützt: Für einen Feldraum von gleichbleibender Länge s und überall gleichem Querschnitt A sind die Größen G_d
und G nach den Gleichungen (5) und (46):

$$G_d = \epsilon \cdot \frac{A}{s} \quad \text{und} \quad G = \kappa \cdot \frac{A}{s},$$

d.h. sie unterscheiden sich - und das gilt generell - nur durch die jeweils
maßgebende Materialeigenschaft. Daher kann man aus jeder Bemessungsgleichung für C bzw. G_d eine gültige Bemessungsgleichung für G machen,
indem man das darinstehende ϵ durch das entsprechende κ ersetzt.

Wir wenden nun dieses vereinfachte Verfahren an, um den elektrischen Leitwert G zu bestimmen, den ein Koaxialkabel von der Länge l mit den Radien r
bzw. R des Innen- bzw. Außenleiters bietet, wenn sein Isoliermaterial den
spezifischen elektrischen Leitwert κ aufweist. Dazu benützen wir die Gleichung
für den dielektrischen Leitwert G_d bzw. für die Kapazität C eines solchen
Kabels, die wir in früheren Berechnungsbeispielen abgeleitet haben (vergl.
Abschn. 2.23 Gl. (16), Bild 2.22 sowie Abschn. 2.31 Gl. (21), Bild 2.26):

$$G_d = C = \epsilon \cdot \frac{2\pi \cdot l}{\ln\left(\frac{R}{r}\right)} \quad \Rightarrow \quad G = \kappa \cdot \frac{2\pi \cdot l}{\ln\left(\frac{R}{r}\right)}.$$

Hat ein Koaxialkabel wie im Beispiel von Abschnitt 2.31 die Radien r =
0,75 mm, R = 2,5 mm, die Länge l = 1 m und eine Polystyrolisolation mit
$\kappa = 10^{-20}$ Sm/mm^2, so weist dieses Leiterstück einen elektrischen Leitwert auf:

$$G = \kappa \cdot \frac{2\pi \cdot l}{\ln\left(\frac{R}{r}\right)} = 10^{-20} \frac{\text{Sm}}{\text{mm}^2} \cdot \frac{6,28 \text{ m}}{1,21} = 5,2 \cdot 10^{-14} \text{ S}.$$

Dieser Leitwert ist recht geringfügig: Bei einer Spannung U = 100 V fließt
über die Isolierstrecke ein Strom I = $5,2 \cdot 10^{-12}$ A; das ist eine Stromstärke,
die sich mit normalen Meßmitteln gar nicht mehr feststellen läßt (allerdings
ist die Ladungsträgerbewegung hierbei - absolut gesehen - nicht unbeträchtlich: pro Sekunde durchqueren ca $3,25 \cdot 10^7$ Elektronen das Isoliermaterial!).

Nimmt man von diesem Kabel eine Länge, die einmal um die Erde herum-
reicht, l = $40 \cdot 10^6$ m, so hat das Ganze erst einen "Verlustleitwert" von etwa
$2 \cdot 10^{-6}$ S bzw. einen "Isolationswiderstand" von immer noch rund 500 kΩ.

Energetisches Verhalten

Im energetischen Verhalten unterscheidet sich das elektrische Strömungsfeld vom elektrostatischen Feld ganz grundlegend:

Beim elektrostatischen Feld findet im stationären Zustand kein Energieumsatz statt (Energieumsätze "elektrische Energie der Form $\int u \cdot i \cdot dt$ ⇒

elektrische Feldenergie" bzw. umgekehrt gibt es immer nur in den Phasen des Feldaufbaus bzw. des Feldabbaus); der stationäre Zustand des elektrostatischen Feldes ist vielmehr gekennzeichnet durch den Tatbestand gespeicherter elektrischer Feldenergie $W_e = U \cdot \psi/2$ bzw. der Energiedichte $dW_e/dV = E \cdot D/2$.

Im stationären elektrischen Strömungsfeld findet dagegen ein andauernder gleichmäßiger Energieumsatz statt. Aus der Definitionsgleichung für die elektrische Spannung: $U = W/Q$ ergibt sich mit $I = Q/t$ die umgesetzte Energie zu

$$(51) \qquad W = U \cdot Q = U \cdot I \cdot t.$$

Das bedeutet eine zeitlich konstante elektrische Leistung P von der Größe

$$(52) \qquad P = \frac{W}{t} = \frac{U \cdot I \cdot t}{t} = U \cdot I$$

$$\text{mit } [P] = [U] \cdot [I] = 1 \text{ V} \cdot 1 \text{ A} = 1 \text{ VA} = 1 \text{ Watt} = 1 \text{ W} = 1 \frac{\text{Nm}}{\text{s}}.$$

Die im elektrischen Strömungsfeld umgesetzte Energie W wird aus der elektrischen Form $U \cdot I \cdot t$ in Wärme umgesetzt: Die von der herrschenden elektrischen Feldstärke beschleunigten "freien" Elektronen stoßen immer wieder an die im Strukturgefüge des elektrischen Leiters festsitzenden bzw. dort um eine Mittellage schwingenden Atomrümpfe und geben dadurch an diese einen Teil ihrer kinetischen Energie ab. Auf diese Weise erhöhen die Atomrümpfe die Intensität ihrer Schwingungen, die ja bekanntlich ein Maß für die Temperatur des betreffenden Materials ist. Damit ist auch gleichzeitig erklärt, warum das Aufrechterhalten einer bestimmten elektrischen Stromstärke in einem Leiter nicht ohne dauernde Energiezufuhr möglich ist: damit die Strömung in unverminderter Stärke erhalten bleibt, muß die Bewegungsenergie, die ein Ladungsträger beim Stoß verloren hat, jeweils sofort wieder ersetzt werden.

Wegen $I = U \cdot G = U/R$ kann man die elektrische Leistung auch in den folgenden Formen anschreiben:

$$P = U \cdot I = U^2 \cdot G = \frac{U^2}{R} = I^2 \cdot R = \frac{I^2}{G}.$$

Zur Bestimmung der "Leistungsdichte" - in Analogie zur "Energiedichte" des elektrostatischen Feldes - ermitteln wir das Verhältnis der in einem infinitesimalen Raumelement vom Volumen dV umgesetzten Leistung dP zu diesem Volumen: dP/dV. Das Volumenelement von der Länge $d\vec{s}$ in Strömungsrichtung und vom Querschnitt $d\vec{A}$ senkrecht dazu sei so klein, daß die Feldverhältnisse in ihm als homogen gelten dürfen. An $d\vec{s}$ liegt die Spannung dU und $d\vec{A}$ wird vom Strom dI durchflossen; dann ist

$$\frac{dP}{dV} = \frac{dU \cdot dI}{d\vec{s} \cdot d\vec{A}} = E \cdot S \ .$$

Wegen $S = E \cdot \kappa$ und $\kappa = 1/\rho$ kann man hierfür auch noch schreiben:

(53) $$\frac{dP}{dV} = E \cdot S = E^2 \cdot \kappa = \frac{E^2}{\rho} = S^2 \cdot \rho = \frac{S^2}{\kappa}.$$

Ein Kupferleiter wird demnach bei einer Stromdichte $S = 4\ A/mm^2$ mit einer Leistungsdichte

$$\frac{dP}{dV} = \frac{S^2}{\kappa} = \frac{16\ A \cdot A}{mm^2\ mm^2}\ \frac{V\ mm^2}{56\ A\ m} = 0{,}286\ \frac{W}{cm^3}$$

belastet.

Übungsaufgaben

31. In einem Kupferdraht mit dem Querschnitt $A = 2{,}5\ mm^2$ fließt ein elektrischer Strom von der Stärke $I = 20\ A$.
a, Welche elektrische Feldstärke E herrscht im Leiter?
b, Auf welche Leiterlänge s ergibt sich unter diesen Umständen ein Spannungsfall von $U = 10\ V$?
c, Wie groß ist die Leistungsdichte im Leiter?
    ($\kappa_{Cu} = 56\ Sm/mm^2$; $\rho_{Cu} = 0{,}017\ \Omega\,mm^2/m$)

32. Ein Leitermaterial mit dem spezifischen elektrischen Widerstand $\rho = 1{,}1$ $\Omega\,mm^2/m$ (Chromnickel) soll für einen Heizkörper verwendet werden, der bei einer Spannung $U = 220\ V$ eine Leistung $P = 3{,}3\ kW$ in Wärme umsetzt. Das Material soll dabei mit einer Leistungsdichte von $5\ W/cm^3$ belastet werden. Welchen Querschnitt A und welche Länge s muß der Heizkörperdraht haben? (Man betrachte hier ρ als temperaturunabhängig.)

33. Ein Verbraucher soll über eine Entfernung von 100 km eine elektrische Leitung $P_a = 180\ MW$ zugeführt bekommen. Der Übertragungswirkungsgrad $\eta = P_a/P_G$ (mit P_G = Generatorleistung) soll 96 % betragen. Die Stromdichte S für die vorgesehene Doppelleitung aus Kupfer wird zu $4\ A/mm^2$ festgelegt ($\kappa_{Cu} = 56\ Sm/mm^2$).
Welchen Querschnitt A muß die Leitung haben und welche Spannungen U_a und U_G herrschen bei der Übertragung an der Verbraucher- und an der Generatorseite?

34. In eine wässerige Kochsalzlösung mit dem spezifischen elektrischen Leitwert $\kappa = 10^{-6}\ Sm/mm^2$ taucht ein metallische Halbkugel vom Radius $r = 0{,}5\ cm$ ein; siehe Bild 2.45. Die Kochsalzlösung befindet sich in einer großen Metall-

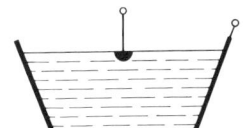

Bild 2.45:

wanne, deren Wände in sämtlichen Richtungen von der Halbkugel um mehr als
das Hundertfache ihres Radius entfernt sind.
Welchen elektrischen Widerstand R weist die Strecke zwischen der Halbkugel
und der Metallwanne angenähert auf?

2.8 *Vergleichende Übersicht*

Nachfolgend sind in einer Übersicht die wichtigsten Größen und ihre Beziehungen untereinander für das elektrostatische Feld und das elektrische Strömungsfeld zusammengestellt. Da "Felder" generell durch wesensmäßig gleichartige
integrale und ortsbezogene Feldgrößen beschrieben werden, existieren zwischen allen Feldern - und damit natürlich ganz besonders zwischen dem elektrischen Feld und seiner Sonderform viele Analogien in den Zusammenhängen
von Ursachen- und Wirkungsgrößen. Es ist aber wichtig, neben all diesen
Analogien die gegebenenfalls völlig unterschiedlichen energetischen Verhal-
tensweisen klar zu erkennen; auch dazu soll diese vergleichende Übersicht
Hilfestellung leisten.

Die Buchstaben bedeuten im einzelnen stets: s = Länge des betreffenden
Feldraumes, A = Querschnitt des Feldraumes, V = Volumen des Feldraumes,
W = Energie, Q = elektrische Ladung; bei den ortsbezogenen Feldgrößen sind
in Klammern jeweils die vereinfachten Beziehungen für homogene Feldverhältnisse angegeben. Die Gleichungen unter den Abschnitten "Integrale Feldgrößen" und "Ortsbezogene Feldgrößen" sind stets Definitionsgleichungen für
die betreffenden Größen.

	Elektrostatisches Feld	Elektrisches Strömungsfeld
Integrale Feld- größen		
Ursachengröße	elektrische Spannung $U = \dfrac{W}{Q}$	elektrische Spannung $U = \dfrac{W}{Q}$
Wirkungsgröße	dielektrische Flußstärke $\psi = Q$	elektrische Stromstärke $I = \dfrac{Q}{t}$
maßgebende Ei- genschaft des Feldraumes	dielektrischer Leitwert $G_d = \dfrac{\psi}{U}$ bzw. dielektrischer Widerstand $R_d = \dfrac{U}{\psi}$	elektrischer Leitwert $G = \dfrac{I}{U}$ bzw. elektrischer Widerstand $R = \dfrac{U}{I}$

	Elektrostatisches Feld	Elektrisches Strömungsfeld
Ortsbezogene Feldgrößen		
Ursachengröße	elektrische Feldstärke $$\vec{E} = \frac{dU}{d\vec{s}}$$ $$(E = \frac{U}{s})$$	elektrische Feldstärke $$\vec{E} = \frac{dU}{d\vec{s}}$$ $$(E = \frac{U}{s})$$
Wirkungsgröße	dielektrische Flußdichte $$\vec{D} = \frac{d\psi}{d\vec{A}}$$ $$(D = \frac{\psi}{A})$$	elektrische Stromdichte $$\vec{S} = \frac{dI}{d\vec{A}}$$ $$(S = \frac{I}{A})$$
maßgebende Materialeigenschaft des Feldraumes	spezifischer dielektrischer Leitwert $$\epsilon = \frac{\vec{D}}{\vec{E}}$$ (Dielektrizitätskonstante)	spezifischer elektrischer Leitwert $$\kappa = \frac{\vec{S}}{\vec{E}}$$ bzw. spezifischer elektrischer Widerstand $$\rho = \frac{1}{\kappa} = \frac{\vec{E}}{\vec{S}}$$
Zusammenhang zwischen den integralen und den ortsbezogenen Feldgrößen	$$U = \int_s \vec{E} \cdot \vec{ds}$$ $$\psi = \int_A \vec{D} \cdot \vec{dA}$$ $$(U = E \cdot s; \psi = D \cdot A)$$	$$U = \int_s \vec{E} \cdot \vec{ds}$$ $$I = \int_A \vec{S} \cdot \vec{dA}$$ $$(U = E \cdot s; I = S \cdot A)$$
Energieverhalten bei stationärem Feld		
Energiespeicherung Gesamtenergie	$$W_e = \frac{U \cdot \psi}{2}$$	–
Energiedichte	$$\frac{dW_e}{dV} = \frac{E \cdot D}{2}$$	–
Laufender Energieumsatz Gesamtleistung	–	$$P = U \cdot I$$
Leistungsdichte	–	$$\frac{dP}{dV} = E \cdot S$$

3. Das magnetische Feld

Die Lehre vom magnetischen Feld geht von der fundamentalen Tatsache aus, daß die Ursache für das Vorhandensein eines magnetischen Feldes immer in einem elektrischen Feld zu finden ist, das sich zeitlich oder örtlich ändert. Dieser Sachverhalt wird im nächsten Abschnitt ausführlich diskutiert.

Da wir nach dem Prinzip verfahren, alle "Felder" durch wesensmäßig gleichartige Feldgrößen zu beschreiben, können wir das magnetische Feld ganz analog dem elektrischen Feld behandeln. Und wir erleichtern uns für alles nachfolgende die Übersicht erheblich, wenn wir auf Grund dessen hier schon einige qualitative Voraussagen machen und bei dieser Gelegenheit auch gleich die Namen und Formelbuchstaben der neuen Größen einführen:

Das "magnetische Feld" selbst ist ein Raum, in dem sich eine "magnetische" Kraftwirkung feststellen läßt. Dieses magnetische Feld denkt man sich in seiner Gesamtheit erfüllt von einem "magnetischen Fluß", wobei der Begriff des magnetischen Flusses - genauso wie an früherer Stelle der des dielektrischen Flusses - eigens zur Kennzeichnung dieses speziellen Raumzustandes eingeführt wurde.

Der Beschreibung des magnetischen Feldes dienen die nachfolgend tabellarisch zusammengestellten integralen und ortsbezogenen Feldgrößen*).

	magnetische Ursachengröße	(ruft hervor:)	magnetische Wirkungsgröße	maßgebende Eigenschaft des Feldraumes
integrale Feldgrößen:				
	Durchflutung Θ	$\Rightarrow$	magnetische Flußstärke ϕ	magnetischer Leitwert G_m bzw. magnetischer Widerstand R_m
ortsbezogene Feldgrößen				
	magnetische Feldstärke $\vec{H}$	$\Rightarrow$	magnetische Flußdichte $\vec{B}$	spezifischer magnetischer Leitwert μ ("Permeabilität")

---

*) Die hier verwendeten griechischen Buchstaben sind:

Θ = großer Buchstabe "Theta" ϕ = großer Buchstabe "Phi" μ = kleiner Buchstabe "My"

Die Definitionsgleichungen für die ortsbezogenen Feldgrößen lauten in völliger Analogie zu den entsprechenden Gleichungen im elektrischen Feld:

$$\vec{H} = \frac{d\Theta}{d\vec{s}} \quad \text{und} \quad \vec{B} = \frac{d\phi}{d\vec{A}};$$

dasselbe gilt für die Zusammenhänge zwischen den ortsbezogenen und den integralen Feldgrößen:

$$\Theta = \int_s \vec{H} \cdot d\vec{s} \quad \text{und} \quad \phi = \int_A \vec{B} \cdot d\vec{A}.$$

Die hier gemachten Voraussagen gründen sich auf die formal gleiche Behandlung der Felder und können daher logischerweise zunächst einmal auch nur auf rein formale Analogien zwischen dem magnetischen und dem elektrischen Feld hinweisen. Die nachfolgenden Untersuchungen der physikalischen Hintergründe werden jedoch zeigen, daß diese Analogien weit über das rein Formale hinausgehen und bis in das eigentliche Wesen der beiden Felder hineinreichen: in das energetische Verhalten. Sie reichen letztlich sogar soweit, daß man die beiden Felder als die zwei zueinander dualen Teile ein und derselben Erscheinung ansehen kann: des elektromagnetischen Feldes.

3.1 *Die grundlegenden Beobachtungsbefunde*

Magnetische Erscheinungen, verursacht von "Magneten"*), sind bereits seit dem klassischen Altertum bekannt. Aber erst im Jahre 1819 fand Oersted**) heraus, daß auch der elektrische Strom magnetische Wirkungen hervorbringt, und es sah zunächst einmal so aus, als könne der "Magnetismus" zwei grundverschiedene Ursachen haben: entweder eine in Magneten von alters her vermutete "magnetische Substanz" oder den elektrischen Strom. Doch schon sehr bald stellte Ampère, der von dem Gedanken ausging, gleiche Wirkungen müßten auch auf gleiche Ursachen zurückzuführen sein, die Theorie auf, der Magnetismus in einem Magneten werde von "atomaren Kreisströmen" hervorgerufen, habe also ebenfalls eine elektrische Ursache. Dieser Gedanke war für die damalige Zeit außerordentlich kühn und seine Richtigkeit konnte zunächst auch nicht bewiesen werden; er fand jedoch später, als man tiefere Einblicke in den Aufbau der Materie gewonnen hatte, seine theoretische und experimentelle Bestätigung - wenngleich sich ergab, daß es sich dabei nicht um "atomare Kreisströme" handelt, sondern vielmehr um "Kreiselströme", die vom sog. "spin", einer Kreiselbewegung der Elektronen, ausgehen.

Wenn beschrieben werden soll, was ein magnetisches Feld eigentlich ist, so geschieht das zweckmäßigerweise unter Bezugnahme auf Permanentmagnete - auch wenn hier vorerst die elektrische Ursache nicht sichtbar zutage tritt:

---

*) vom griechischen "lithos magnetes" = Stein aus Magnesia, einer Landschaft in Thessalien.
**) HANS CHRISTIAN ØRSTED (1777-1851), dänischer Physiker.

Bild 3.1:
Feldlinienbild des magnetischen Feldes, das von einem Stabmagneten ausgeht.

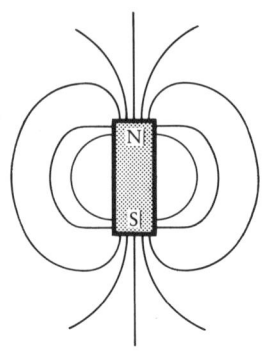

Ein Magnet umgibt sich mit einem "magnetischen Feld", dessen Wesensmerkmal es ist, auf andere Magnete, die sich in diesem Feld befinden, eine Kraftwirkung auszuüben. Der Raum um den Magneten herum weist also eine bestimmte, meßbare Eigenschaft auf, die ohne den Magneten nicht vorhanden
ist, und das magnetische Feld reicht soweit, als diese Eigenschaft festgestellt werden kann. (Theoretisch sind solche Felder oft "unbegrenzt"; vom
Standpunkt der Praxis aus scheint es aber vernünftig, sie immer als begrenzt
anzusehen und ihre Grenzen dort anzusetzen, wo die Grenze der Meßbarkeit
liegt.)

Die Struktur eines magnetischen Feldes kann man, wie jeder weiß, dadurch
sichtbar machen, daß man um den felderzeugenden Magneten herum Eisen-
feilpäne streut. Diese ordnen sich in charakteristischen Mustern an, nach
denen sich "Feldlinienbilder" des betreffenden magnetischen Feldes zeichnen
lassen. Bild 3.1 zeigt den für einen Stabmagneten typischen Feldlinienver-
lauf.

Die Bedeutung der Feldlinien ergibt sich aus einem einfachen Experiment.
Tastet man nämlich ein magnetisches Feld mit einer Kompassnadel punkt-
weise ab, so zeigt sich, daß die Nadel vom magnetischen Feld überall tangential zur jeweiligen Feldlinie ausgerichtet wird, Bild 3.2: Die Feldlinien geben
also an jeder Stelle des Feldes die Richtung an, die die vom Feld ausgeübte
Kraft dort hat. Der Richtungssinn dieser Kraft geht aus der Beobachtung her-

Bild 3.2:
Ein magnetisches Feld übt auf eine Kompassnadel,
die sich in ihm befindet, ein Kraft aus, die stets die
Richtung der Feldlinie an dem betreffenden Ort hat;
dadurch wird die Kompassnadel in eine Richtung
tangential zur Feldlinie gedreht. Der Richtungssinn
dieser Kraft ist so, daß der magnetische Nordpol der
Kompassnadel (dunkles Ende) — verfolgt man die
betreffende Feldlinie weiter — stets auf den magnetischen Südpol des felderzeugenden Stabmagneten
weist.
(Anmerkung: der geographische Nordpol der Erde ist
ein magnetischer Südpol.)

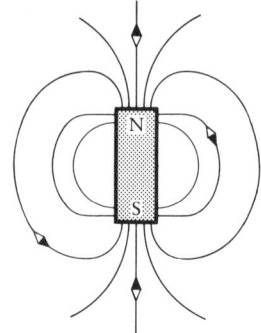

vor, daß der "Nordpol" der Kompassnadel stets in der Verlängerung der betreffenden Feldlinie auf den "Südpol" des felderzeugenden Magneten hinweist; hieraus leitet sich die allgemein bekannte bündige Aussage her:

"Ungleichnamige magnetische Pole ziehen sich an, gleichnamige magnetische Pole stoßen sich ab."

Grundsätzlich sind es - wie im analogen Fall des elektrischen Feldes - die magnetischen Felder selbst, nämlich das des Stabmagneten und das der Kompassnadel, die unmittelbar aufeinander wirken; man sollte das immer im Gedächtnis behalten, denn es gibt magnetische Felder, auf die der Begriff des "magnetischen Poles" schlechthin nicht anwendbar ist, bei denen aber dennoch Kraftwirkungen auftreten.

Ein "magnetischer Pol" ist keine felderzeugende Realität wie die elektrische Ladung im elektrischen Feld, er ist nur diejenige Stelle, an der das magnetische Feld aus dem Magneten in den umgebenden Raum übertritt bzw. umgekehrt. Das magnetische Feld ist nämlich nicht wie das elektrostatische Feld ein Quellenfeld, sondern ein "Wirbelfeld", d.h. eine in sich geschlossene Erscheinung, die sich infolgedessen auch durch den Magneten hindurch fortsetzt. Der Beweis hierfür muß auf später verschoben werden; in Bild 3.3 ist jedoch das unvollständige Feldlinienbild der Bilder 3.1 und 3.2 dahingehend ergänzt, daß jede Feldlinie in sich zurückkehrt.

Wenn das magnetische Feld eine in sich geschlossene Erscheinung ist, so gilt dies natürlich auch für den "magnetischen Fluß", der es in seiner Gesamtheit repräsentiert. Dem magnetischen Fluß hat man per Definiton einen Richtungssinn zugesprochen: Der magnetische Fluß verläuft außerhalb des felderzeugenden Magneten vom Nordpol zum Südpol. Dieser Richtungssinn wird üblicherweise in die Feldlinienbilder mit eingetragen; siehe Bild 3.3.

Bei Darstellungen magnetischer Felder pflegt die einzelne Feldlinie jeweils denselben Anteil des gesamten Flusses zu verkörpern; damit ist - wie im elektrischen Feld - die Feldliniendichte an jeder Stelle ein unmittelbares Maß für die Größe der dort herrschenden magnetischen Flußdichte bzw. Feldstär-

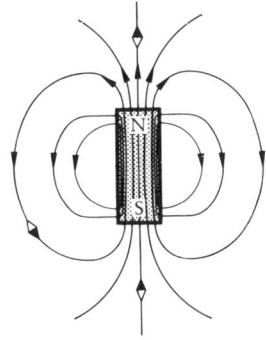

Bild 3.3:
Das magnetische Feld ist ein „Wirbelfeld" und wird durch lauter in sich geschlossene Feldlinien dargestellt. In die Feldlinienbilder wird in der Regel durch Pfeilspitzen ein Richtungssinn eingetragen, der außerhalb des felderzeugenden Magneten vom Nordpol zum Südpol weist: das ist die durch Definition festgelegte Richtung des magnetischen Flusses.

ke. Mit einem kleinen Magneten als Sonde kann das experimentell nachgewiesen werden: die Kraftwirkung, die er erfährt, ist proportional der Feldliniendichte an den betreffenden Meßstellen.

Als Gegenstück zur "elektrischen Influenz", bei der ein an sich elektrisch neutraler Körper unter der Einwirkung des elektrischen Feldes ein positives und ein negatives Ende bekommt und so zum "elektrischen Dipol" wird, gibt es im magnetischen Feld die "magnetische Influenz". Sie besteht darin, daß ein von sich aus nicht magnetischer *) Eisenstab im Magnetfeld selbst zum Magneten oder "magnetischen Dipol" wird, indem er magnetische Pole ausbildet. Diese speziell bei Eisen stark ausgeprägte Eigenschaft, zu einem vorhandenen Magnetfeld von sich aus noch einen verstärkenden Beitrag zu leisten, wird in Abschnitt 3.3 unter dem Stichwort "Ferromagnetika" ausführlicher zu behandeln sein. Die magnetische Influenz ist es, die das Herstellen von Feldbildern mit Eisenspänen möglich macht: jeder Eisenspan wird zum magnetischen Dipol, und indem sich alle diese Dipole mit ihren ungleichnamigen, magnetischen Polen gegenseitig anziehen, bilden sie jeweils geschlossene Reihen längs der Feldlinien.

Elektrischer Leitungsstrom und dielektrischer Strom

Der Inhalt der Oerstedschen Entdeckung ist: Ein elektrischer Strom umgibt sich stets mit einem magnetischen Feld; dabei ist unter "elektrischer Strom" zunächst einmal nur der elektrische Leitungsstrom zu verstehen, der durch die wirkliche räumliche Verschiebung von Ladungen zustandekommt. Die Ursache dieses magnetischen Feldes ist, da es ohne den elektrischen Strom nicht existiert, zweifellos der elektrische Strom; darüberhinaus ergibt das Experiment, daß die Kraftwirkung auf einen magnetischen Probekörper an einer gegebenen Stelle des Feldes der Stromstärke im Leiter direkt proportional ist **).

Bild 3.4 zeigt das Feldlinienbild eines strombegleitenden Magnetfeldes in einer Ebene senkrecht zum stromdurchflossenen Leiter. Hier tritt der Charakter des magnetischen Feldes als eines Wirbelfeldes klar zutage. Aus Symmetriegründen sind die Feldlinien, sofern im Feldraum keine Störung auftritt, samt und sonders Kreise, in deren gemeinsamen Zentrum sich die Feldursache befindet. Die Abnahme der Feldliniendichte nach außen hin - der graphische Ausdruck für die physikalisch meßbare Abnahme der Kraftwirkung - wird aus einer Analogiebetrachtung zum elektrischen Feld einleuchtend. So wie im elektrostatischen Feld längs einer Feldlinie die "elektrische Feldstärke" wirk-

---

*)   "magnetisch" ist hier nicht im landläufigen Sinn zu verstehen, wie etwa: Eisen
     ist magnetisch, Kupfer ist nicht magnetisch, sondern vielmehr in dem Sinne:
     "umgibt sich mit einem magnetischen Feld".
**) Dieses Beobachtungsergebnis muß allerdings später etwas eingeschränkt werden,
     denn es gilt nur dann, wenn die "magnetische Eigenschaft" des Feldraumes konstant ist wie z.B. bei Luft.

sam ist, so ist es hier die "magnetische Feldstärke"; grundsätzlich gilt aber in jedem Fall: "das Wegintegral über die Feldstärke ist gleich der integralen Antriebsgröße", wobei der Integrationsweg im Quellenfeld von der Quelle bis zur Senke anzusetzen ist, im Wirbelfeld jedoch logischerweise als ein voller Umlauf um den Sitz der Antriebsgröße. Soll das Produkt aus der magnetischen Feldstärke auf einer Kreisbahn um den Leiter herum und der zugehörigen Weglänge stets den gleichen Wert ergeben, nämlich den der integralen Antriebsgröße, so muß notwendigerweise mit zunehmender Weglänge die magnetische Feldstärke im selben Maße abnehmen.

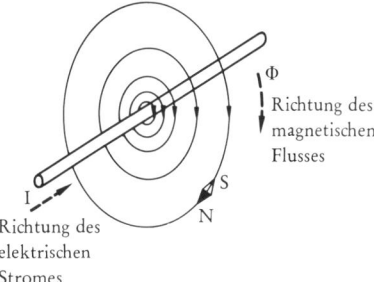

Bild 3.4:
Feldlinienbild des magnetischen Feldes in einer Ebene senkrecht zum stromführenden Leiter. Die eingetragenen gestrichelten Pfeile für I und Φ sind Richtungspfeile und geben die für diese Größen durch Definition festgelegten Richtungen an. Zwischen I und Φ besteht ein Richtungszusammenhang nach der Rechsschraubenregel.

Um einen stromdurchflossenen Leiter herum existiert also stets ein in sich geschlossener magnetischer Fluß, dessen Richtungszusammenhang mit dem elektrischen Strom in Bild 3.4 angegeben ist. Der Richtungssinn des magnetischen Flusses wird durch den Nordpol einer als Sonde in ihn eingebrachten Kompassnadel angezeigt (vergl. dazu Bild 3.3). Mit der Richtung des elektrischen Stromes ergibt sich daraus ein R e c h t s s c h r a u b e n z u s a m m e n - h a n g : Dreht man die Schraube im Richtungssinn des magnetischen Flusses, so bewegt sich die Schraube dabei in Richtung des elektrischen Stromes fort.

Zusammengefaßt ergibt sich bisher: Ein elektrischer Strom verursacht immer ein magnetisches Feld, das sich als Wirbelfeld um diesen Strom herum ausbildet; die magnetische Flußantriebsgröße ist der betreffenden Stromstärke unmittelbar proportional. Dabei ist es für den magnetischen Fluß gleichgültig, ob der ihn hervorrufende elektrische Strom von der Stromstärke I in einem einzigen Leiter fließt, oder ob er dadurch zustandekommt, daß N Ströme von der Stärke I/N gleichsinnig in N parallelen Leitern fließen. Diese Tatsache kann man sich zunutze machen, um mit kleinen Strömen große magnetische Antriebe zu produzieren. Man braucht dazu nur einen Leiter zur "Spule" aufzuwickeln, sodaß ein und derselbe Strom N-mal gleichsinnig nebeneinanderfließt.

Bild 3.5b zeigt das Feldlinienbild des magnetischen Feldes in der Mittelebene einer "Zylinderspule". Der magnetische Fluß ist hier ein räumliches Gebilde, das wulstartig die Zylinderspule umfaßt; und zwar umfaßt er mit seinem weitaus größten Teil sämtliche N Windungen der Spule, lediglich ein ganz kleiner

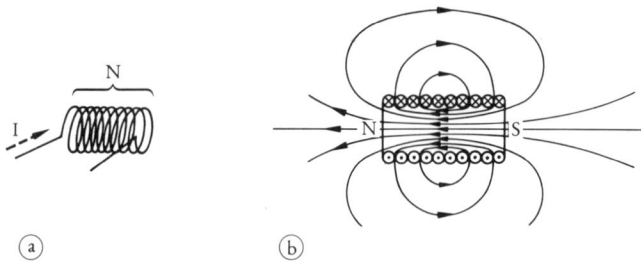

Bild 3.5:
a, Stromdurchflossene einlagige Zylinderspule mit N Windungen.
b, Feldlinienbild des magnetischen Feldes in der Mittelebene der stromdurchflossenen Zylinderspule.
Die Zeichen „·" und „x" in den Drahtquerschnitten geben als Symbol für eine Pfeilspitze bzw.
für das rückwärtige Ende eines Pfeiles die jeweilige Stromrichtung „aus der Zeichenebene heraus-
tretend" bzw. „in die Zeichenebene eintretend" an.

Teil des Flusses umfaßt nur einen Teil der Windungen. Daher kann man sagen: im wesentlichen ist hier für den Gesamtfluß das Produkt aus Stromstärke
und Windungszahl, $N \cdot I$, als magnetische Antriebsgröße wirksam. Das ebene
Feldlinienbild in Bild 3.5b - das übrigens die lineare Überlagerung von 2 N
Feldlinienbildern jeweils eines einzelnen stromdurchflossenen Leiters nach
Bild 3.4 darstellt - sieht genauso aus wie das Feldlinienbild eines Stabmagneten (vergl. Bild 3.3). Man kann daher der stromdurchflossenen Spule ebenfalls einen Nordpol und einen Südpol zusprechen. Diese Ähnlichkeit der beiden Feldbilder ist nicht von ungefähr: In bestimmten Eisensorten können die
vom Elektronenspin hervorgerufenen Kreiselströme (Ampères "atomare
Kreisströme") räumlich gleichgerichtet sein und wirken somit zusammen wie
eine große Anzahl parallelliegender, stromdurchflossener mikroskopischer
Einzelwindungen; befinden sie sich in einem stabförmigen Körper, so rufen
sie resultierend dasselbe magnetische Feld hervor wie eine makroskopi-
sche stromdurchflossene Zylinderspule. Die Beantwortung der Frage, wieso
ein um seine Achse rotierendes Elektron als "elektrischer Strom" aufzufassen sei, wenn doch keine räumliche Ladungsbewegung dabei stattfinde, muß
noch auf etwas später verschoben werden. Hier sei jedoch vorläufig schon
festgestellt: Der magnetische Flußantrieb, der einem Permanentmagneten
innewohnt, ist genauso elektrischer Natur wie der magnetische Antrieb einer
stromdurchflossenen Spule, d.h. der Magnetismus hat immer eine elektrische
Ursache.

Bei Beginn von Kapitel 2.2 wurde zur Aufladung eines Kondensators angemerkt, der Ladestrom - ein Leitungsstrom - setze sich zwischen den Platten
des Kondensators als sog. "dielektrischer Strom" fort*). Nur wenn das tat-

---

*) Der "dielektrische Strom" wird vielfach auch "Verschiebungsstrom" (displace-
ment current) genannt. Dieser Name erscheint uns jedoch sehr ungünstig, denn
er suggeriert die Vorstellung von einer Ladungsverschiebung, also ein nicht zu-
treffendes Bild.

sächlich so ist, hat die Feststellung Gültigkeit, die man bezüglich des elektrischen Stromes trifft: "Der elektrische Strom ist eine in sich geschlossene Erscheinung von überall gleicher Stärke." Dabei ist unter dem Begriff "elektrischer Strom" sicher nicht der elektrische Leitungsstrom zu verstehen, denn dieser bildet beim Laden des Kondensators keineswegs eine in sich geschlossene Erscheinung, sondern es ist vielmehr der "elektrische Strom" in einem umfassenderen Sinn gemeint; der Leiterstrom ist folglich nur eine von mehreren möglichen Erscheinungsformen des elektrischen Stromes ganz allgemein.

Man betrachtet das begleitende Magnetfeld als das "untrügliche" Kennzeichen für das Vorhandensein eines elektrischen Stromes im umfassenderen Sinn und dieses begleitende Magnetfeld ist auch der Nachweis für die Existenz des ansonsten nicht feststellbaren "dielektrischen Stromes". Experimentell führt man den Nachweis mit der in Bild 3.6 schematisch gezeigten Anordnung. Ein Kondensator wird mit der Stromstärke i geladen; dabei läßt sich messen, daß sich um die vom dielektrischen Fluß ψ durchsetzte Strecke zwischen den Kondensatorplatten ein genausogroßes magnetisches Feld ausbildet wie um die vom Leitungsstrom i durchflossenen Leiterstrecken. Um jeglichen Leitungsstrom zwischen den Kondensatorplatten in Form von gegeneinander verschobenen Ladungen eines materiellen Dielektrikums auszuschließen, soll bei dieser Versuchsanordnung das Dielektrikum von Vakuum gebildet werden.

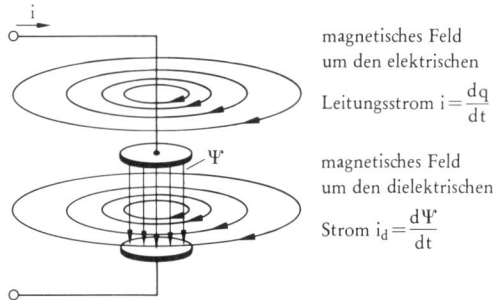

Bild 3.6:
Prinzipielle Anordnung zum Nachweis des „dielektrischen Stromes"
Beim Aufladen des Kondensators umgibt sich die dielektrische Strecke zwischen den Platten – obwohl in ihr keinerlei elektrischer Leitungsstrom fließt – mit einem magnetischen Feld derselben Intensität wie die Zuleitungen zum Kondensator, in denen der Ladestrom als elektrischer Leitungsstrom fließt.

Zu der Behauptung, im Dielektrikum existiere ein "elektrischer Strom", kommt man hier auf Grund des schon von Ampère gezogenen Schlusses: gleiche Wirkungen haben gleiche Ursachen. Aus der gleichen Größe der Wirkungen folgert man weiter auf die gleiche Größe der Ursachen und setzt daher die Stärke des dielektrischen Stromes i_d gleich der Stärke des Leitungsstromes i in den Kondensatorschlüssen: $i_d = i$.

Da das Magnetfeld nur feststellbar ist, wenn ein Leitungsstrom i fließt, d. h.
wenn sich die Kondensatorladung q - und damit auch der dielektrische Fluß
ψ = q - zeitlich ändert, liegt es nahe, die zeitliche Änderung des dielektrischen Flusses, oder allgemeiner ausgedrückt: die z e i t l i c h e Ä n d e r u n g
d e s e l e k t r i s c h e n F e l d e s , für die Erzeugung des Magnetfeldes ver-
antwortlich zu machen. Tatsächlich ergibt der Ansatz:

$$i_d = \frac{d\psi}{dt}$$

wegen: i = dq/dt und q = ψ auch die formale Gleichheit der d i e l e k t r i s c h e n
S t r o m s t ä r k e mit der elektrischen Leitungsstromstärke:

$$i = \frac{dq}{dt} = \frac{d\psi}{dt} = i_d .$$

Das Ergebnis ist daher zunächst:

> Der "elektrische Strom" in einem umfassenderen Sinn ist stets eine in
> sich geschlossene Erscheinung von überall gleicher Stärke und ist in allen
> seinen Abschnitten von einem gleich starken magnetischen Feld begleitet.
> Im elektrischen Leiter tritt er in der Erscheinungsform des "elektrischen
> Leitungsstromes" als Ladungsträgerbewegung mit der Stromstärke i = dq/dt
> auf, im elektrischen Nichtleiter dagegen hat er die Form eines "dielektri-
> schen Stromes" von der Stromstärke $i_d = d\psi/dt$.

Elektrischer Strom = veränderliches elektrisches Feld

Die soeben getroffene Feststellung erweckt nun wieder den Anschein, als könne ein Magnetfeld eben doch zwei verschiedene Ursachen haben (wenngleich
beide "elektrisch" sind): die Ladungsträgerbewegung einerseits und die zeitliche Änderung des dielektrischen Flusses andererseits. Es drängt sich daher die Frage auf: "Haben diese beiden verschieden aussehenden Erscheinungen vielleicht doch etwas Gemeinsames, das als die e i n e tiefere Ursache
für die Entstehung eines Magnetfeldes anzusehen ist? " Das ist tatsächlich
der Fall; das Gemeinsame ist "ein sich veränderndes elektrisches Feld".

Die Zurückführung auf das Gemeinsame und damit die Formulierung dessen,
was der "elektrische Strom" im umfassenden Sinn wirklich ist, finden wir in
der ersten MAXWELLschen Gleichung ausgedrückt*). Die beiden berühmten
MAXWELLschen Gleichungen, niedergeschrieben im Jahre 1862, bilden die
zwei Grundsäulen der elektromagnetischen Feldtheorie und ihr wesentlicher
Inhalt lautet:

1. Wo immer ein elektrisches Feld sich zeitlich oder örtlich ändert, entsteht
   ein magnetisches Feld.
2. Wo immer ein magnetisches Feld sich zeitlich oder örtlich ändert, entsteht
   ein elektrisches Feld.

---

*) JAMES CLERK MAXWELL (1831-1879), englischer Physiker.

Mit dem zweiten Satz werden wir uns später unter dem Stichwort "elektromagnetische Induktion" noch zu beschäftigen haben. Was den ersten Satz anbetrifft, so ist wohl einzusehen, daß damit der dielektrische Strom unmittelbar angesprochen ist, denn bei ihm handelt es sich um ein elektrisches Feld, das sich zeitlich ändert und infolgedessen ein magnetisches Feld hervorruft; fraglich bleibt jedoch zunächst einmal, wie denn der Leitungsstrom unter den Sachverhalt eines "veränderlichen elektrischen Feldes" einzuordnen ist.

Zur Beantwortung dieser Frage betrachten wir eine positive Ladung Q, die sich mit der Geschwindigkeit $\vec{v}$ im Raum bewegt; Bild 3.7. Von dieser Ladung Q geht kugelsymmetrisch ein dielektrischer Fluß ψ = Q aus. Es existiert daher um die Ladung herum an jeder Stelle des Raumes eine radial von ihr weggerichtete dielektrische Flußdichte $\vec{D}$ von definiertem Betrag, d.h. die Ladung ist von einem elektrischen Feld umgeben, das sich zusammen mit ihr mit der Geschwindigkeit $\vec{v}$ durch den Raum bewegt. Nach dem ersten MAXWELLschen Satz wird aber durch ein sich örtlich veränderndes elektrisches Feld ein magnetisches Feld hervorgerufen, und wir wollen feststellen, welche Größenzusammenhänge zwischen der verursachenden und der verursachten Erscheinung bestehen.

Es ist verständlich, daß sich hier nicht schon im Ansatz eine integrale magnetische Flußantriebsgröße ermitteln läßt, sondern nur eine ortsbezogene, nämlich die "magnetische Feldstärke $\vec{H}$", die jeweils für ein infinitesimales Raumelement den dort wirksamen ortsbezogenen magnetischen Flußantrieb nach Größe und Richtung angibt. Überlegt man sich, von welchen Faktoren die Größe der magnetischen Feldstärke $\vec{H}$ abhängen kann, die in einem bestimmten Raumpunkt P durch die Bewegung des elektrischen Feldes hervorgerufen wird, so kommt man zu dem Ergebnis, daß es zwei sind:

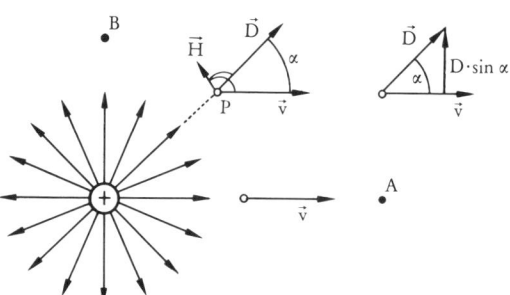

Bild 3.7:
Eine positive Ladung Q ist von eine, kugelsymmetrischen elektrischen Feld umgeben, das sich mit derselben Geschwindigkeit $\vec{v}$ durch den Raum bewegt wie die Ladung selbst. In einem Punkt P des Raumes wird durch das örtlich veränderliche elektrische Feld eine magnetische Feldstärke $\vec{H}$ verursacht:

$$\vec{H} = \vec{v} \times \vec{D}; \quad |\vec{H}| = H = v \cdot D \cdot |\sin\alpha|$$

wobei $\vec{D}$ die im Punkt P herrschende dielektrische Flußdichte ist und α der Winkel, den die Größen $\vec{v}$ und $\vec{D}$ dort miteinander einschließen.

H wird umso größer sein, je größer die dielektrische Flußdichte D an der
Stelle P ist;
H wird umso größer sein, je größer die Bewegungsgeschwindigkeit v der
dielektrischen Flußdichte D gegenüber dem Raumpunkt P ist.

Die zweite Aussage wird durch den experimentellen Befund allerdings folgendermaßen eingeschränkt: Hier zählt nicht die gesamte Größe der dielektrischen
Flußdichte $\vec{D}$, sondern immer nur diejenige Komponente von ihr, die senkrecht
zum Geschwindigkeitsvektor $\vec{v}$ liegt, also $D \cdot \sin \alpha$, wenn α der Winkel ist,
den $\vec{D}$ und $\vec{v}$ in dem betreffenden Raumpunkt miteinander einschließen; siehe
Bild 3.7. Daher wird z.B. in einem Punkt, der genau in der Fluglinie der
Ladung Q liegt, keine magnetische Feldstärke $\vec{H}$ hervorgerufen (Punkt A in
Bild 3.7), und umgekehrt entsteht jeweils die größtmögliche magnetische
Feldstärke in den Punkten, die von der bewegten Ladung aus gesehen gerade
radial zur Flugbahn liegen (wie etwa der Punkt B in Bild 3.7).

Weiterhin hat das Experiment erbracht, daß die Richtung der solcherart im
Punkt P erzeugten magnetischen Feldstärke $\vec{H}$ stets senkrecht auf $\vec{v}$ und $\vec{D}$
steht. $\vec{H}$ läßt sich demnach durch das Vektorprodukt (oder das "äußere Produkt") von $\vec{v}$ und $\vec{D}$ ausdrücken:

(54) $\vec{H} = \vec{v} \times \vec{D}$.

Der Betrag von $\vec{H}$ ist nach den Regeln der Vektorrechnung: $H = v \cdot D \cdot |\sin \alpha|$,
wenn die Vektoren $\vec{v}$ und $\vec{D}$ den Winkel α miteinander einschließen. Die magnetische Feldstärke $\vec{H}$ steht senkrecht auf der zwischen den Vektoren $\vec{v}$ und $\vec{D}$
ausgespannten Fläche und ihr Richtungssinn ergibt sich aus der Rechtsschraubenregel: Dreht man den im Produkt zuerst genannten Vektor auf kürzestem
Weg in die Richtung des zweitgenannten, so zeigt der Produktvektor in die
Richtung, in der eine Rechtsschraube bei dieser Drehung fortschreiten würde.
Es ist daher wichtig, beim Vektorprodukt die Faktoren stets in der richtigen
Reihenfolge anzuordnen. Die experimentelle Bestimmung des Richtungszu-
sammenhanges zwischen $\vec{v}$, $\vec{D}$ und $\vec{H}$ hat zu der Formulierung $\vec{H} = \vec{v} \times \vec{D}$ mit
$\vec{v}$ an erster Stelle geführt. Für die in Bild 3.7 dargestellten Verhältnisse
erhält man hiernach im Punkt P eine magnetische Feldstärke $\vec{H}$ mit dem
Richtungssinn "aus der Zeichenebene heraus". Wie man sich anhand dieses
Bildes leicht überlegen kann, ergibt sich auf diese Weise für die magnetische
Feldstärke $\vec{H}$ an allen Stellen ein solcher Richtungssinn, daß man sich das
gesamte von der bewegten Ladung erzeugte Magnetfeld durch lauter kreisförmige Feldlinien repräsentiert denken kann, die den Geschwindigkeitsvektor $\vec{v}$
der positiven Ladung rechtsschraubensinnig umfassen.

Das Durchflutungsgesetz

Wir wollen nun diese neugewonnene Erkenntnis anwenden, um den von einem
zeitlich konstanten Leitungsstrom I ausgehenden magnetischen Antrieb zu berechnen, wobei wir gemäß dem ersten MAXWELLschen Satz davon ausgehen,

Bild 3.8:
Schnitt durch das Feldlinienbild eines elektrischen Feldes, das von
der bewegten Ladung eines Leitungsstromes ausgeht und mit der Bewe-
gungsgeschwindikeit $\vec{v}$ der Ladung
selbst längs des Leiters verschoben
wird. Diese sich örtlich ändernde
elektrische Feld stellt das eigentliche Wesen des elektrischen Leitungsstromes dar.

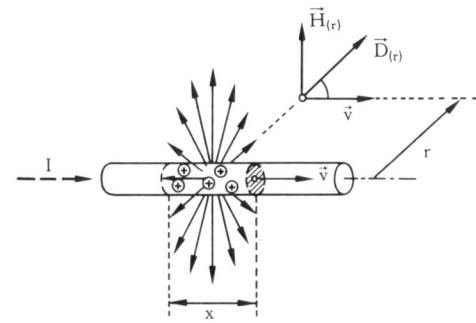

daß die Ursache für das Entstehen des magnetischen Feldes in der zeitlichen
oder örtlichen Veränderung eines elektrischen Feldes zu suchen ist. Da bei
zeitlich konstantem Leitungsstrom das von den bewegten Ladungen mitgeführte
elektrische Feld sich nicht zeitlich, sonden örtlich ändert, können wir dazu
auf die oben angeschriebene Gleichung (54) zurückgreifen.

In Bild 3.8 ist ein Stück eines Leiters gezeigt, das den elektrischen Leiterstrom von der Stärke I in der angegebenen Richtung führt. Fließt ein Leitungsstrom von der Stärke I = Q/t, so heißt das, daß sich ein "Ladungsvolumen Q",
das im Leiter die Länge x einnimmt, in der Zeit t um eben diese Länge x verschiebt (wir nehmen hier der Einfachheit halber Bezug auf bewegte positive
Ladung):

$$(55) \qquad I = \frac{Q}{t} = \frac{Q}{x} \cdot \frac{x}{t} = \frac{Q}{x} \cdot v.$$

Darin ist v die Geschwindigkeit, mit der sich eine "Querschnittsladung" Q/x -
also gewissermaßen ein Ladungsscheibchen von der Fläche des Leiterquer-
schnitts - im Leiter vorwärtsbewegt. Das heißt, es ist die mittlere Bewegungsgeschwindigkeit der Ladungsträger im Leiter und damit auch die Geschwindigkeit, mit der sich hier das elektrische Feld im Raum bewegt.

Der vom Leiterstück der Länge x radialsymmetrisch ausgehende dielektrische
Fluß ψ ist gleich der in diesem Leiterstück enthaltenen Ladung Q: $\psi = Q$. Für
konstanten Abstand r von der Mittelachse des Leiters hat die dielektrische
Flußdichte $\vec{D}_{(r)}$ ebenfalls konstanten Wert. Dieser läßt sich nach der Grundbeziehung

$$\psi = \int_A \vec{D} \cdot d\vec{A}$$

berechnen, wobei die Integrationsfläche A hier ein Zylindermantel vom Um-
fang $2 \cdot \pi \cdot r$ und von der Länge x ist:

$$(56) \qquad \psi = \int_A \vec{D} \cdot d\vec{A} = D_{(r)} \cdot 2 \cdot \pi \cdot r \cdot x \quad \Rightarrow \qquad D_{(r)} = \frac{\psi}{2\pi \cdot r \cdot x}.$$

Auf dem Kreis vom Radius r um den Leiter, auf dem die dielektrische Fluß-dichte den konstanten Wert $\vec{D}_{(r)}$ hat, wird nach Gl. (54) überall eine magne-tische Feldstärke $\vec{H}_{(r)}$ hervorgerufen:

$$\vec{H}_{(r)} = \vec{v} \times \vec{D}_{(r)} \, ,$$

deren Betrag

$$H_{(r)} = v \cdot D_{(r)} = v \cdot \frac{\psi}{2\pi \cdot r \cdot x}$$

ist, weil das von der bewegten Ladung im Leiter mitgeführte elektrische Feld an allen Stellen senkrecht auf dem Leiter steht und infolgedessen der Sinus des Winkels zwischen $\vec{v}$ und $\vec{D}_{(r)}$ immer den Wert 1 hat*). Die Richtung von $\vec{H}_{(r)}$ ist, wie man sich anhand des Bildes 3.8 vergewissern kann, überall so, daß sich insgesamt ein magnetischer Flußantrieb ergibt, der einen magneti-schen Fluß im Rechtsschraubensinn um den Leiterstrom herum zur Folge hat; vergl. hierzu Bild 3.4.

Die Gesamt-Flußantriebsgröße in einem Feld ist immer gegeben durch das Wegintegral über die betreffende Feldstärke; dabei ist im Wirbelfeld der Inte-grationsweg als ein voller Umlauf um den Sitz der Antriebsgröße zu nehmen, d.h. es ist das sog. "Umlaufintegral $\oint$" zu bilden. Die integrale magnetische Flußantriebsgröße, die "Durchflutung Θ", ergibt sich daher für unser Bei-spiel aus dem Ansatz

$$\Theta = \oint \vec{H} \cdot \vec{ds} = H_{(r)} \cdot 2\pi \cdot r = v \cdot D_{(r)} \cdot 2\pi \cdot r$$

unter Verwendung der Gl. (56) zu:

$$\Theta = v \cdot D_{(r)} \cdot 2\pi \cdot r = v \cdot \frac{\psi}{2\pi \cdot r \cdot x} \cdot 2\pi \cdot r = v \cdot \frac{\psi}{x}.$$

Wegen $\psi = Q$ ist nach Gl. (55):

$$\Theta = v \cdot \frac{\psi}{x} = v \cdot \frac{Q}{x} = I.$$

Das Ergebnis

$$(57) \qquad \Theta = \oint \vec{H} \cdot \vec{ds} = I$$

ist das allgemein gültige "Durchflutungsgesetz":

> Die auf einem geschlossenen Weg wirksame integrale magnetische Fluß-antriebsgröße, die Durchflutung Θ, ist gleich der von diesem Weg ins-gesamt umfaßten elektrischen Stromstärke I.

---

*) In Wirklichkeit hat dieses elektrische Feld eine kleine Richtungskomponente in der Strömungsrichtung der positiven Ladung; das ist aber für die hier angestell-te Betrachtung belanglos.

Damit ist auch der Name "Durchflutung" für die magnetische Antriebsgröße verständlich geworden: dieser Antrieb, der immer längs eines geschlossenen Weges wirksam ist, wird durch die elektrische Stromstärke bestimmt, die die von diesem Weg umgrenzte Fläche "durchflutet". Wie am Beispiel der Spule schon gezeigt, kann der magnetfelderregende Gesamtstrom an einer bestimmten Stelle auch aus mehreren Teilströmen bestehen; diesem Umstand trägt man Rechnung, indem man das Durchflutungsgesetz so formuliert:

$$\Theta = \oint \vec{H} \cdot \vec{ds} = \Sigma \, I.$$

Dabei sind in der "Summe I" die Vorzeichen der Einzelströme zu berücksichtigen, denn zwei Ströme gleicher Stärke, die in nebeneinanderliegenden Leitern gegensinnig fließen, ergeben für einen Weg, der beide Leiter umschlingt, wie leicht einzusehen ist, die resultierende Durchflutung Null.

Ungeachtet dessen, daß das Durchflutungsgesetz aus praktischen Gründen normalerweise für Leitungsströme angesetzt wird und nicht für die veränderlichen elektrischen Felder - denn die Stromstärke ist ja die bequem meßbare elektrische Größe - können wir nun zusammenfassend feststellen:

Das eigentliche Wesen des elektrischen Stromes besteht in einer Veränderung des elektrischen Feldes, und zwar in einer örtlichen beim Leitungsstrom und in einer zeitlichen beim dielektrischen Strom; und es äußert sich durch das dadurch jeweils hervorgerufene magnetische Feld: dieses ist somit das untrügliche Kennzeichen für das Vorhandensein eines elektrischen Stromes.

Eine allgemeinere Formulierung des Durchflutungsgesetzes, die sich aus der ersten MAXWELLschen Gleichung ableiten läßt und den dielektrischen Strom ausdrücklich mit einschließt, lautet:

$$\Theta = \oint \vec{H} \cdot \vec{ds} = \int_{A} (\kappa \cdot \vec{E} + \epsilon \cdot \frac{\partial \vec{E}}{\partial t}) \cdot \vec{dA}.$$

Hierin ist A die Fläche, die vom Integrationsweg für $\vec{H}$ umgrenzt wird. A ist ihrerseits eine Integrationsfläche, für die im ersten Ausdruck über die elektrische Stromdichte $\vec{S} = \kappa \cdot \vec{E}$ integriert wird (das ergibt den Anteil des Leitungsstromes) und im zweiten Ausdruck über die zeitliche Änderung der dielektrischen Flußdichte $\vec{D} = \epsilon \cdot \vec{E}$ (das ergibt den Anteil des dielektrischen Stromes).

3.2 *Die Bestimmung der magnetischen Feldgrößen*

Um die zwischen dem elektrischen und dem magnetischen Feld bestehenden Analogien - vor allem, was das energetische Verhalten anbetrifft - besonders deutlich sichtbar werden zu lassen, gehen wir in der Behandlung des magnetischen Feldes, soweit dies möglich ist, genauso vor wie beim elektrischen Feld. Daher führen wir auch hier die Feldgrößen anhand eines einfach berechenbaren magnetischen Feldes ein.

3.21 Erzeugung eines einfach berechenbaren magnetischen Feldes

Am einfachsten zu berechnen ist ein homogenes Feld, bei dem - bildlich ausgedrückt - sämtliche Feldlinien überall die gleiche Richtung im Raum und
immer denselben Abstand voneinander haben. In diesem strengen Sinn "homogen" kann ein Wirbelfeld in seiner Gesamtheit überhaupt nie sein, da ja in
ihm jede Feldlinie in sich zurückkehrt und folglich ihre Richtung immer wieder ändert. Faßt man aber die Bezeichnung "homogen" etwas großzügiger
und verlangt dabei nur, daß in einem solchen Feld alle Feldlinien stets parallel zueinander verlaufen und überall den gleichen Abstand voneinander aufweisen, so gibt es in diesem erweiterten Sinne auch ein "homogenes" magnetisches Feld als Ganzes. Es läßt sich mit einer stromdurchflossenen Ringspule herstellen. In Bild 3.9a ist eine solche Ringspule gezeigt, bei der N
Windungen aus Kupferdraht in einer einzigen Lage eng nebeneinander auf einen
ringförmigen Körper aufgewickelt sind. Dieser Körper begrenzt den Feldraum
unseres magnetischen Feldes, und wir wollen vorderhand annehmen, daß er
beispielsweise aus Keramik besteht, nicht aber aus Eisen oder aus einem anderen Material, das sich magnetisch ähnlich verhält wie Eisen (sog. "Ferromagnetika"), weil wir die besonderen magnetischen Eigenschaften dieser
Materialien erst zu einem späteren Zeitpunkt untersuchen wollen.

Nach der Aussage des Durchflutungsgesetzes: $\Theta = \oint \vec{H} \cdot \vec{ds} = \Sigma\, I$ liegt das
magnetische Feld völlig innerhalb des bewickelten Körpers. Macht man näm-
lich beispielsweise einen geschlossenen Umlauf auf einem Kreis, dessen Radius kleiner als der Innenradius r oder größer als der Außenradius R des bewickelten Körpers ist, so stellt sich heraus, daß die "Summe I", die die vom
jeweiligen Umlauf umgrenzte Fläche "durchflutet", immer gleich Null ist.
Im ersten Fall ist sie von vornherein Null, im zweiten wird sie es dadurch,
daß die betreffende Fläche von zweimal $N \cdot I$ Strömen in entgegengesetzter
Richtung durchflutet wird. Auf solchen geschlossenen Wegen sind somit kei-

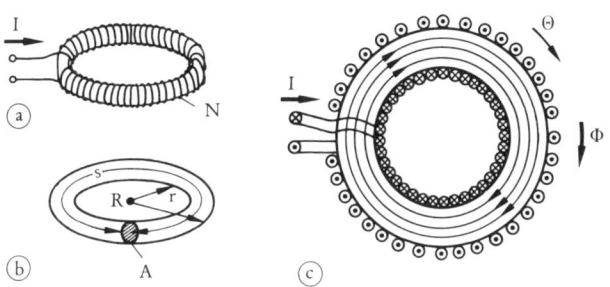

Bild 3.9:
a, Ringspule (Toroid), mit N Windungen bewickelt;
b, Abmessungen des Wickelkörpers: r, R = Innen- bzw. Außenradius, A = Querschnittsfläche,
    s = mittlere Länge eines geschlossenen Umlaufs im Wickelkörper = mittlere Länge des Feldraumes;
c, Feldlinienbild des magnetischen Feldes im Innern der Rinspule (sog. „homogenes" magnetisches
    Feld). Die eingetragenen Zählpfeile für I, Θ und Φ sind angepaßte Zählpfeile: Hat der Strom I die
    Richtung seines Zählpfeiles, so haben auch Θ und Φ die Richtungen ihrer Zählpfeile.

ne resultierenden magnetischen Antriebe wirksam. Dahingegen ist für einen geschlossenen Umlauf innerhalb des Wickelkörpers der Wert der Durchflutung von Null verschieden und es existiert infolgedessen hier ein ringförmiges magnetisches Feld vom Querschnitt A und von der mittleren Länge s des Wickelkörpers selbst; vergl. Bild 3.9b. In Bild 3.9c ist dieses Magnetfeld im Inneren der Ringspule durch einige kreisförmige Feldlinien dargestellt.

3.22 Die integralen magnetischen Feldgrößen

Die magnetische Potentialdifferenz

Die integrale magnetische Ursachengröße oder Antriebsgröße ist die Durchflutung Θ*). Θ ist eine skalare Größe; trägt der Wert von Θ ein Vorzeichen, so ist dies eine Richtungsangabe unter Bezug auf einen entsprechenden Zählpfeil. Der für die Durchflutung Θ per Definition festgelegte Richtungssinn stimmt mit demjenigen überein, den der von Θ hervorgerufene magnetische Fluß hat; nach den Feststellungen von Abschnitt 3.1 verursacht also ein elektrischer Leiterstrom I eine Durchflutung Θ, deren Richtungssinn sich aus dem des elektrischen Stromes nach der Rechtsschraubenregel ermitteln läßt; vergl. Bild 3.4.

Den Betrag von Θ berechnet man durch entsprechenden Ansatz des Durchflutungsgesetzes. Bei den in Bild 3.9 dargestellten Verhältnissen ergibt sich daraus für jeden kreisförmigen Umlauf im Spuleninneren mit einem Radius zwischen r und R die integrale magnetische Antriebsgröße zu

(58) $\qquad \Theta = \Sigma I = N \cdot I.$

Hat I, wie hier angenommen, die Richtung eines Zählpfeils, so wirkt Θ im Uhrzeigersinn.

Die magnetische Flußantriebsgröße $\Theta = N \cdot I$ ist von der Dimension einer elektrischen Stromstärke; diese etwas verwunderliche Tatsache rührt davon her, daß man es unterlassen hat, bei der Ableitung der magnetischen Antriebsgröße aus derjenigen Größe, von der sie ihrerseits verursacht wird, eine entsprechende dimensionsumwandelnde Proportionalitätskonstante einzuführen, die das Θ auch dimensionsmäßig aus der elektrischen Welt in die magnetische transferiert hätte. (Etwas Vergleichbares ist ja auch im elektrischen Feld geschehen, wo der dielektrische Fluß infolge eines ähnlichen Versäumnisses die Dimension einer elektrischen Ladung bekommen hat: $\psi = Q$.) Die Einheit der magnetischen Antriebsgröße ist also: 1A **).

Vom energetischen Standpunkt aus gesehen bezeichnet die Durchflutung $\Theta = \Sigma I$ eine "magnetische Potentialdifferenz" analog der "elektrischen Potential-

---

*) Die integrale magnetische Ursachengröße nennt man auch gelegentlich "magnetische Urspannung" in Analogie zur "elektrischen Urspannung".

**) Die häufig benützte "Einheit" für die Durchflutung: "Amperewindung" ist natürlich unkorrekt, denn eine "Windung" ist keine Einheit.

differenz U", die im elektrischen Feld die Rolle der integralen Ursachengröße spielt. Während aber das Wesen von U als einer elektrischen Potentialdifferenz verhältnismäßig leicht einzusehen ist, denn U existiert zwischen zwei verschiedenen Punkten und man kann sich von der Wirksamkeit dieser Größe ein reales physikalisches Bild machen, indem man in einem Gedankenexperiment eine elektrische Ladung zwischen den beiden Punkten hin- und herbewegt, ist die Einsicht in das Wesen von Θ als einer magnetischen Potentialdifferenz aus zwei Gründen sehr erschwert: Erstens existiert sie nicht zwischen zwei Punkten, sondern längs einer geschlossenen Umlaufbahn, was mit unserer landläufigen Vorstellung von einer "Differenz" schon a priori kollidiert, und zweitens gibt es keinen "magnetischen Einzelpol" - in Analogie zur positiven oder negativen elektrischen Ladung - also z.B. einen isolierten Nordpol, den man im Gedankenexperiment auf einer in sich geschlossenen Feldlinie herumführen könnte.

Geht man davon aus, daß in dem Begriff "Potential" ganz allgemein eine "Verfügbarkeit von Energie" zum Ausdruck kommt, so kann man folgern, daß durch die "magnetische Potentialdifferenz" ein bestimmtes Vermögen, Energie in magnetische Form umzusetzen, näher bezeichnet wird*). Die spätere Untersuchung der Energieverhältnisse im magnetischen Feld wird die Richtigkeit dieser Ansicht bestätigen: Die Durchflutung Θ oder magnetische Potentialdifferenz Θ ist die maßgebende integrale Ursachengröße für den in einem magnetischen Feld in Form magnetischer Feldenergie gespeicherten Energiebetrag.

Die magnetische Flußstärke

Die Durchflutung Θ ruft im Innern der Ringspule nach Bild 3.9 ein magnetisches Feld hervor, das in seiner Gesamtheit durch die integrale magnetische Wirkungsgröße, den magnetischen Fluß von der Flußstärke ϕ repräsentiert wird. ϕ ist wie Θ eine skalare Größe; hinsichtlich des Vorzeichens gilt das schon für Θ Gesagte. In einem gegebenen magnetischen Feld hat die magnetische Flußstärke ϕ an sämtlichen Querschnittsstellen denselben Wert; d.h. der magnetische Fluß hat ebenso "Stromcharakter" wie der dielektrische Fluß. Da man - wie vorher bei der Durchflutung erwähnt - darauf verzichtet hat, eine arteigene magnetische Dimensionsgröße einzuführen, ist auch die Dimension der magnetischen Flußstärke ϕ "elektrisch": ϕ hat die Dimension "elektrische Spannung mal Zeit"; die Begründung dafür ergibt sich erst bei der Behandlung der elektromagnetischen Induktion (Abschn. 3.41). Als Einheit für ϕ folgt daraus:

$$[\phi] = [U] \cdot [t] = 1 \text{ Volt} \cdot 1 \text{ Sekunde} = 1 \text{ Vs} = 1 \text{ Weber} = 1 \text{ Wb**}).$$

*) Siehe hierzu auch den Abschnitt über den Potentialbegriff im Anhang.

**) WILHELM WEBER (1804-1891), deutscher Physiker.

Zusammenhang zwischen magnetischer Potentialdifferenz und magnetischer Flußstärke

Den quantitativen Zusammenhang zwischen der integralen magnetischen Ursachengröße Θ und der integralen magnetischen Wirkungsgröße ϕ kann man wie im elektrischen Feld auf die Form bringen:

(59) $\phi = \Theta \cdot G_m$.

> Magnetische Flußstärke = Durchflutung (magnetische Potentialdifferenz) x magnetischer Leitwert des Feldraumes.

Hieraus läßt sich die Definitionsgleichung für den magnetischen Leitwert G_m eines Feldraumes ableiten:

(60) $G_m = \dfrac{\phi}{\Theta}$.

Im Begriff des magnetischen Leitwertes sind die geometrischen Eigenschaften des Feldraumes mit seiner magnetischen Eigenschaft zu einem einzigen Ausdruck zusammengefaßt. Die "magnetische Eigenschaft" eines Materials ist ein Maß für seine Bereitschaft, magnetischen Fluß zu führen und wird durch den "spezifischen magnetischen Leitwert $\bar{\mu}$", genannt die "Permeabiltät μ", angegeben. Es gibt kein Material mit $\bar{\mu} = 0$; d.h. ebensowenig wie wir über dielektrische Nichtleiter verfügen, stehen uns magnetische Nichtleiter zu Gebote. Das hat praktisch-technische Konsequenzen, denn man kann aus diesem Grunde einen Magnetfluß nicht etwa dadurch vollständig in eine gewünschte Bahn zwingen, daß man diese mit einem magnetischen Nichtleiter umgibt; man kann ihm lediglich eine Bahn aus magnetisch gut leitendem Material anbieten und diese in einen schlechten magnetischen Leiter einbetten. Auch das Vakuum besitzt die Eigenschaft der magnetischen Leitfähigkeit. Die mit μ_0 bezeichnete Permeabilität des freien Raumes wird häufig als Bezugsgröße benützt, und man drückt dann die Permeabilität eines Materials durch die sog. "relative Permeabilität μ_r", die "Permeabilitätszahl μ_r" dieses Materials in der Form

$\mu = \mu_0 \cdot \mu_r$

aus. Der Wert von μ_0 wurde experimentell ermittelt zu:

$$\mu_0 = 4\pi \cdot 10^{-7} \frac{Vs}{Am} \approx 12,56 \cdot 10^{-7} \frac{Vs}{Am} = 12,56 \cdot 10^{-9} \frac{Vs}{Acm}.$$

Hinsichtlich ihrer magnetischen Eigenschaft lassen sich alle denkbaren Medien in zwei große Gruppen einteilen:

1. Nichtferromagnetika
Diese Gruppe enthält neben Vakuum alle nichtferromagnetischen Materialien wie Keramik, Messing, Kupfer, Holz, Wasser, Luft etc. und zeichnet sich dadurch aus, daß das μ_r von der magnetischen Belastung unabhängig, also bei gegebenen äußeren Bedingungen konstant ist. Der Wert von μ_r ist hier ganz

allgemein gleich 1 zu setzen (die Abweichungen beginnen meist erst in der
dritten Dezimale). Genau genommen hat man in dieser Gruppe zu unterscheiden zwischen

diamagnetischen Stoffen mit $\mu_r < 1$ (z.B.: Al, Pt)

und

paramagnetischen Stoffen mit $\mu_r > 1$ (z.B.: Cu, H_2O, NaCl),

wobei die diamagnetischen Stoffe ein temperaturunabhängiges, die paramagnetischen Stoffe jedoch ein temperaturabhängiges μ_r aufweisen.

2. Ferromagnetika
Diese Gruppe enthält neben den eigentlichen Eisenmaterialien auch eine Reihe von Legierungen wie Eisen-Nickel-Aluminium-Legierungen, Platin-Ko-
balt-Legierungen oder manganhaltige Kupferlegierungen. Bei ihr ist die relative Permeabilität μ_r meist sehr viel größer als 1, sie ist jedoch auch
nicht angenähert eine Stoffkonstante, sondern vielmehr sehr stark von der
magnetischen Belastung abhängig. Oberhalb einer bestimmten, für das betreffende Material charakteristischen Temperatur, der sog. "Curie-Tempe-
ratur", verliert das Ferromagnetikum seine ferromagnetische Eigenschaft
völlig und ist dann nur noch paramagnetisch; beim Unterschreiten des Curie-
Punktes kehrt auch der Ferromagnetismus wieder zurück.

Für die nachfolgenden Betrachtungen beschränken wir uns zunächst auf Feldräume aus nichtferromagnetischen Materialien, deren μ_r wir als echte
Konstante mit dem Zahlenwert 1 nehmen, sodaß für sie also gilt $\mu = \mu_r \cdot \mu_0 =$
μ_0 = konst. Damit erhalten wir auch konstante magnetische Leitwerte G_m,
mit denen wir unmittelbar rechnen können. Bei den überwiegend in der Elektrotechnik verwendeten ferromagnetischen Materialien mit ihrem $\mu \neq$ konst. werden jedoch die magnetischen Leitwerte G_m nichtlinear, d.h. das Verhältnis
ϕ/Θ ist keine Konstante mehr. Unter diesen Umständen arbeitet man zwar
begrifflich immer noch mit dem magnetischen Leitwert, stellt aber die Rechnung zweckmäßigerweise doch auf eine andere Basis; davon wird in Abschnitt 3.3 die Rede sein.

Besteht in einem Feldraum einheitlichen Materials von gleichbleibendem
Querschnitt A und überall gleicher Länge s ein homogenes magnetisches
Feld, so ist der magnetische Leitwert G_m dieses Feldraumes proportional
dem Querschnitt A, umgekehrt proportional der Länge s und proportional
dem spezifischen magnetischen Leitwert μ des Feldraummaterials:

(61) $$G_m = \frac{A \cdot \mu}{s} = \frac{A \cdot \mu_0 \cdot \mu_r}{s} .$$

Die eben gemachten Voraussetzungen treffen für das magnetische Feld in der
Ringspule nach Bild 3.9 angenähert zu, und zwar in umso höherem Maße, je
kleiner der Durchmesser des Feldraumquerschnittes A im Verhältnis zur
mittleren Länge s des Feldraumes ist. Unter Verwendung der Gleichungen
(58) und (59) kann man hier also ansetzen:

$$(62) \qquad \phi = \Theta \cdot G_m = \Theta \cdot \frac{A \cdot \mu}{s} = N \cdot I \cdot \frac{A \cdot \mu}{s} \; .$$

Dazu ein Beispiel: Ein Keramikring mit $A = 4 \text{ cm}^2$, $s = 30$ cm und $\mu_r = 1 =$ konst. ist mit einer Ringspule von 2800 Windungen bewickelt. Der magnetische Leitwert dieser Anordnung ist

$$G_m = \frac{A \cdot \mu_o \cdot \mu_r}{s} = \frac{4 \text{ cm}^2 \cdot 12,56 \cdot 10^{-9} \frac{Vs}{Acm} \cdot 1}{30 \text{ cm}} = 1,67 \cdot 10^{-9} \frac{Vs}{A} \; .$$

Schickt man durch die Spule einen Strom von der Stärke $I = 0,5$ A, so ist die Durchflutung

$$\Theta = N \cdot I = 2800 \cdot 0,5 \text{ A} = 1400 \text{ A} .$$

Diese Durchflutung ruft in der Ringspule einen Magnetfluß hervor von der Stärke

$$\phi = \Theta \cdot G_m = 1,4 \cdot 10^3 \text{ A} \cdot 1,67 \cdot 10^{-9} \frac{Vs}{A} = 2,35 \cdot 10^{-6} \text{ Vs} = 2,35 \, \mu\text{Wb}.$$

Anstatt einen Feldraum durch seinen magnetischen Leitwert G_m zu beschreiben, kann man auch den dazu reziproken Wert, den "magnetischen Widerstand R_m" verwenden. Für diesen gilt die Definitionsgleichung

$$(63) \qquad R_m = \frac{1}{G_m} = \frac{\Theta}{\phi} \; .$$

Für den Fall des hinreichend homogenen magnetischen Feldes in einer stromdurchflossenen Ringspule nach Bild 3.9 ist

$$(64) \qquad R_m = \frac{1}{G_m} = \frac{s}{A \cdot \mu} = \frac{s}{A \cdot \mu_o \cdot \mu_r} \; .$$

Die Ringspule aus dem soeben gerechneten Beispiel wird also in völlig gleichwertiger Weise entweder durch ihren magnetischen Leitwert

$$G_m = 1,67 \cdot 10^{-9} \text{ Vs/A}$$

oder durch ihren magnetischen Widerstand

$$R_m = 0,66 \cdot 10^9 \text{ A/Vs}$$

gekennzeichnet. Da technisch ausgeführte magnetische Kreise sehr häufig aus mehreren hintereinanderliegenden Teilstücken bestehen, bevorzugt man allgemein den magnetischen Widerstand gegenüber dem magnetischen Leitwert.

Übungsaufgaben $\qquad\qquad\qquad\qquad\qquad \mu_o = 12,56 \cdot 10^{-9} \frac{Vs}{A \text{ cm}}$

35. Ein ringförmiger Wickelkörper mit dem Innenradius $r = 7$ cm und dem Außenradius $R = 10$ cm (vergl. Bild 3.9b) soll 3000 Windungen aus Kupfer-

draht erhalten. Welcher Drahtquerschnitt A_{Cu} ist zu wählen, wenn die an
U = 12 V = konst. betriebene Spule eine Durchflutung Θ = 1440 A bekommen
soll? κ_{Cu} = 56 Sm/mm².

36. Eine Ringspule mit N Windungen wird an einer Quelle konstanter Spannung
U betrieben. Man weise in allgemeiner Form nach, daß der magnetische Fluß
in dieser Spule seine Stärke ϕ nicht ändert, wenn man die Anzahl der Windungen (bei gleichem Draht und gleichbleibender mittlerer Windungslänge) verdoppelt oder halbiert.

37. Aus einem Aluminiumdraht von quadratischem Querschnitt mit A_{Al} =
4 mm² und der Länge s_{Al} = 10,7 m ist eine einlagige Luft-Zylinderspule mit
150 Windungen gewickelt. Diese Spule wird an eine elektrische Spannungsquelle mit U = 4 V angeschlossen.
a, Welcher magnetische Fluß ϕ wird dabei in der Zylinderspule erzeugt? (Man
   mache bei der Berechnung des magnetischen Leitwertes von einer vertretbaren Näherung Gebrauch.)
b, Welche elektrische Leistung P gibt die Spannungsquelle bei Betrieb ab? Besteht ein direkter Zusammenhang zwischen P und ϕ?
   κ_{Al} = 35 Sm/mm²

3.23 Die ortsbezogenen magnetischen Feldgrößen

Die magnetische Feldstärke

Zur Bestimmung der ortsbezogenen Feldgrößen betrachten wir ein infinitesimal kleines Raumelement im magnetischen Feld. Die magnetische Feldstärke $\vec{H}$ ist die dort wirksame o r t s b e z o g e n e Ursachengröße; sie wird aus
der G e s a m t - Ursachengröße abgeleitet und ihre allgemeingültige Definition
lautet:

(65) $\vec{H} = \dfrac{d\Theta}{\vec{ds}}$.

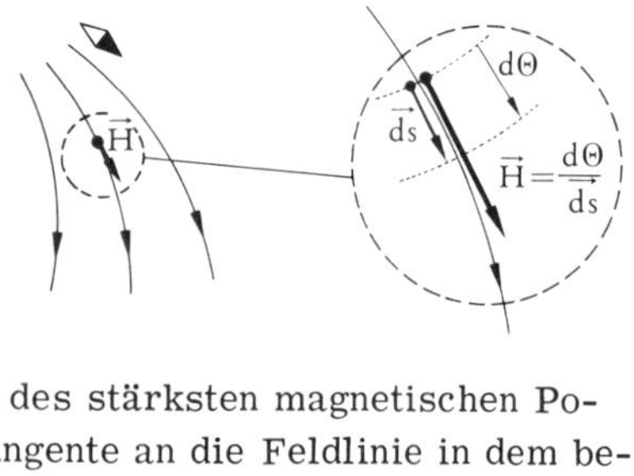

Bild 3.10:
Zur Definition der magnetischen Feldstärke $\vec{H}$

Hierin hat das Wegelement $\vec{ds}$ die Richtung des stärksten magnetischen Potentialgefälles, das ist die Richtung der Tangente an die Feldlinie in dem betreffenden Punkt (Bild 3.10). $d\Theta$ ist die längs dieses Wegelementes anfallende magnetische Potentialdifferenz, also ein differentieller Anteil der Gesamt-Flußantriebsgröße, der Durchflutung Θ. Die magnetische Feldstärke $\vec{H}$
hat die Richtung von $\vec{ds}$. Der Verlauf der Feldlinien mitsamt ihrem eingetragenen Richtungssinn gibt daher in jedem Punkt des Feldraumes die Richtung
der magnetischen Feldstärke an.

Im "homogenen" Feld einer Ringspule hat die magnetische Feldstärke $\vec{H}$ längs eines geschlossenen Kreisweges aus Symmetriegründen überall denselben Betrag. Hier vereinfacht sich die Gl. (65) zu

(65a) $H = \dfrac{\Theta}{s}$.

Bei dem im letzten Abschnitt gerechneten Beispiel einer Ringspule mit $\Theta =$ $N \cdot I = 1400\ A$ und $s = 30\ cm$ hat die magnetische Feldstärke im Innern der Spule überall den Betrag

$$H = \frac{\Theta}{s} = \frac{1400\ A}{30\ cm} = 46,6\ \frac{A}{cm}.$$

Genau genommen ändert H seinen Wert im Innern der Spule entsprechend der Länge des jeweiligen Umlaufweges von $\Theta/2\pi \cdot r$ bis $\Theta/2\pi \cdot R$, wenn r der Innen- und R der Außenradius der Ringspule ist. Man vernachlässigt aber gewöhnlich diese Unterschiede und rechnet vereinfacht mit der "mittleren Feldlinienlänge" $s = 2\pi \cdot (R + r)/2$.

Die Gl. (65a) kann man auch verwenden, um die magnetische Feldstärke an beliebiger Stelle des Raumes in und um einen stromdurchflossenen geraden Leiter zu berechnen; siehe hierzu Bild 3.11. Auf konzentrischen Kreisen um den Leiter herum ist H jeweils aus Symmetriegründen konstant. Die Durchflutung Θ ist für solch einen geschlossenen Weg stets gleich I; die Weglänge selbst ist $2\pi \cdot x$. Die Anwendung der Gl. (65a) ergibt daher für die magnetische Feldstärke $H_{(x)}$ an einer Stelle im Abstand x von der Leiterachse:

(66a) $H_{(x)} = \dfrac{\Theta}{s} = \dfrac{I}{2\pi \cdot x}$ für $x \geqslant r$.

Außerhalb des Leiters nimmt also die magnetische Feldstärke H, ausgehend von einem Maximalwert $H_{(r)}$ an der Oberfläche des Leiters: $H_{(r)} = I/2\pi \cdot r$, mit $1/x$ ab.

Im Inneren des Leiters wird - unter der Voraussetzung, daß sich der elektrische Leiterstrom gleichmäßig über den ganzen Leiterquerschnitt verteilt - ein Kreis mit dem Radius x nur von dem Anteil

$$\frac{I}{2\pi \cdot r^2} \cdot 2\pi \cdot x^2 = I \cdot \frac{x^2}{r^2}$$

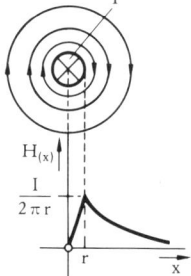

Bild 3.11:
Verlauf der magnetischen Feldstärke $H_{(x)}$ im Innern und in der Umgebung eines vom Strom I durchflossenen geraden Leiters.

durchflutet; d.h. auf solch einem Kreisweg ist ein magnetischer Antrieb der
Größe $\Theta = I \cdot x^2/r^2$ wirksam. Die Feldstärke $H_{(x)}$ auf der entsprechenden
Kreislinie ist demnach

$$(66b) \qquad H_{(x)} = I \cdot \frac{x^2}{r^2} \cdot \frac{1}{2\pi \cdot x} = \frac{I}{2\pi \cdot r^2} \cdot x \quad \text{für } 0 \leqslant x \leqslant r.$$

Innerhalb des Leiters nimmt folglich die magnetische Feldstärke H, ausgehend
vom Wert Null in der Leitermitte, linear mit x zu; siehe Bild 3.11. An der
Stelle x = r wird, wie es sein muß, nach Gl. (66b) derselbe Wert errechnet
wie nach Gl. (66a):

$$H_{(r)} = \frac{I}{2\pi \cdot r^2} \cdot r = \frac{I}{2\pi \cdot r}.$$

Die formale Umkehrung der Gl. (65) gibt an, wie die auf eine beliebige Wegstrecke s entfallende magnetische Potentialdifferenz Θ_s zu berechnen ist:

$$\vec{H} = \frac{d\Theta}{\vec{ds}} \quad \Rightarrow \quad d\Theta = \vec{H} \cdot \vec{ds}$$

daraus:

$$(67) \qquad \Theta_S = \int_s d\Theta = \int_s \vec{H} \cdot \vec{ds}.$$

Es scheint hier - wenn man die Herkunft des Namens "Durchflutung" bedenkt -
zweckmäßig, den auf eine nicht geschlossene Wegstrecke entfallenden magnetischen Teil-Antrieb immer mit dem Namen "magnetische Potentialdifferenz
Θ_{Index}" zu bezeichnen und den Namen "Durchflutung Θ " nur dort zu verwenden,
wo der magnetische Gesamt-Antrieb gemeint ist, der längs eines in sich geschlossenen Weges wirksam ist.

Bei der Multiplikation $\vec{H} \cdot \vec{ds}$ sind die Regeln für das skalare Produkt anzu-
wenden: $d\Theta = |\vec{H}| \cdot |\vec{ds}| \cdot \cos \alpha = H \cdot ds \cdot \cos \alpha$, wenn α der Winkel ist, den
$\vec{H}$ und $\vec{ds}$ miteinander einschließen. Das bedeutet - wie im analogen Fall
$dU = \vec{E} \cdot \vec{ds}$ des elektrischen Feldes, vergl. Bild 2.17 - daß bei einer Integration $\Theta_S = \int_s \vec{H} \cdot \vec{ds}$ längs eines beliebig verlaufenden Weges s jeweils nur
diejenige Komponente von $\vec{H}$ zählt, die in die Richtung dieses Weges fällt. Geht
man also stets senkrecht zu $\vec{H}$ vorwärts, d.h. senkrecht zu den Feldlinien, so
bringt man keine magnetische Potentialdifferenz hinter sich, man bleibt "äqui-
potential". Man kann daher in das Feldlinienbild eines magnetischen Feldes -
wie beim elektrischen Feld - Äquipotentialflächen einzeichnen, die sich mit
den Feldlinien stets senkrecht schneiden.

Im "homogenen" magnetischen Feld vereinfacht sich die Gl. (67) zu

$$(67a) \qquad \Theta_S = H \cdot s,$$

wobei der Weg s entlang den Feldlinien zu wählen ist.

Bild 3.12:
„Homogenes" magnetisches Feld in einer
stromdurchflossenen Ringspule
$\Theta = I \cdot N = 1600$ A; mittlere Gesamt-Feld-
linienlänge $s = 20$ cm.
Mittlere Feldlinienlängen:
s_1 zwischen Schnitt a und Schnitt b: $s_1 = 5$ cm;
s_2 zwischen Schnitt b und Schnitt c: $s_2 = 6$ cm;
s_3 zwischen Schnitt c und Schnitt a: $s_3 = 9$ cm.

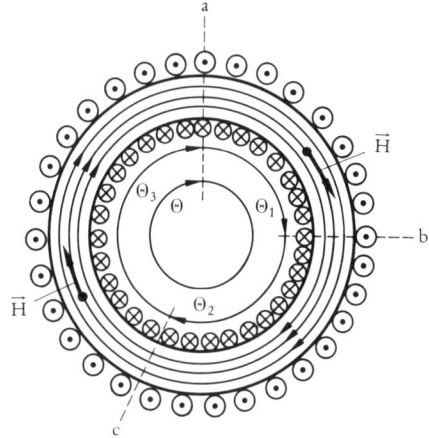

Hierzu ein Beispiel:
In Bild 3.12 ist das magnetische Feld einer stromdurchflossenen Ringspule
dargestellt. Die Durchflutung $\Theta = N \cdot I$ sei zu 1600 A gegeben, die mittlere
Feldlinienlänge s betrage 20 cm. Nach Gl. (65a) ist dann die magnetische
Feldstärke im Spuleninnern

$$H = \frac{\Theta}{s} = \frac{1600 \text{ A}}{20 \text{ cm}} = 80 \frac{\text{A}}{\text{cm}} .$$

Die magnetische Potentialdifferenz Θ_1, die auf die Wegstrecke $s_1 = 5$ cm
entfällt, ist nach Gl. (67a)

$$\Theta_1 = H \cdot s_1 = 80 \frac{\text{A}}{\text{cm}} \cdot 5 \text{ cm} = 400 \text{ A}.$$

Für die beiden magnetischen Potentialdifferenzen Θ_2 und Θ_3, die längs der
Wegstrecken $s_2 = 6$ cm und $s_3 = 9$ cm anfallen, erhält man auf dieselbe
Weise

$$\Theta_2 = H \cdot s_2 = 80 \frac{\text{A}}{\text{cm}} \cdot 6 \text{ cm} = 480 \text{ A}$$

$$\Theta_3 = H \cdot s_3 = 80 \frac{\text{A}}{\text{cm}} \cdot 9 \text{ cm} = 720 \text{ A}.$$

So, wie im elektrischen Feld die gesamte, längs eines Weges auftretende
elektrische Potentialdifferenz U gleich der Summe der einzelnen elektrischen
Potentialdifferenzen U_1, U_2 etc. ist, die auf den Teilen dieses Weges anfallen, so ist auch die gesamte, auf einer geschlossenen Umlaufbahn wirksame
magnetische Potentialdifferenz, die Durchflutung Θ, stets gleich der Summe
der n einzelnen magnetischen Potentialdifferenzen Θ_1, Θ_2 etc., die auf den
Teilen dieses Weges anfallen:

$$\Theta = \sum_{\nu = 1}^{n} \Theta_\nu .$$

Bild 3.13:
Zur Definition der magnetischen
Flußdichte $\vec{B}$

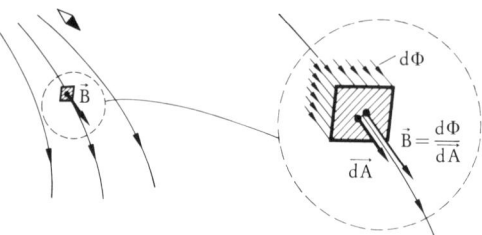

Hier im Beispiel: $\Theta = 1600\,A = \Theta_1 + \Theta_2 + \Theta_3 = 400\,A + 480\,A + 720\,A$.

Die magnetische Flußdichte

Die magnetische Flußdichte $\vec{B}$ *) ist die o r t s b e z o g e n e Wirkungsgröße;
sie wird aus der G e s a m t - Wirkungsgröße abgeleitet und ihre allgemeingültige Definition lautet:

(68) $\vec{B} = \dfrac{d\phi}{d\vec{A}}$.

Hierin hat der Vektor des Flächenelementes $d\vec{A}$ die Richtung des stärksten
magnetischen Potentialgefälles, das ist die Richtung der Tangente an die
Feldlinie in dem betreffenden Punkt (Bild 3.13).

$d\phi$ ist die Stärke des magnetischen Teilflusses, der das Flächenelement durchsetzt, also ein differentieller Anteil der Gesamt-Wirkungsgröße ϕ. Die magnetische Flußdichte $\vec{B}$ hat die Richtung von $d\vec{A}$. Der Verlauf der Feldlinien mitsamt ihrem eingetragenen Richtungssinn gibt daher in jedem Punkt des Feldraumes sowohl die Richtung der magnetischen Feldstärke $\vec{H}$ als auch der

---

*) Bedauerlicherweise nennen immer noch viele, ohne sich etwas dabei zu denken,
   die magnetische Flußdichte "Induktion". Selbst wenn man außer acht läßt, daß
   es ganz einfach sprachlich falsch ist, ein Wort, das einen V o r g a n g bezeichnet - nämlich den der elektromagnetischen Induktion (siehe später Abschnitt 3.4) -
   auf eine ortsbezogene Feldgröße anzuwenden, gibt es keinen vernünftigen Grund
   für diesen Sprachgebrauch. Im Gegenteil: Die Wesensgleichheit der "dielektrischen Flußdichte" und der "magnetischen Flußdichte" verlangt eigentlich kategorisch, daß man sie durch die Verwendung des gemeinsamen Oberbegriffes
   "Flußdichte" auch deutlich zum Ausdruck bringt. Wie sollte wohl ein Studien-
   anfänger diese Wesensgleichheit erkennen, wenn er womöglich von der einen
   Größe als "Verschiebungsdichte" und von der anderen als "Induktion" reden
   hört? Die Klarheit in der Lehre muß bei der Begriffsbildung beginnen, also im
   Sprachlichen, und nicht erst bei der mathematischen Formulierung.

   Dem Autor ist wohlbekannt, daß der Mißbrauch des Wortes "Induktion" histori-
   sche Wurzeln hat; er ist jedoch außerstande, darin, daß man längst Überständi-
   ges unaufhörlich weiter mit sich fortschleppt, etwa eine tiefe "Ehrfurcht vor
   der historischen Entwicklung" zu sehen.

magnetischen Flußdichte $\vec{B}$ an. Repräsentiert jede Feldlinie, wie es üblich ist, einen gleich großen Teil des gesamten magnetischen Flusses, so ist die Feldliniendichte an einer bestimmten Stelle des Feldraumes ein unmittelbares Maß für den Betrag der magnetischen Flußdichte und - weil die ortsbezogene Wirkungsgröße $\vec{B}$ bei gleichbleibendem Material stets in festem Zusammenhand zur ortsbezogenen Ursachengröße $\vec{H}$ steht - auch für den Betrag der magnetischen Feldstärke*).

Im homogenen magnetischen Feld läßt sich die Gl. (68) vereinfachen zu

(68a) $\qquad B = \dfrac{\phi}{A}.$

Die Einheit der magnetischen Flußdichte ist

$$[B] = \frac{[\phi]}{[A]} = 1\,\frac{Vs}{m^2} = 1\text{ Tesla} = 1\text{ T**}).$$

Die praktisch auftretenden Werte von B liegen vorwiegend in der Größenordnung zwischen 10^{-4} T (magnetische Flußdichte des Erdfeldes) und ca. 1,6 T (magnetische Flußdichte in elektrischen Maschinen). Die in Abschnitt 3.22 als Beispiel berechnete Ringspule führt einen Magnetfluß der Stärke ϕ = $2,35 \cdot 10^{-6}$ Vs bei einer Querschnittsfläche A = 4 cm²; hier ist der Wert der Flußdichte

$$B = \frac{\phi}{A} = \frac{2,35 \cdot 10^{-6}\,Vs}{4\,cm^2} = 0,59 \cdot 10^{-6}\,\frac{Vs}{cm^2} = 0,59 \cdot 10^{-2}\,\frac{Vs}{m^2} =$$

$$= 0,59 \cdot 10^{-2}\,T.$$

Schreibt man die Einheitengleichung für B unter Verwendung der Beziehung 1 V = 1 Nm/As um, so ergibt sich

$$[B] = 1\,\frac{Vs}{m^2} = 1\,\frac{Nm \cdot s}{As \cdot m^2} = 1\,\frac{N}{Am}\,,$$

d.h. die magnetische Flußdichte nennt eine "Kraft pro Ampere mal Meter". Da sich ein stromführender Leiter mit einem Magnetfeld umgibt, und da die Beobachtung weiterhin erbracht hat, daß magnetische Felder eine gegenseitige Kraftwirkung erleiden, ist es naheliegend, die von B genannte Kraft als diejenige zu interpretieren, die ein Magnetfeld von der Flußdichte B auf einen in ihm liegenden stromdurchflossenen Leiter ausübt.

---

*) Letzteres gilt jedoch nicht mehr, wenn sich das magnetische Feld über mehrere Schichten verschiedener magnetischer Leitfähigkeit erstreckt; hierzu später Bild 3.30 in Abschnitt 3.33 "Eisenkreis mit Luftspalt".

**) NIKOLA TESLA (1856-1943), kroatischer Physiker und Ingenieur. Eine inzwischen veraltete Einheit, die man aber noch in vielen Tabellen und Diagrammen findet, ist
1 Gauss = 1 G = 10^{-4} T; 1 T = 10 000 G.

Man vergegenwärtigt sich die zugehörige physikalische Situation am besten anhand des Bildes 3.14. Dieses Bild stellt unter a ein homogenes magnetisches Feld von der Flußdichte B dar, in dem ein gerader elektrischer Leiter senkrecht zur Richtung von $\vec{B}$ liegt. Fließt durch den Leiter ein elektrischer Strom I, so umgibt er sich mit einem magnetischen Feld (Bild 3.14b), das sich dem ursprünglich vorhandenen Magnetfeld überlagert - und zwar linear, wenn der spezifische magnetische Leitwert des Feldraumes konstant ist; das ist hier bei einem Magnetfeld in Luft der Fall. Versucht man, das aus der Überlagerung der beiden Felder entstehende resultierende Magnetfeld zu zeichnen (bei gleicher Richtung unterstützen sich die beiden Felder, bei entgegengesetzter schwächen sie sich gegenseitig), so ergibt sich der prinzipiellen Charakteristik nach etwa das Bild 3.14c. Dieses läßt erkennen, daß die ursprünglich vorhandene Gleichmäßigkeit des Feldes stark gestört ist.

Die Beobachtung lehrt in diesem Zusammenhang: Jedem Feld wohnt ein Bestreben inne, das man bildlich ausgedrückt als ein "Streben nach möglichst weitgehender Vergleichmäßigung" bezeichnen könnte. Diesem Bestreben zufolge wird das Magnetfeld nach Bild 3.14c versuchen, die ehemalige Gleichmäßigkeit seines Feldbildes wieder herzustellen, was offensichtlich nur dadurch gelingt, daß es mit einer Kraft $\vec{F}$ auf den stromdurchflossenen Leiter wirkt und ihn auf diese Weise in die Richtung des geschwächten Feldbereiches verschiebt. Man spricht hier auch recht anschaulich von der "Gummifädenwirkung" der Feldlinien; denkt man sich nämlich die Feldlinien des Bildes 3.14c als Gummifäden, so üben diese auf den Leiter eine mechanische Kraft $\vec{F}$ genau in der eingezeichneten Richtung aus.

Erwägt man, welche Faktoren die Größe der Kraft $\vec{F}$ beeinflussen, so kommt man zu dem Schluß, daß es drei sind:

F wird umso größer sein, je größer die magnetische Flußdichte B des ursprünglichen Feldes an der betreffenden Stelle ist;

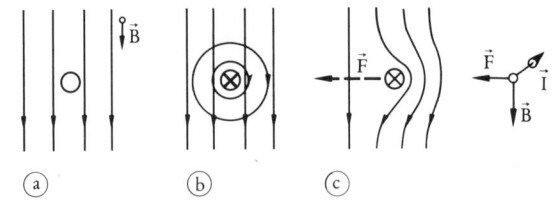

Bild 3.14:
Zur Kraftwirkung eines Magnetfeldes auf einen stromdurchflossenen Leiter
a, Homogenes Magnetfeld von der Flußdichte $\vec{B}$; senkrecht zum Feld liegt ein elektrischer Leiter;
b, ursprüngliches Magnetfeld, dazu das Magnetfeld, mit dem sich der stromdurchflossene Leiter umgibt;
c, resultierendes magnetisches Feld; das Feld strebt nach Vergleichmässigung und übt deshalb auf den stromführenden Leiter eine Kraft $\vec{F}$ aus, die ihn in den Bereich des geschwächten Feldes zu drängen trachtet.

F wird umso größer sein, je größer die Stromstärke I im Leiter ist, weil
ja das von I erzeugte Eigenfeld des Leiters proportional I ist;
F wird umso größer sein, je größer die "wirksame Länge l" des Leiters
ist, d.h. diejenige Länge, mit der er sich im Bereich des ursprünglich
vorhandenen Magnetfeldes befindet.

Zusammengefaßt: $F = B \cdot I \cdot l$; das deckt sich auch dimensionsmäßig mit der
Aussage der Einheitengleichung für B. Die hier angeschriebene Gleichung
gilt in dieser einfachen Form allerdings nur für den in Bild 3.14 dargestellten Fall, bei dem der stromführende Leiter senkrecht zur Feldlinienrichtung
liegt.

Die von einem stromdurchflossenen Leiter verursachte Störung des ursprünglichen magnetischen Feldes, die dieses Feld durch die Aufwendung einer Kraft
wieder auszugleichen versucht, ist abhängig von der Richtung des Stromes I
in Bezug auf die Richtung der magnetischen Flußdichte. Wie man sich anhand
des Bildes 3.14 überlegen kann, ist die aus der Feldstörung resultierende
"Gummifädenwirkung" am größten, wenn der stromdurchflossene Leiter senkrecht zu $\vec{B}$ steht, und sie ist Null, wenn er parallel zu $\vec{B}$ verläuft. Man berücksichtigt diese Richtungsabhängigkeit, indem man die auf den stromdurchflossenen Leiter wirkende Kraft als Vektorprodukt formuliert:

(69) $\qquad \vec{F} = l \cdot \vec{I} \times \vec{B}.$

Hierin ist l die "wirksame Länge" des Leiters im Magnetfeld und $\vec{I}$ ist die als
Vektor aufgefaßte elektrische Stromstärke im Leiter. $\vec{F}$ ist nach den Regeln
der Vektorrechnung ein Vektor, der senkrecht auf $\vec{I}$ und $\vec{B}$ steht; sein Richtungssinn geht aus der Rechtsschraubenregel für das Vektorprodukt hervor, siehe
Bild 3.14c. Die Reihenfolge von $\vec{I}$ und $\vec{B}$ in Gl. (69) ist selbstverständlich das
Ergebnis eines experimentellen Befundes. Es scheint im übrigen praktischer,
den Richtungssinn von $\vec{F}$ im Einzelfall auf Grund eines rasch entworfenen Feld-
linienbildes - wie in Bild 3.14 - zu ermitteln, anstatt sich die Reihenfolge
der Faktoren auswendig zu merken.

Der Betrag der Kraft ist

$\qquad F = l \cdot I \cdot B \cdot \sin \beta,$

wenn β der Winkel ist, den $\vec{I}$ und $\vec{B}$ miteinander einschließen. Für den technisch wichtigsten Fall, bei dem der stromdurchflossene Leiter senkrecht
zur Richtung des Magnetfeldes liegt, vereinfacht sich die Gl. (69) zu

(69a) $\qquad F = l \cdot I \cdot B.$

Die Kraftwirkung eines magnetischen Feldes auf einen stromführenden Leiter
spielt die tragende Rolle bei den elektrischen Meßgeräten und den elektrischen
Maschinen. Sie ermöglicht es einerseits, die Stromstärke I direkt mit einer
Kraftwaage zu bestimmen, und andererseits, Energie aus der elektrischen
Form in die mechanische umzuwandeln. Ein Beispiel möge die in letzterem

Fall auftretenden Größenordnungen zeigen: Im Luftspalt einer elektrischen Maschine herrsche eine magnetische Flußdichte B = 0,8 Vs/m²; in ihm seien Leiter von der wirksamen Länge l = 40 cm angeordnet, die jeweils einen Strom von der Stärke I = 30 A führen. Dann wirkt auf jeden dieser Leiter eine Kraft

$$F = l \cdot I \cdot B = 0,4 \text{ m} \cdot 30 \text{ A} \cdot 0,8 \frac{Vs}{m^2} = 9,6 \frac{VAs}{m} = 9,6 \text{ N}.$$

Von den sonstigen Anwendungen der Kraftwirkung des magnetischen Feldes auf den elektrischen Strom (oder genauer: auf ein anderes Magnetfeld) sei hier nur noch die "Ablenkung eines Elektronenstrahls im Magnetfeld" erwähnt. Ein Elektron, das z. B. als Mitglied eines Elektronenstrahls im Vakuum einer Fernsehbildröhre mit der Geschwindigkeit $\vec{v}$ dahinfliegt, erfüllt bereits den Tatbestand eines "elektrischen Stromes"; es ist räumlich bewegte Ladung, also "Leitungsstrom", oder wenn man gleich auf das Wesentliche eingeht: es umgibt sich mit einem Magnetfeld (vergl. hierzu Abschnitt 3.1, Bild 3.7). Führt die Flugbahn dieses Elektrons durch ein magnetisches Feld, so tritt eine Kraft auf, die in diesem Fall, wo kein Leiter vorhanden ist, unmittelbar auf den Ladungsträger selbst wirkt und ihn somit während des Fluges aus seiner ursprünglichen Bahn ablenkt. In Bild 3.15 ist ein Elektron gezeigt, das mit der konstanten Geschwindigkeit $\vec{v}$ in ein homogenes, senkrecht zu $\vec{v}$ liegendes Magnetfeld einfliegt. Die Richtung der Kraft ermittelt man hier sehr einfach auf Grund einer Feldüberlagerung entsprechend der Darstellung in Bild 3.14c (Q_e hier: negative Ladung!). Das Elektron wird, solange es sich im homogenen Magnetfeld befindet und keiner weiteren Kraftwirkung ausgesetzt ist, auf einer kreisbogenförmigen Bahn geführt. Die "magnetischen Ablenksysteme" in Fernsehgeräten etwa machen von diesem Effekt Gebrauch. Gegenüber dem "elektrostatischen Ablenksystem" (siehe hierzu Übungsbeispiel 5) hat das magnetische System den Vorteil, daß man es außerhalb des Glaskolbens anbringen kann.

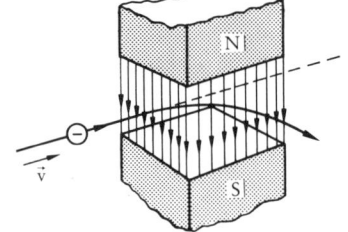

Bild 3.15:
Ein Elektron, das mit der Geschwindigkeit $\vec{v}$ geradlinig in ein homogenes Magnetfeld eintritt, wird im Bereich dieses Feldes kreisbogenförmig aus seiner ursprünglichen Bahn abgelenkt.

Dem aufmerksamen Leser mag vielleicht aufgefallen sein, daß die immer wieder zitierte Analogie zwischen dem elektrischen und dem magnetischen Feld hier scheinbar eine Bruchstelle aufweist:

Im elektrischen Feld ist die elektrische Feldstärke E die maßgebende Größe für die Kraftwirkung auf eine im Feld befindliche und sich mit einem eigenen elektrischen Feld umgebende Ladung.

Im magnetischen Feld ist die m a g n e t i s c h e F l u ß d i c h t e B (und nicht die magnetische Feldstärke H) die maßgebende Größe für die Kraftwirkung auf einen im Feld befindlichen und sich mit einem eigenen magnetischen Feld umgebenden elektrischen Strom.

Dazu muß bemerkt werden: In den beiden Fällen nimmt man mit der Kraft nicht auf die jeweils wesensmäßig gleiche Größe Bezug. Im elektrischen Feld bezieht man die Kraft auf die elektrische Ladung bzw. auf den von dieser Ladung ausgehenden dielektrischen Fluß, also auf eine elektrische Größe. Im magnetischen Feld dagegen bezieht man die Kraft auf die elektrische Stromstärke, also nicht auf eine magnetische Größe. Würde man nämlich die Kraft im magnetischen Feld ebenfalls auf den magnetischen Fluß beziehen, der den stromdurchflossenen Leiter umgibt, so wäre auch hier in voller Analogie die Feldstärke als maßgebende Größe zu nennen.

$$E = \frac{F}{\psi} \; ; \; [E] = 1 \, \frac{V}{m} = 1 \, \frac{Nm}{As \cdot m} = 1 \, \frac{N}{As} = \frac{[F]}{[\psi]} \, .$$

Die elektrische Feldstärke E nennt eine auf die dielektrische Flußstärke ψ bezogene Kraft; dabei ist ψ die Stärke des dielektrischen Flusses, der von der betreffenden Ladung ausgeht, auf die diese Kraft wirkt.

$$H = \frac{F}{\phi} \; ; \; [H] = 1 \, \frac{A}{m} = 1 \, \frac{Nm}{Vs \cdot m} = 1 \, \frac{N}{Vs} = \frac{[F]}{[\phi]} \qquad \text{wegen: } 1 \, A = 1 \, \frac{Nm}{Vs}$$

Die magnetische Feldstärke H nennt eine auf die magnetische Flußstärke ϕ bezogene Kraft; dabei ist ϕ die Stärke des Magnetflusses, mit dem sich der betreffende stromführende Leiter umgibt, auf den diese Kraft wirkt.

In den beiden hier angeschriebenen Interpretationen ist jedesmal zum Ausdruck gebracht, daß es die Felder selbst sind, die jeweils unmittelbar in eine Wechselwirkung miteinander treten: ein elektrisches Feld wirkt auf ein anderes elektrisches Feld und ein magnetisches Feld wirkt auf ein anderes magnetisches Feld. Der Nachweis dafür, daß zum Beispiel ein magnetisches Feld nicht direkt auf den Verursacher eines anderen magnetischen Feldes wirkt, sondern vielmehr auf dessen magnetisches Feld, ist leicht zu führen: ein Ladungsträger, der in einem Magnetfeld ruht, erfährt keine Kraftwirkung; bewegt er sich aber, so verursacht er ein Magnetfeld, das mit dem bereits vorhandenen in eine Wechselwirkung tritt, und der Ladungsträger erfährt nunmehr eine Kraftwirkung.

Diese Überlegungen haben nur den Zweck, die prinzipiell vorhandene Analogie zwischen der elektrischen und der magnetischen Feldstärke als kennzeichnende Größen des jeweiligen "Kraftfeldes" zu zeigen. In der Praxis bezieht man sich aus verständlichen Gründen immer gleich auf jene Größen, an denen die betreffenden Feldkräfte unmittelbar angreifen können, also auf die fest an einen Ladungsträger geknüpfte Ladung Q bzw. im Fall des magnetischen Feldes auf den - übrigens auch leicht meßbaren - elektrischen Strom I, der ja gemeinhin ebenfalls fest an einen elektrischen Leiter geknüpft ist.

Die Umkehrung der Gl. (68) ergibt die allgemeingültige Gleichung zur Berechnung des magnetischen Flusses ϕ, der eine Fläche A durchsetzt:

$$\vec{B} = \frac{d\phi}{d\vec{A}} \quad \Rightarrow \quad d\phi = \vec{B} \cdot d\vec{A}$$

daraus:

(70) $\phi = \int d\phi = \int\limits_{A} \vec{B} \cdot d\vec{A}$.

Hierin ist $d\vec{A}$ ein beliebig gelegenes Flächenelement der Integrationsfläche; $\vec{B} \cdot d\vec{A}$ wird als Skalarprodukt gebildet. Wie man sich leicht überlegen kann, ist der Wert des Integrals unabhängig davon, wie die Integrationsfläche im Einzelnen verläuft, sofern sie nur immer den gesamten Flußquerschnitt erfaßt. Im konkreten Einzelfall wird man daher zweckmäßigerweise die Integrationsfläche so legen, daß die Integration möglichst einfach wird.

Im homogenen magnetischen Feld vereinfacht sich die Gl. (70) zu

(70a) $\phi = B \cdot A$,

wobei die Fläche A senkrecht zur Richtung des magnetischen Feldes zu wählen ist.

Der Zusammenhang zwischen den integralen und den ortsbezogenen magnetischen Feldgrößen hat seinen Niederschlag in zwei Beziehungen gefunden, die hier wegen ihrer fundamentalen Bedeutung noch einmal angeschrieben werden sollen:

$$\Theta = \oint \vec{H} \cdot d\vec{s}$$

Durchflutung = Umlaufintegral über die magnetische Feldstärke

$$\phi = \int\limits_{A} \vec{B} \cdot d\vec{A}$$

Magnetische Flußstärke = Flächenintegral über die magnetische Flußdichte

Zusammenhang zwischen magnetischer Feldstärke und magnetischer Flußdichte

Der Zusammenhang der ortsbezogenen magnetischen Feldgrößen untereinander wird durch die Eigenschaften des infinitesimalen Raumelementes hergestellt, in dem diese beiden Größen auftreten. Dieses Raumelement hat die Länge $d\vec{s}$ in Richtung einer Feldlinie am betreffenden Ort und den Querschnitt $d\vec{A}$ senkrecht dazu; siehe Bild 3.16. Längs $d\vec{s}$ ist die magnetische Potentialdifferenz $d\Theta$ wirksam und ruft in dem Raumelement einen magnetischen Fluß von der Stärke $d\phi$ hervor. Bei hinreichend klein gewähltem Raumelement ist das magnetische Feld in ihm als homogen zu betrachten; daher kann hier die für homogene Magnetfelder gültige Bemessungsgleichung (61) für den magnetischen Leitwert G_m angewendet werden. Es gilt:

$$\phi = \Theta \cdot G_m \quad [\text{Gl. (59)}] \quad \Rightarrow \quad d\phi = d\Theta \cdot G_m$$

$$G_m = \frac{A \cdot \mu}{s} \quad [\text{Gl. (61)}] \quad \Rightarrow \quad G_m = \frac{d\vec{A} \cdot \mu}{d\vec{s}} \quad .$$

Bild 3.16:
Im Raumelement von der Läng $\vec{ds}$ in Feldrichtung
und dem Querschnitt $\vec{dA}$ senkrecht dazu ist die Flußantriebsgröße $d\Theta$ wirksam und ruft dort den magnetischen Fluß $d\Phi$ hervor.

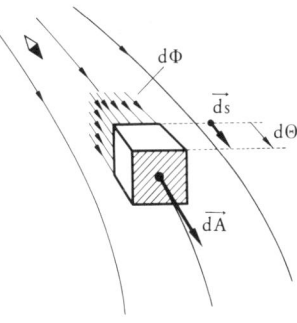

Daraus wird:

$$d\phi = d\Theta \cdot \frac{\vec{dA} \cdot \mu}{\vec{ds}} \Rightarrow \frac{d\phi}{\vec{dA}} = \frac{d\Theta}{\vec{ds}} \cdot \mu$$

das ist:

(71) $$\vec{B} = \vec{H} \cdot \mu = \vec{H} \cdot \mu_0 \cdot \mu_r$$

Magnetische Flußdichte = magnetische Feldstärke x spezifischer
magnetischer Leitwert

Diese Beziehung ist von grundlegender Bedeutung. Sie enthält neben einer
Größenaussage auch eine Richtungsaussage: die an irgendeiner Stelle des
Raumes existierende magnetische Flußdichte hat dieselbe Richtung wie die
sie hervorrufende magnetische Feldstärke *).

Aus der an einer bestimmten Stelle gemessenen magnetischen Flußdichte des
Erdfeldes $B = 0,8 \cdot 10^{-4}$ Vs/m^2 kann man also schließen, daß dort eine magnetische Feldstärke herrscht von der Größe

$$H = \frac{B}{\mu} = \frac{0,8 \cdot 10^{-4} \text{ Vs}}{\text{m}^2 \cdot 12,56 \cdot 10^{-7} \text{ Vs}} \frac{\text{Am}}{} = 64 \frac{\text{A}}{\text{m}} \cdot$$

Anwendung der ortsbezogenen Feldgrößen zur Berechnung inhomogener Felder

Mit Hilfe der Gleichungen (67), (70) und (71) kann man nunmehr Berechnungen
für inhomogene magnetische Felder anstellen. Wir wollen als Beispiel den
magnetischen Leitwert G_m bestimmen, den das Dielektrikum eines Koaxialkabels mit den Radien r und R, der Länge l und dem spezifischen magnetischen Leitwert μ bietet; siehe Bild 3.17a. Wegen der Inhomogenität des Magnetfeldes im Koaxialkabel verbietet sich hier die Anwendung der Bemessungsgleichung (61) für G_m; man muß daher auf die Definitionsgleichung für G_m
zurückgreifen und die integralen Feldgrößen in ihr berechnen:

$$G_m = \frac{\phi}{\Theta} = \frac{A}{\oint \vec{H} \cdot \vec{ds}} \cdot$$

---

*) Eine Ausnahme bilden magnetisch "anisotrope" Medien; hier wird die Richtungs-
abweichung zwischen $\vec{B}$ und $\vec{H}$ im entsprechenden μ_r zum Ausdruck gebracht.

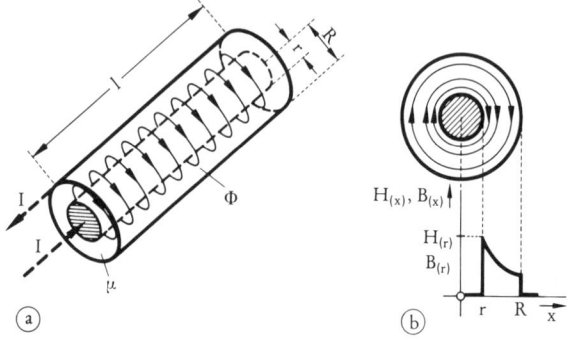

Bild 3.17:
a, Koaxialkabel, das den Strom I führt; in seinem Dielektrikum bildet sich ein magnetischer Fluß Φ aus.
b, Feldlinienbild des Magnetfeldes im Dielektrikum, darunter Verlauf von magnetischer Feldstärke und magnetischer Flußdichte in x-Richtung.

Die Durchflutung Θ bzw. das Umlaufintegral $\oint \vec{H} \cdot \vec{ds}$ ist für jeden geschlossenen Weg um den Innenleiter - sofern er innerhalb des Außenleiters liegt - gleich der umfaßten Stromsumme: I. Wie an früherem Ort schon festgestellt - vergl. Gl. (66a) - nimmt die magnetische Feldstärke H um einen stromführenden Leiter umgekehrt proportional dem Abstand x von der Leiterachse ab:

$$\Theta = \oint \vec{H} \cdot \vec{ds} = I = H_{(x)} \cdot 2\pi \cdot x \quad \Rightarrow \quad H_{(x)} = \frac{I}{2\pi \cdot x} .$$

Der Verlauf von $H_{(x)}$ zwischen r und R ist in Bild 3.17b dargestellt.

Der magnetische Fluß liegt ringförmig um den Innenleiter; seine Stärke ϕ ergibt sich aus dem Flächenintegral über die magnetische Flußdichte, wobei die Integrationsfläche radial gerichtet ist, die Länge l hat und in x-Richtung von r bis R reicht. Für konstantes x ist die Flußdichte B jeweils ebenfalls konstant (also auf jeder achsenparallelen Linie der Integrationsfläche). Wegen $\vec{B} = \mu \cdot \vec{H}$ hat die magnetische Flußdichte dieselbe x-Abhängigkeit wie die magnetische Feldstärke (Bild 3.17b):

$$B_{(x)} = \mu \cdot H_{(x)} = \mu \cdot \frac{I}{2\pi \cdot x}.$$

Damit kann man das Flächenintegral über die Flußdichte ansetzen:

$$\phi = \int_A \vec{B} \cdot \vec{dA} = 1 \cdot \int_r^R B_{(x)} \cdot dx = 1 \cdot \mu \cdot \frac{I}{2\pi} \cdot \int_r^R \frac{1}{x} \cdot dx = 1 \cdot \mu \cdot \frac{I}{2\pi} \cdot \ln\left(\frac{R}{r}\right).$$

Und der magnetische Leitwert G_m des Koaxialkabels wird:

$$(72) \qquad G_m = \frac{\phi}{\Theta} = 1 \cdot \mu \cdot \frac{I}{2\pi} \cdot \ln\left(\frac{R}{r}\right) \cdot \frac{1}{I} = \mu \cdot \frac{1 \cdot \ln(R/r)}{2\pi} .$$

Ein Koaxialkabel mit r = 0,75 mm, R = 2,5 mm, der Länge l = 1 m und einem Dielektrikum, dessen μ_r = 1 ist, weist also einen magnetischen Leitwert auf von der Größe

$$G_m = \mu_0 \cdot \frac{l \cdot \ln(R/r)}{2\pi} = 4\pi \cdot 10^{-7} \frac{Vs}{Am} \cdot \frac{1\,m \cdot \ln(2,5mm/0,75mm)}{2\pi} =$$

$$= 2,42 \cdot 10^{-7} \frac{Vs}{A}.$$

Wir werden auf die Gl. (72) an späterer Stelle noch einmal zurückkommen, weil hier mit dem magnetischen Leitwert des Koaxialkabels auch gleichzeitig seine "Induktivität" ermittelt wurde.

Es ist ganz aufschlußreich, die Gl. (72) mit der Gl. (16) von Abschnitt 2.23 zu vergleichen:

$$(16):\ G_d = \epsilon \cdot \frac{2\pi \cdot l}{\ln(R/r)} \qquad\qquad (72):\ G_m = \mu \cdot \frac{l \cdot \ln(R/r)}{2\pi}$$

Beidemale wurde der Leitwert des Feldraumes im Isolierstoff eines Koaxialkabels von gleichen geometrischen Daten berechnet, im ersten Fall der dielektrische Leitwert, im zweiten der magnetische. Entsprechend der Tatsache, daß der dielektrische Fluß diesen Feldraum radial durchsetzt, der magnetische jedoch ringförmig, sind in den beiden Fällen Längenausdehnung und Querschnitt des Feldraumes vertauscht; das kommt darin zum Ausdruck, daß 2π und $\ln(R/r)$ im Ergebnis wechselweise Zähler und Nenner besetzen.

In der Übungsaufgabe 13 wurde der Nachweis geführt, daß die Gl. (16) für den dielektrischen Leitwert (bzw. die Kapazität) eines Koaxialkabels (bzw. eines Zylinderkondensators) bei immer kleiner werdendem Unterschied zwischen r und R in die Bemessungsgleichung für den dielektrischen Leitwert (Kapazität) des ebenen Plattenkondensators übergeht.

In gleicher Weise läßt sich hier nachweisen, daß die Gl. (72) für den magnetischen Leitwert des Koaxialkabels in die Bemessungsgleichung für den magnetischen Leitwert eines homogenen Feldraumes übergeht, wenn (R - r) immer kleiner wird:

$$\ln(1 + x) \approx x \text{ für } x \ll 1;\ \ln(\frac{R}{r}) = \ln(\frac{r + R - r}{r}) = \ln(1 + \frac{R - r}{r});$$

$$\ln(1 + \frac{R - r}{r}) \approx \frac{R - r}{r} \text{ für } \frac{R - r}{r} \ll 1;$$

$$G_m = \mu \cdot \frac{l \cdot \ln(R/r)}{2\pi} \Rightarrow \mu \cdot \frac{l \cdot (R - r)}{2\pi \cdot r} = \mu \cdot \frac{A}{s}.$$

Übungsaufgaben $\mu_0 = 12,56 \cdot 10^{-9} \dfrac{Vs}{A\,cm}$

38. Im Luftspalt zwischen den Polen eines Elektromagneten (siehe Bild 3.18) existiere ein als homogen betrachtetes Magnetfeld von der magnetischen Flußstärke ϕ = 0,105 Vs. a = 30 cm, b = 25 cm, s = 4 cm. Welche magnetische Potentialdifferenz Θ_L (Index L: Luft) liegt über der Luftstrecke s?

39. Bei einem Stromstoß in einem geraden Leiter von kreisrundem Querschnitt soll direkt am Leiterumfang in der umgebenden Luft eine magnetische Flußdichte $B = 0,125$ Vs/m^2 erreicht werden. Welchen Radius r muß der Leiter haben und welche Stromstärke I muß der Stromstoß aufweisen, wenn die Stromdichte dabei $S = 25$ A/mm^2 sein soll?

40. Zwei gerade, im Abstand d voneinander parallel liegende Leiter von der Länge l führen die Ströme I_1 und I_2 (hierzu Bild 3.19).

a, Man leite die Gleichung für die auf jeden der beiden Leiter wirkende Kraft F in allgemeiner Form $F = f (I_1, I_2, l, d)$ ab, indem man den einen stromführenden Leiter als im Magnetfeld des anderen liegend betrachtet und die Gl. (69a) entsprechend anwendet. Man zeige auch, daß es gleichgültig ist, welchem Leiter man dabei welche Rolle zuweist.
Aufgrund einer Feldlinienbildüberlagerung ermittle man die Richtung der Kraft auf den einzelnen Leiter.

b, Zwei Leiter (Hin- und Rückleiter) liegen im Abstand $d = 20$ cm voneinander auf eine Länge $l = 1$ m parallel (in Luft). Bei einem Kurzschluß tritt - für Bruchteile von Sekunden, bis der sog. Leistungsschalter anspricht - eine Stromstärke $I = 100\ 000$A in den Leitern auf. Man berechne die Kraft die auf die Leiter wirkt.

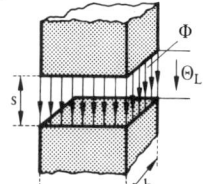

Bild 3.18:

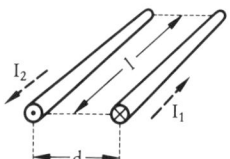

Bild 3.19:

3.3 *Das magnetische Feld in ferromagnetischen Materialien*

Die technische Ausnützung der zwischen zwei magnetischen Feldern bestehenden Kraftwirkung in Elektromotoren und Generatoren - es wird später noch zu zeigen sein, daß auch die Erzeugung elektrischer Spannung durch "Induktion" auf dieser Kraftwirkung beruht - verlangt im allgemeinen sehr starke magnetische Felder. Sollen diese unter halbwegs erträglichem Aufwand hergestellt werden, so muß man zumindest für den größtmöglichen Teil des betreffenden Feldraumes ein Material benützen, dessen spezifischer magnetischer Leitwert μ beträchtlich über μ_0 liegt, d.h. man muß dazu einen guten magnetischen Leiter verwenden. Solche guten magnetischen Leiter stehen uns in Form der "Ferromagnetika" zur Verfügung. Sie weisen Permeabilitätszahlen μ_r bis über 10 000 auf, haben jedoch den prinzipiellen Nachteil, daß dieses μ_r keine Materialkonstante ist, sondern von der magnetischen Belastung abhängt. Zur rechnerischen Behandlung von magnetischen Feldern in ferromagneti-

Bild 3.20:
Grundsätzlicher Verlauf der Magnetisierungskennlinie B = f(H) von ferromagnetischen Materialien. Die
zum Vergleich eingetragene „Magnetisierungskennlinie" B = konst. · H für Nicht-Ferromagnetika muß
man sich – gleichen Flußdichtemaßstab für beide
Kennlinien vorausgesetzt – noch sehr viel flacher ver-
laufend vorstellen.

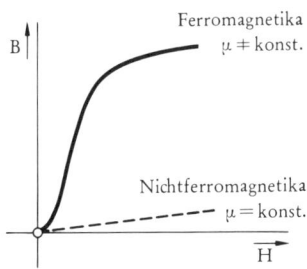

schen Materialien bedient man sich daher eines speziell auf diese Abhängigkeit abgestimmten Verfahrens und arbeitet mit der "Magnetisierungskennlinie" des betreffenden Materials.

3.31 Die „Magnetisierungskennlinie" eines Ferromagnetikums

In der "Magnetisierungskennlinie" eines ferromagnetischen Materials ist unmittelbar die Abhängigkeit der magnetischen Flußdichte B von der magnetischen Feldstärke H aufgetragen; sie wird experimentell an einer Probe der
betreffenden Eisensorte aufgenommen. Bild 3.20 zeigt den grundsätzlichen
Verlauf von B = f(H) für ferromagnetische Materialien, in dem man deutlich drei Bereiche unterscheiden kann: einen kleinen Anfangsbereich mit
mäßiger Steigung, einen mittleren Bereich mit starker und angenähert konstanter Steigung und schließlich oberhalb des sog. "Knies" einen sehr flach
verlaufenden Teil, "Sättigungsbereich" genannt.

Trägt man das Verhältnis $B/H = \mu$ für eine solche Kurve in Abhängigkeit von
der magnetischen Feldstärke H auf, so ergibt sich qualitativ etwa ein Verlauf,
wie er in Bild 3.21 zu sehen ist: ausgehend von einer bestimmten "Anfangs-
permeabilität" wird μ zunächst größer, erreicht einen Maximalwert und sinkt
dann rasch wieder ab.

Die tiefere Ursache für den Ferromagnetismus ist darin zu erblicken, daß
die betreffenden Materialien atomare Magnete ausbilden. Man spricht hier
vom "unabgesättigten Elektronenspin": Richten in einem Atom mehrere um
ihre eigene Achse rotierende (eng.: spinning) Elektronen ihre Rotationsach-
sen parallel zueinander aus, so addieren sich die einzelnen Magnetfelder
zu einem resultierenden Magnetfeld und es entsteht ein atomarer Magnet.
(Beim nicht-ferromagnetischen Material nehmen die diversen Rotationsach-

Bild 3.21:
Magnetisierungskurve eines Ferromagnetikums, dazu
der Verlauf der Permeabilität μ bzw. des spezifischen
magnetischen Leitwertes μ in Abhängigkeit von der
magnetischen Feldstärke H.

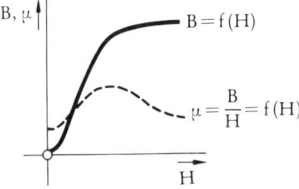

Bild 3.22:
Auf einem Elektron mit der Ladung $-Q_e$ mündet ein
dielektrischer Fluß von der Flußstärke $\psi = Q_e$, d.h.
das Elektron ist von einem elektrischen Feld umgeben.
Bei Rotation des Elektrons um seine eigene Achse
(„spin") rotiert auch das von ihm ausgehende elektrische Feld mit. An jeder Stelle des Raumes – mit
Ausnahme der Raumpunkte längs der Rotationsachse –
gibt es daher eine örtliche Veränderung des elektrischen Feldes, charakterisiert durch die dielektrische
Flußdichte $\vec{D}$, die sich an der betreffenden Stelle mit
der Geschwindigkeit $\vec{v}$ vorbeibewegt (im Bild nur für
einen Äquator des Elektrons gezeichnet). Aus der An-
wendung der Gl. (54): $\vec{H} = \vec{v} \times \vec{D}$ ergibt sich, daß das

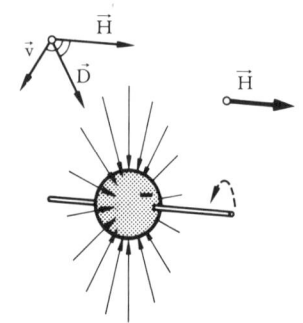

rotierende Elektron an allen Stellen eine magnetische Feldstärke $\vec{H}$ hervorruft, die in der Richtung
der Rotationsachse liegt. (Man vergleiche hierzu auch den in Bild 3.7 auf Seite 115 dargestellten
Sachverhalt.)

sen beliebige Richtungen im Raum ein, daher heben sich die einzelnen magnetischen Felder resultierend gegenseitig auf.) Daß ein um seine eigene Achse
rotierendes Elektron - also keine bewegte Ladung im Sinne des Leitungsstromes -
ein magnetisches Feld verursacht, geht aus dem ersten MAXWELLschen Satz
hervor (siehe Seite 114). Im Fall des rotierenden Elektrons ändert sich ein
elektrisches Feld örtlich, infolgedessen entsteht ein magnetisches Feld; siehe dazu Bild 3.22.

Aus Gründen der Energie, die mit Hilfe der Quantenmechanik zu erklären sind,
richten sich die atomaren Magnete - entgegen der Tendenz der Temperatur-
bewegung - innerhalb von sog. "Bezirken" weitgehend parallel aneinander aus.
Die dadurch entstehenden "Bezirksmagnete" ihrerseits lassen sich als Ganzes
durch ein äußerlich angelegtes magnetisches Feld verhältnismäßig leicht in
dessen Richtung bringen.

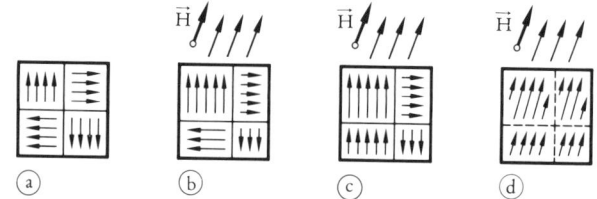

Bild 3.23:
a, Schematische Veranschaulichung der Richtungsverteilung der Bezirksmagnete in einem Ferromagnetikum ohne Einwirkung eines äußeren Feldes: die Bezirke liegen in den vom Kristallbau vorgegebenen Vorzugsrichtungen.
Bei Einwirkung eines äußeren magnetischen Feldes mit der Richtung von $\vec{H}$, dessen Intensität allmählich gesteigert wird:
b, „Wandverschiebung"; Bezirke, die mit $\vec{H}$ einen spitzen Winkel einschließen, vergrößern sich auf
Kosten angrenzender Bezirke;
c, „Umklapprozesse"; Bezirke, die mit $\vec{H}$ einen stumpfen Winke einschließen, klappen in die Vorzugsrichtung um, die mit $\vec{H}$ einen spitzen Winkel einschließt;
d, „Drehprozesse"; aus der Vorzugsrichtung, die mit $\vec{H}$ einen spitzen Winkel einschließt, drehen die
Bezirksmagnete in die Richtung von $\vec{H}$ ein; nach dem Eindrehen ist der „Sättigungszustand"
erreicht.

Ohne Einwirkung eines äußeren Magnetfeldes liegen in einem Ferromagnetikum die Richtungen der einzelnen Bezirksmagnete gleichmäßig verteilt auf die sechs "Vorzugsrichtungen" im Raum, die durch das Kristallgitter vorgegeben sind. Siehe hierzu Bild 3.23a, in dem dieser Zustand schematisch für die vier in einer Ebene liegenden Vorzugsrichtungen dargestellt ist; die beiden übrigen Vorzugsrichtungen stehen senkrecht zur Zeichenebene.

Beim Anlegen eines äußeren Magnetfeldes, dessen Intensität allmählich gesteigert wird, vergrößern sich zunächst einmal jene Bezirke, die mit der aufgeprägten magnetischen Feldstärke $\vec{H}$ einen spitzen Winkel einschließen, auf Kosten der anderen Bezirke durch sog. "Wandverschiebung", d.h. angrenzende Teilbereiche klappen in die Richtung dieser Bezirke um und verschieben damit gewissermaßen die Bezirksgrenze; siehe Bild 3.23b. Durch diesen Vorgang ist der Anfangsbereich der Magnetisierungskennlinie bestimmt.

Bei weiterem Anwachsen des äußeren Magnetfeldes klappen nunmehr ganze Bezirke aus ihrer ursprünglichen Richtung in eine solche Vorzugsrichtung um, die mit der aufgeprägten Feldstärke $\vec{H}$ einen spitzen Winkel einschließt; das ist in Bild 3.23c für einen - durch die vorangegangene Wandverschiebung bereits etwas verkleinerten - Bezirk dargestellt (sog. BARKHAUSEN-Effekt *). Diese Umklappvorgänge bestimmen den steilen Mittelbereich der Magnetisierungskurve.

Sind sämtliche Bezirke in die betreffende Vorzugsrichtung umgeklappt, so bewirkt ein weiteres Steigern des äußeren Magnetfeldes nur noch ein Eindrehen der Bezirksmagnete aus der kristallinen Vorzugsrichtung in die Richtung der aufgeprägten magnetischen Feldstärke $\vec{H}$; siehe Bild 3.23d. Diese Drehprozesse kennzeichnen den Verlauf der Magnetisierungskennlinie im Sättigungsbereich.

Sind schließlich alle Bezirksmagnete in die Richtung von $\vec{H}$ eingedreht, so hat ein weiteres Verstärken des äußeren Magnetfeldes nur noch solche Flußdichtesteigerung zur Folge, die es auch im Nicht-Ferromagnetikum hätte. Das Eisen hat damit also einen Zustand der "Sättigung" erreicht.

Wie man sieht, ist es eigentlich nicht richtig, bei ferromagnetischen Materialien von "guter magnetischer Leitfähigkeit" oder von "hoher Permeabilität" (was ja das gleiche heißt) zu sprechen. Hier findet der magnetische Fluß nicht ein besonders leitfähiges Material vor, vielmehr wird durch das äußere Feld innerhalb dieses Materials ein z u s ä t z l i c h e r   m a g n e t i s c h e r   F l u ß a n - t r i e b von enormer Größe mobilisiert: dem durch die äußere magnetische Feldstärke H verursachten $B_0 = \mu_0 \cdot H$ überlagert sich die von den Bezirksmagneten verursachte "Polarisation J" zur gesamten Flußdichte $B = B_0 + J$. Für die rechnerische Behandlung der magnetischen Felder in ferromagneti-

---

*) HEINRICH BARKHAUSEN (1881-1956), deutscher Physiker.

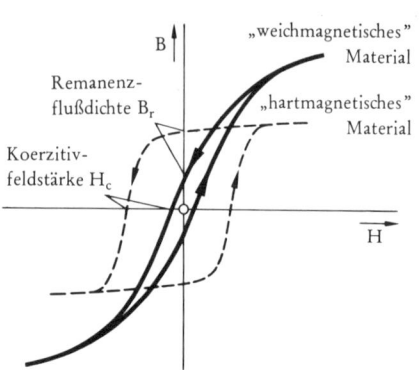

Bild 3.24:
„Hystereseschleifen" eines „weichmagnetischen" und eines „hartmagnetischen" Materials. Die sog. „Neukurve", die beim erstmaligen Aufmagnetisieren des betreffenden Material durchlaufen wird, nimmt ihren Ausgang selbstverständlich vom Koordinatennullpunkt aus und mündet im Sättigungsgebiet dann in die Hystereseschleife ein.

schen Materialien hat es sich jedoch als zweckmäßig erwiesen, mit einem entsprechend großen spezifischen magnetischen Leitwert μ zu arbeiten.

Magnetisiert man eine Probe ferromagnetischen Materials zyklisch durch, indem man die Feldstärke $\vec{H}$ des angelegten Magnetfeldes erst in der einen Richtung von Null bis auf einen Maximalwert anschwellen läßt, ihn dann wieder auf Null zurücknimmt, um hierauf den ganzen Vorgang bei entgegengesetzter Richtung von $\vec{H}$ zu wiederholen, so zeigt sich eine weitere Eigenschaft des Ferromagnetismus: die "Hysterese" (deutsch: das "Hinterherhinken"; gemeint ist das der magnetischen Flußdichte hinter der magnetischen Feldstärke.)

Läßt man nämlich nach Erreichen der Sättigung die anregende magnetische Feldstärke $\vec{H}$ wieder auf Null absinken, so geht die magnetische Flußdichte B keineswegs ebenfalls auf den Wert Null zurück, es bleibt vielmehr eine größere oder kleinere "Remanenzflußdichte"*) auch ohne äußeres anregendes Feld weiterhin bestehen; siehe Bild 3.24. Die Erklärung dafür ist: die beim Aufmagnetisieren zuletzt erfolgten Drehprozesse sind zwar voll reversibel, d.h. die Bezirksmagnete drehen sich bei Verschwinden des äußeren Feldes wieder in die kristalline Vorzugsrichtung zurück, die mit $\vec{H}$ einen spitzen Winkel einschließt, aber die Umklapprozesse sind - je nach Eisensorte - nur in stärkerem oder schwächerem Maße reversibel. Um ein mechanisches Bild zu gebrauchen: die Bezirksmagnete sind um ihre Umklappachsen nicht beliebig leicht drehbar, bei der Drehung sind "innere Reibungskräfte" zu überwinden.

Bei "hartmagnetischen" Materialien bleiben so ziemlich alle Bezirksmagnete in der Vorzugsrichtung, in die sie das äußere Feld umgeklappt hat; das Ergebnis ist eine hohe Remanenzflußdichte. Demgegenüber springen bei "weichmagnetischen" Materialien die meisten Bezirksmagnete nach Abklingen des äußeren Feldes wieder in ihre frühere Vorzugsrichtung zurück.

---

*) vom lateinischen "remanere" = zurückbleiben.

Magnetisiert man nun das Material in der entgegengesetzten Richtung wieder auf, so zeigt sich der Effekt, der mit dem Wort "Hysterese" eigentlich gemeint ist: die anliegende Feldstärke $\vec{H}$ hat in dieser neuen Richtung bereits einen ganz bestimmten Wert erreicht, nämlich die für das betreffende Material kennzeichnende "Koerzitivfeldstärke"*), da verschwindet der Remanenzfluß überhaupt erst einmal; B hinkt also deutlich hinter H her. Ansonsten spielt sich beim Aufmagnetisieren in dieser Richtung genau dasselbe ab wie vorher in der anderen.

Interpretiert man das Vorstellungsbild der "inneren Reibungskräfte", die sich in der Hystereseerscheinung manifestieren, vom Standpunkt der Energie aus, so kommt man zu dem Schluß, daß ein vollkommener Magnetisierungszyklus, H: $0 \Rightarrow + H_{max} \Rightarrow 0 \Rightarrow - H_{max} \Rightarrow 0$, bei einem Material mit Hysterese einen bestimmten Energiebetrag verbraucht, der im Innern des Materials über die Reibungsarbeit in Wärme verwandelt wird: die "Hysteresearbeit". Diese Arbeit pro Magnetisierungszyklus ist offensichtlich umso größer, je größer die Fläche der Hystereseschleife ist, denn die Koerzitivfeldstärke H_C ist ja ein unmittelbares Maß für die Größe der "inneren Reibungskräfte". Die Hysteresearbeit und die damit verbundene Erwärmung spielt in der Elektrotechnik z.B. bei Transformatoren, deren Eisenkerne vom Wechselstrom dauernd zyklisch ummagnetisiert werden, wie auch bei rotierenden Wechselstrommaschinen eine wichtige Rolle.

Es ist leicht einzusehen, daß die hartmagnetischen Stoffe mit hoher Remanenzflußdichte und großer Koerzitivfeldstärke das geeignete Material für Permanentmagnete abgeben. Für die in diesem Buch behandelten Anwendungen interessiert dagegen ausschließlich das "weichmagnetische" Ferromagnetikum. Genau genommen müßte man bei allen Berechnungen auch immer die jüngste Vorgeschichte dieses Materials kennen, d.h. man müßte wissen, ob es zuletzt in der einen oder in der anderen Richtung aufmagnetisiert war und wie weit, denn offensichtlich gehört zu jedem H-Wert ein anderer von zwei B-Werten, je nachdem, ob man sich auf dem einen oder anderen Ast der Hystereseschleife befindet; vergl. Bild 3.24. Bei den weichmagnetischen Materialien der Elektrotechnik liegen diese beiden B-Werte in der Regel jedoch so nahe beisammen, daß man für die Berechnung der magnetischen Verhältnisse die Äste der Hystereseschleife zu einer Magnetisierungskurve zusammenfallen lassen kann.

In Bild 3.25 sind zwei typische Magnetisierungskurven für technisch verwendete Materialien maßstäblich dargestellt: Grauguß und Dynamoblech. Bei erste-

---

*) Die Koerzitivfeldstärke wird gelegentlich unkorrekterweise als "Koerzitivkraft" bezeichnet. Die Koerzitivfeldstärke hat wohl mit der oben erwähnten "inneren Reibungskraft" zu tun, da sie diese ja überwinden muß, ist aber deshalb nicht selbst auch schon eine "Kraft" schlechthin, sondern genau wie die magnetische Feldstärke ganz allgemein eine "bezogene Kraft"; siehe dazu Kleindruck auf Seite 134.

rem wird die Sättigung schon in der Gegend von 1 Vs/m^2 erreicht, bei letzterem erst in der Gegend von 1,7 Vs/m^2. Für Dynamoblech ist der Kurvenanfang in einem anderen Feldstärkemaßstab "herausvergrößert". Diese Kurven sollen für nachfolgende Beispiele und Übungsaufgaben verwendet werden.

Berechnet man für die beiden Materialien das maximal auftretende μ_r, so erhält man bei Grauguß $\mu_{r\ max} \approx 400$ (für B = 0,3 Vs/m^2) und bei Dynamo-

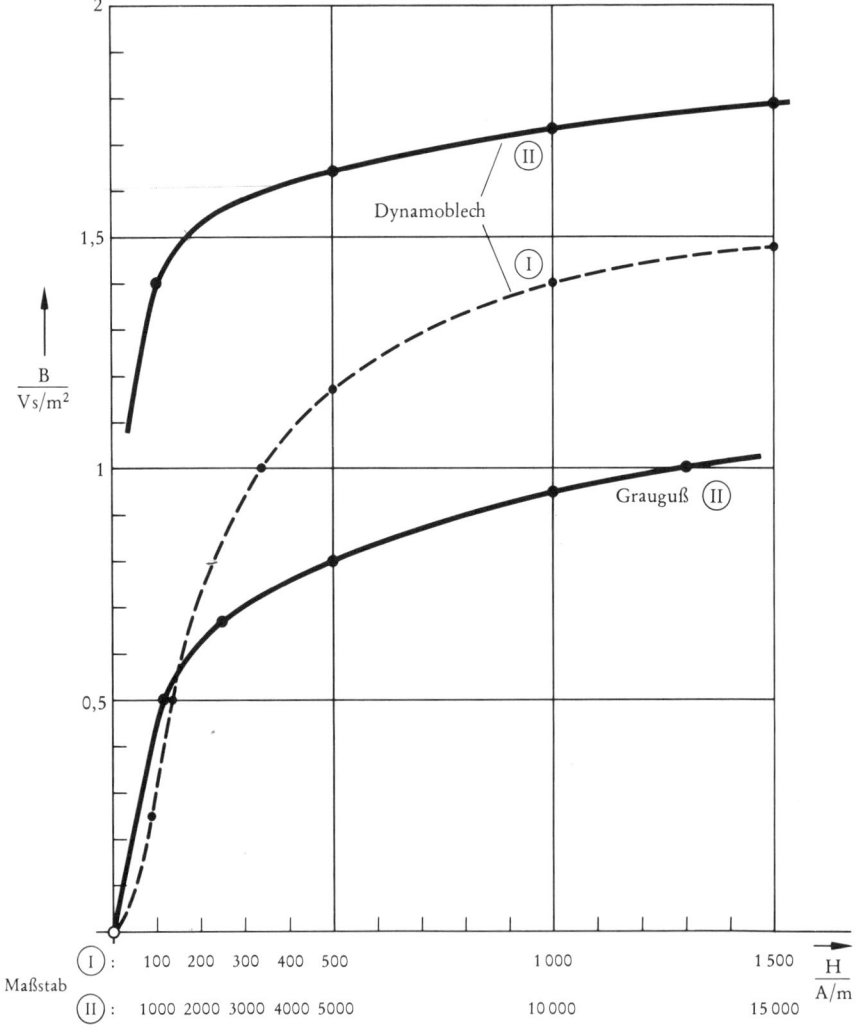

Bild 3.25: Magnetisierungskennlinien für zwei ferromagnetische Materialien: Grauguß und Dynamoblech. Der Anfangsbereich der Kurve von Dynamoblech ist in vergrößertem H-Maßstab ① gestrichelt dargestellt. Für die beiden durchgezogenen Kurven gilt der Maßstab ⑪

blech $\mu_{r\,max} \approx 3000$ (für B = 0,6 Vs/m^2). Es tritt jeweils dort auf, wo eine Gerade aus dem Ursprung des Koordinatensystems die betreffende Kurve von links als Tangente - d.h. als Tangente von größtmöglicher Steilheit - berührt.

3.32 Geschlossener Eisenkreis als magnetischer Feldraum

Der geschlossene Eisenkreis als magnetischer Feldraum kommt in der Elektrotechnik zum Beispiel bei Transformatoren vor oder auch bei sog. "Induktivitäten" (hierzu später Abschn. 3.4). Er besteht in der Regel aus ein und demselben Material und hat an allen Stellen denselben Querschnitt, sodaß man das Magnetfeld in ihm als homogen ansehen kann. Häufig hat er tatsächlich die kreisförmige Figur eines Eisenringes mit rundem oder quadratischem Querschnitt, vielfach ist er aber auch rechteckig aufgebaut, sodaß die Aussage, er besitze überall den gleichen Querschnitt, nicht mit letzter Strenge zutrifft (vergl. dazu Bild 3.26); man faßt aber auch in diesen Fällen der Einfachheit halber das Magnetfeld als homogen auf.

Bei der Bestimmung der magnetischen Verhältnisse in einem Eisenkreis ist es nicht empfehlenswert mit dem magnetischen Leitwert G_m zu r e c h n e n, da er keine konstante Größe mehr ist - was natürlich nicht heißt, daß hier der magnetische Leitwert als B e g r i f f überflüssig wäre. Aber um ihn zahlenmäßig zu bestimmen, muß man ja das für den speziellen magnetischen Belastungsfall gültige μ kennen, d.h. man muß die Berechnung mit den ortsbezogenen magnetischen Feldgrößen beginnen. Und dann kann man auch gleich anders weiterfahren und sich die unmittelbare Auswertung der Beziehung $\phi = \Theta \cdot G_m$ sparen.

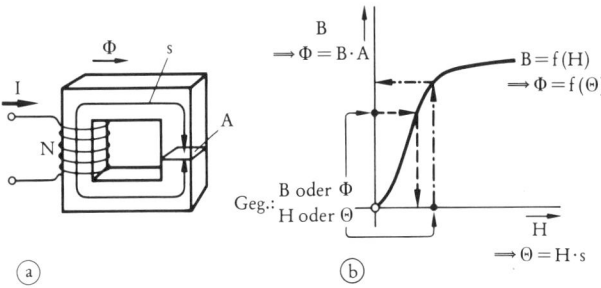

Bild 3.26:
a, Geschlossener Eisekreis mit dem überall gleichen Querschnitt A und der „mittleren Eisenweglänge s" oder der „mittleren Feldlinienlänge s". Er ist mit einer Spule aus N Windungen bewickelt.
b, Magnetisierungskennlinie B = f(H) für das verwendete Magnetkreismaterial.
   Die Flußdichte-Feldstärke-Kennlinie kann durch eine Achsenmaßstabumrechnung B ⇒ Φ = B · A und H ⇒ Θ = H · s in eine Magnetfluß-Durchflutungs-Kennlinie Φ = f(Θ) umgerechnet werden; diese gilt jedoch nur für einen ganz bestimmten Eisenkreis von gegebenen Daten A und s.
   Die Pfeile charakterisieren die Benützung der Kurve bei gegebenem H oder Θ bzw. bei gegebenem B oder Φ.

Für die hier betrachteten Eisenkreise gilt wegen der vorausgesetzten Homogenität stets:

$$\Theta = H \cdot s = I \cdot N \quad \text{und} \quad \phi = B \cdot A \quad \text{(siehe dazu Bild 3.26a)}$$

Ist der Spulenstrom I gegeben und damit die Durchflutung Θ, so berechnet man den im Magnetkreis erzeugten Fluß ϕ auf diese Weise:

$$H = \frac{\Theta}{s} = \frac{I \cdot N}{s} ;$$

für diesen Wert der magnetischen Feldstärke H entnimmt man der Magnetisierungskennlinie des betreffenden Materials den zugehörigen Wert der magnetischen Flußdichte B (siehe Bild 3.26b):

$$\phi = B \cdot A.$$

Vielfach ist jedoch die Aufgabenstellung umgekehrt: Es wird eine bestimmte Magnetflußstärke gefordert und es soll berechnet werden, welche Durchflutung bzw. welcher Spulenstrom dazu erforderlich ist. Man geht hier gerade umgekehrt vor wie oben (siehe dazu Bild 3.26b):

$$B = \frac{\phi}{A} ; \quad B \Rightarrow \text{Kennlinie} \Rightarrow H; \quad \Theta = H \cdot s; \quad I = \frac{\Theta}{N}.$$

Dieses Verfahren sei an einem Beispiel demonstriert: Ein Eisenkreis entsprechend Bild 3.26a mit den geometrischen Daten $A = 5 \text{ cm}^2$ und $s = 40 \text{ cm}$ besteht aus Dynamoblech (Kennlinie Bild 3.25); er trägt eine Spule von $N = 2000$ Windungen. Zu berechnen ist die Spulenstromstärke I, die nötig ist, um einen Magnetfluß $\phi = 7 \cdot 10^{-4}$ Vs zu erzeugen.

$$B = \frac{\phi}{A} = \frac{7 \cdot 10^{-4} \text{ Vs}}{5 \cdot 10^{-4} \text{ m}^2} = 1,4 \frac{\text{Vs}}{\text{m}^2} \Rightarrow \text{Kennlinie.}$$

Aus der Kennlinie entnimmt man den für diese magnetische Flußdichte nötigen Wert der magnetischen Feldstärke zu

$$H = 1000 \frac{A}{m}; \quad \Theta = H \cdot s = 1000 \frac{A}{m} \cdot 0,4 \text{ m} = 400 \text{ A};$$

$$I = \frac{\Theta}{N} = \frac{400 \text{ A}}{2000} = 0,2 \text{ A}.$$

Man kann allerdings auch die gegebene Magnetisierungskennlinie des betreffenden Eisenkreismaterials $B = f(H)$ in eine speziell für die vorliegenden geometrischen Daten geltende Magnetfluß-Durchflutungskennlinie $\phi = f(\Theta)$ umwandeln, indem man die Koordinatenmaßstäbe entsprechend umrechnet. Man hat dann etwas der I-U-Kennlinie des nichtlinearen elektrischen Verbrauchers Vergleichbares (siehe Bild 3.26b): Jeder Punkt auf dieser Kennlinie stellt ein mögliches Wertepaar von ϕ und Θ dar und der Quotient dieser beiden Größen, ϕ/Θ, ist der jeweilige magnetische Leitwert G_m. Für die Umrechnung reicht wegen der linearen Achsenteilung je ein Koordinatenwert aus. Soll etwa die Magnetisierungskennlinie von Dynamoblech für den soeben behandelten Eisenkreis umgerechnet werden, so geht die B-Achse in eine ϕ-Achse über und an die Stelle von B = 1 Vs/m^2 kommt ϕ = B · A = 1 Vs/m^2 · 5 · 10^{-4} m^2 = 5 · 10^{-4} Vs; die H-Achse geht über in eine Θ -Achse und an die Stelle H = 1000 A/m kommt Θ = H · s = 1000 A/m · 0, 4 m = 400 A. (Man kann sogar noch einen Schritt weiter gehen und anstelle der Θ -Achse gleich eine I-Achse nehmen; Θ = 400 A geht dann hier über in I = Θ/N = 400 A/2000 = 0,2 A.) Diese spezielle Kennlinie ϕ = f(Θ) gilt freilich immer nur für eine einzige Kombination von A und s; sie ist also im Gegensatz zur Kennlinie B = f(H) nicht universell verwendbar.

Enthält der geschlossene Eisenkreis mehrere Teilstücke (mit den Indices 1, 2, etc.), die aus verschiedenen Materialien bestehen und verschiedene - aber jeweils im betreffenden Teilstück konstante - Querschnitte haben, so bildet die Tatsache, daß der magnetische Fluß an allen Querschnittsstellen dieselbe Stärke ϕ besitzt, den Ausgangspunkt der Berechnung:

$$\phi_1 = \phi_2 = \ldots = \phi;$$

$$B_1 = \frac{\phi}{A_1} \Rightarrow \text{Kennlinie 1} \Rightarrow H_1; \quad \Theta_1 = H_1 \cdot s_1.$$

$$B_2 = \frac{\phi}{A_2} \Rightarrow \text{Kennlinie 2} \Rightarrow H_2; \quad \Theta_2 = H_2 \cdot s_2. \text{ etc.}$$

$$\Theta = \oint \vec{H} \cdot \vec{ds} = H_1 \cdot s_1 + H_2 \cdot s_2 + \ldots = \Theta_1 + \Theta_2 + \ldots \text{ *).}$$

Hier ist auf direktem Wege nur die Aufgabenstellung lösbar, die einen Magnetfluß bestimmter Stärke ϕ fordert und nach der notwendigen Durchflutung fragt (das ist auch meist die technische Ausgangsbasis). Die umgekehrte Problemstellung ist durch ein gezieltes Probierverfahren lösbar, bei dem man von einem vermuteten Flußdichtewert ausgeht, auf die dazu nötige Durchflutung zurückrechnet und diesen Schritt dann mit entsprechender Korrektur wiederholt; sie ist aber auch dadurch lösbar, daß man sich für den gesamten Kreis eine resultierende Kennlinie ϕ = f(Θ) herstellt.

Übungsaufgaben $\qquad\qquad \mu_0 = 12,56 \cdot 10^{-9} \dfrac{Vs}{A\ cm}$

41. Ein geschlossener Eisenring aus Dynamoblech (Kennl. Bild 3.25) vom überall gleichen Querschnitt A = 5 cm^2 und der mittleren Eisenweglänge s = 30 cm ist mit einer Spule von 2040 Windungen bewickelt.

a, Welcher magnetische Fluß ϕ existiert in diesem Ring, wenn die Spule den Strom I = 0,25 A führt?

---

*) Bei dieser Art der Berechnung werden die Inhomogenitäten des magnetischen Feldes an den Stellen der Querschnittsveränderung nicht berücksichtigt; sie eignet sich also nur für solche Fälle, in denen diese inhomogenen Bereiche eine im Ganzen gesehen vernachlässigbare Rolle spielen.

b, Die magnetische Flußstärke soll gegenüber vorher um den Faktor $k_\phi = 1,1$
gesteigert werden: $\phi * = 1,1 \cdot \phi$; um welchen Faktor k_I ist dazu die Stromstärke I heraufzusetzen: $I * = k_I \cdot I$?

c, Bei welchen relativen Permeabilitäten μ_{ra} und μ_{rb} arbeitet man in den
Fällen a und b?

42. Ein geschlossenes Eisengestell aus zwei Dynamoblechteilen und zwei
Graugußteilen von überall gleichem Querschnitt A, Bild 3.27, hat folgende
Daten (Indices: D $\triangleq$ Dynamobl., G $\triangleq$ Graug., Kennl. Bild 3.25):
    A = 125 cm^2; mittl. Feldlinienlängen s_D = 25 cm, s_G = 40 cm.
Welcher Strom I muß in der Wicklung mit N = 800 Windungen fließen, damit
ein Magnetfluß von der Stärke ϕ = 0,01 Vs entsteht?

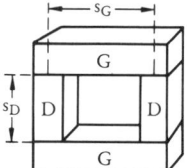

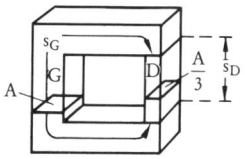

Bild 3.27:   Bild 3.28:

43. Ein Eisengestell besteht aus einem U-förmigen Graugußteil vom Querschnitt A und einem Steg aus Dynamoblech vom Querschnitt A/3; siehe Bild
3.28 (Magnetisierungskennl. Bild 3.25).
    A = 60 cm^2; mittl. Feldlinienlängen s_G = 40 cm, s_D = 12 cm.
(Indices: G $\triangleq$ Graug., D $\triangleq$ Dynamobl.) Das Gestell trägt eine Spule mit 625
Windungen. Welcher Spulenstrom I ist nötig zur Erzeugung eines magneti-
schen Flusses $\phi = 3,3 \cdot 10^{-3}$ Vs? (Die Inhomogenität des Magnetfeldes an den
Stellen der Querschnittsveränderung lasse man bei der Berechnung außer
acht.)

3.33 Eisenkreis mit Luftspalt

Der Eisenkreis mit Luftspalt als magnetischer Feldraum tritt in der Elektrotechnik in vielfältiger Erscheinungsform auf; der prominenteste Vertreter
darunter ist wohl die elektrische Maschine. Prinzipiell hat eine rotierende
elektrische Maschine den in Bild 3.29a gezeigten Aufbau. Sie besteht aus
einem eisernen Hohlzylinder, dem "Ständer", und einem darin drehbar gelagerten eisernen Vollzylinder, dem "Läufer". Der Magnetfluß, der durch
geeignet angebrachte Spulen erzeugt wird - im Bild 3.29a sind sie im Ständer
auf sog. "Polschuhe" gewickelt - , durchsetzt Ständer und Läufer und durch-
quert dabei zweimal einen Luftspalt. Dieser ist nötig, um den beweglichen
Teil der elektrischen Maschine vom feststehenden zu trennen; er wird, da
die Luftstrecke als hoher magnetischer Widerstand in Reihe zum magnetischen Widerstand des restlichen Eisenkreises sehr unerwünscht ist, so klein

Bild 3.29:
a, Prinzipieller Aufbau einer rotierenden elektrischen Maschine aus „Ständer" (Stator)
und „Läufer" (Rotor). Der im Bild von
Ständerspulen erzeugte magnetische Fluß
durchsetzt zweimal den Luftspalt zwischen Ständer und Läufer.
b, Vereinfachtes „magnetisches Ersatzschaltbild" für die links dargestellte elektrische
Maschine.

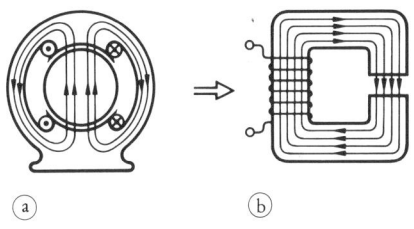

gehalten als es die konstruktiven Gegebenheiten zulassen. Die technische Aufgabenstellung lautet hier generell: die magnetische Flußdichte im Luftspalt
soll einen möglichst großen Wert haben (z. B. weil beim Elektromotor an dieser Stelle die stromdurchflossenen Leiter liegen, deren Zusammenwirken
mit dem Magnetfeld das Drehmoment erzeugt) und die Durchflutung ist dementsprechend zu bemessen.

Ein vereinfachtes "magnetisches Ersatzschaltbild" für den dargestellten Aufbau der elektrischen Maschine zeigt Bild 3.29b. Die beiden in der Maschine
parallelliegenden Magnetflußpfade im Eisen sind hier zusammengefaßt zu
einem einzigen Eisenpfad, und die zwei für den Magnetfluß in Reihe liegenden Luftstrecken der Maschine sind im Ersatzbild ebenfalls zusammenge-
legt. Die nachfolgenden Beispiele und Übungsaufgaben werden wir an solch
einem vereinfachten Eisenkreis mit Luftspalt orientieren.

Bei der Berechnung der notwendigen Durchflutung für einen magnetischen
Eisenkreis mit Luftspalt nach Bild 3.29b betrachten wir das Magnetfeld ver-
einfachend als homogen. Das setzt einmal voraus, daß der Querschnitt A des
Eisenweges über seine ganze Länge s_E konstant ist, zum anderen aber auch,
daß sich der Fluß über den Luftspalt hinweg unter Wahrung genau dieses Quer-
schnittes A fortsetzt. Die hiermit geforderte Homogenität des Magnetfeldes
im Luftspalt ist sicher in umso stärkerem Maße gewahrt, je kürzer die Länge
s_L der Luftstrecke im Verhältnis zum Durchmesser oder zur Seitenlänge
ihrer Querschnittsfläche ist.

Ist im Luftspalt eine ganz bestimmte magnetische Flußdichte B_L gefordert,
so gilt unter den hier getroffenen Voraussetzungen (Indices: L $\stackrel{\wedge}{=}$ Luftspalt,
E $\stackrel{\wedge}{=}$ Eisenweg):

$$B_L = B_E = B \qquad \text{wegen: } \phi_L = \phi_E = \phi$$

$$\text{und: } A_L = A_E = A$$

$$\Rightarrow B_L = \frac{\phi_L}{A_L} = \frac{\phi_E}{A_E} = B_E = \frac{\phi}{A} = B.$$

Der Ansatz für die notwendige Durchflutung ist:

$$\Theta = \oint \vec{H} \cdot d\vec{s} = H_L \cdot s_L + H_E \cdot s_E = \Theta_L + \Theta_E$$

$$H_L = \frac{B_L}{\mu_0 \cdot \mu_{rL}} = \frac{B}{\mu_0}$$

$H_E: B_E = B \Rightarrow$ Kennlinie $\Rightarrow H_E$.

Wegen $B_L = B_E = B$ ist hier:

$$\left.\begin{array}{l} B_E = B = \mu_0 \cdot \mu_r \cdot H_E \\ B_L = B = \mu_0 \cdot H_L \end{array}\right\} \quad H_L = \mu_r \cdot H_E.$$

Das heißt: Zur Erzeugung der gleichen magnetischen Flußdichte ist in der Luftstrecke eine μ_r-mal so große magnetische Feldstärke notwendig wie im Eisen; dabei ist μ_r die relative Permeabilität des Eisens in dem betreffenden Arbeitspunkt.

Hierzu ein Beispiel:
Im Luftspalt eines Eisenkreises mit den Daten: $s_E = 40$ cm, $s_L = 2$ mm, A = 8 cm^2, N = 400, soll eine magnetische Flußdichte $B_L = 1,25$ Vs/m^2 erzeugt werden. Zu berechnen ist die hierfür erforderliche Durchflutung Θ bzw. der erforderliche Spulenstrom I. Das im Eisenkreis verwendete Material sei Dynamoblech mit der Kennlinie nach Bild 3.25.

$$B_L = B_E = B = 1,25 \frac{Vs}{m^2}$$

$$\Theta = \oint \vec{H} \cdot \vec{ds} = H_L \cdot s_L + H_E \cdot s_E = \Theta_L + \Theta_E$$

$$H_L = \frac{B}{\mu_0} = \frac{1,25 \, Vs}{m^2 \cdot 12,5 \cdot 10^{-7} \, Vs} \cdot \frac{Am}{} = 1\,000\,000 \frac{A}{m}$$

$$H_E: B = 1,25 \frac{Vs}{m^2} \Rightarrow \text{Kennl.} \Rightarrow H_E = 630 \frac{A}{m}$$

$$\Theta = 10^6 \frac{A}{m} \cdot 2 \cdot 10^{-3} \, m + 630 \frac{A}{m} \cdot 0,4 \, m = 2000 \, A + 252 \, A = 2252 \, A$$

$$\Theta = I \cdot N \Rightarrow I = \frac{\Theta}{N} = \frac{2252 \, A}{400} \approx 5,6 \, A.$$

Im einzelnen ist:

$$\Theta_L = 2000 \, A; \; \Theta_E = 252 \, A; \; \phi = B \cdot A = 1,25 \frac{Vs}{m^2} \cdot 8 \cdot 10^{-4} \, m^2 = 10^{-5} \, Vs.$$

$$\frac{H_L}{H_E} = \frac{1\,000\,000 \, A/m}{630 \, A/m} = 1580.$$

Obwohl der Luftspaltweg s_L im Vergleich zum Eisenweg s_E recht klein ist, entfällt doch, wie man sieht, der größte Teil der Durchflutung Θ auf die magnetische Potentialdifferenz Θ_L, die zur Erzeugung des magnetischen Flusses ϕ in der Luftstrecke nötig ist.

Bild 3.30:
Darstellung des magnetischen Feldes in einem Eisenkreis mit Luftspalt
durch Feldlinienbilder.

a, Feldlinienbild des „Flußdichtefeldes" (B-Linien);
b, Feldlinienbild des „Feldstärkefeldes" (H-Linien);
Das Verhältnis der magnetischen
Feldstärke in Luft zur magnetischen Feldstärke in Eisen ist in
Wirklichkeit wesentlich größer
als es hier zum Ausdruck gebracht werden kann.

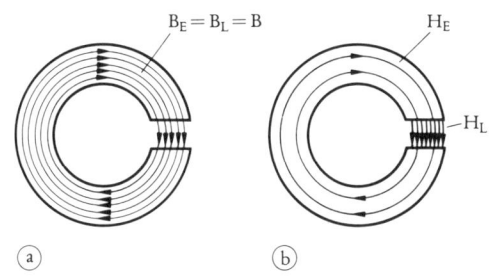

Wie im analogen Fall des Mehrschichtdielektrikums beim elektrischen Feld
(siehe Bild 2.33) muß man auch hier bei einem Feldlinienbild unterscheiden,
ob die Feldlinien Flußdichtelinien oder Feldstärkelinien darstellen sollen. Das
"Flußdichtefeld" eines Eisenkreises mit Luftspalt enthält stets in allen Querschnitten gleich viele "B-Linien", weil ja deren Gesamtheit die magnetische
Flußstärke ϕ repräsentiert, die an jeder Stelle des Flußweges denselben Wert
hat: B-Linien sind stets in sich geschlossene Feldlinien; Bild 3.30a. Die Dichte der "H-Linien" im "Feldstärkefeld" nimmt dagegen entsprechend der Größe
der magnetischen Feldstärke, für die sie ein unmittelbares Maß sein soll,
sprunghaft mit dieser zu bzw. ab; Bild 3.30b.

Die Lösung der Aufgabenstellung: "Welcher Fluß ϕ (oder welche Flußdichte B)
stellt sich bei gegebener Durchflutung Θ in einem Eisenkreis mit Luftspalt
ein?", läßt sich rechnerisch auf direktem Wege nicht lösen, da man für die
Eisenstrecke nicht angeben kann, an welcher Stelle ihrer Kennlinie der Arbeitspunkt dabei liegt. Die Aufgabe kann jedoch, wo es nötig sein sollte,
graphisch gelöst werden; siehe hierzu Bild 3.31: Man stellt nach der im vorigen Abschnitt beschriebenen Methode sowohl für die Eisenstrecke als auch
für die Luftstrecke jeweils die Kennlinie $\phi_E = f(\Theta_E)$ bzw. $\phi_L = f(\Theta_L)$ her.

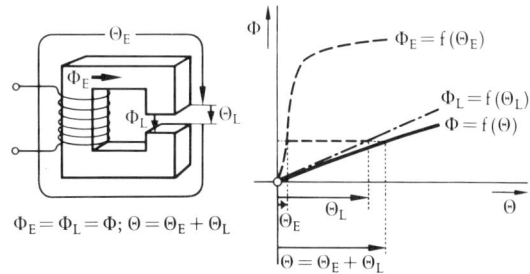

Bild 3.31:
Eisenkreis mit Luftspalt (Indices: E = Eisen, L = Luft); dazu die aus den beiden Kennlinien $\Phi_E = f(\Theta_E)$
für die Eisenstrecke allein und $\Phi_L = f(\Theta_L)$ für die Luftstrecke allein konstruierte Kennlinie $\Phi = f(\Theta)$,
die den gesamten magnetischen Kreis beschreibt.

Die Kennlinie ϕ = f(Θ) für den gesamten magnetischen Kreis, der aus den beiden in Serie liegenden Einzelstrecken besteht, gewinnt man dadurch, daß man für jede magnetische Flußstärke ϕ, die beide Strecken durchsetzt, graphisch feststellt, welche Gesamtdurchflutung $\Theta = \Theta_E + \Theta_L$ zu ihrer Erzeugung nötig ist. In Bild 3.31 ist das für eine magnetische Flußstärke ϕ gezeigt. Wie man leicht erkennen kann, verläuft die resultierende Kennlinie prinzipiell flacher als jede der Beteiligten: der resultierende magnetische Widerstand R_m = Θ / ϕ ist stets größer als der größte der in Serie geschalteten magnetischen Widerstände. Darüberhinaus wird noch ein anderer Effekt sichtbar, der für die Elektrotechnik von großer Bedeutung ist, nämlich die "Linearisierung" der Kennlinie ϕ = f(Θ) durch Einfügen eines Luftspaltes. Die resultierende Kennlinie zeigt - zu Lasten des ursprünglich hohen magnetischen Leitwertes - eine bereits nahezu lineare Abhängigkeit des Magnetflusses von der Durchflutung. Das ist der Grund dafür, daß manche Eisenkreise von Spulen einen kleinen Luftspalt aufweisen.

Übungsaufgaben μ_0 = 12,56 $\cdot 10^{-9}$ $\dfrac{Vs}{A\ cm}$

44. Die Spule auf einem Eisenkreis mit Luftspalt (Daten: s_E = 48 cm, s_L = 4 mm, A = 20 cm^2, N = 5000) führt einen Strom I = 0,5 A. Von der Durchflutung Θ entfallen 96% auf die magnetische Potentialdifferenz Θ_L an der Luftstrecke, 4% auf Θ_E.
a, Die Luftspaltlänge soll nun auf s'_L = 6 mm vergrößert werden. Welcher Strom I' ist nötig, wenn auch jetzt die Flußdichte B denselben Wert haben soll wie vorher?
b, Welchen Magnetfluß ϕ führt dieser magnetische Kreis?

45. Im Luftspalt eines Eisengestells aus Dynamoblech (Bild 3.32, Kennl. Bild 3.25) mit den Daten: s_E = 24 cm, s_L = 3 mm, A = 4 cm^2, N = 1000 und A_F = 16 cm^2 soll eine magnetische Flußdichte B = 1,6 Vs/m^2 erzeugt werden.
a, Welcher Spulenstrom I ist dazu nötig?
b, Mit welcher Stromdichte S wird der Spulendraht mindestens belastet, wenn man annimmt, daß die "Fensterfläche A_F" des verfügbaren Wickelraumes (Bild 3.32) maximal zu 80% mit stromführendem Leiterquerschnitt belegt werden kann (sog. "Kupferfüllfaktor" k_{Cu} = 0,8)?
c, Man weise in allgemeiner Form nach, daß bei gegebener Fensterfläche A_F

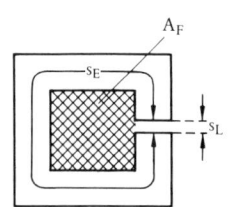

Bild 3.32:

und konstantem Kupferfüllfaktor k_{Cu} die maximal erreichbare Durchflutung nur von der höchstzulässigen Stromdichte S in der Wicklung abhängt,
nicht aber von Windungszahl N und Stromstärke I.

3.4 Die elektromagnetische Induktion

Die elektromagnetische Induktion ist ein Sonderfall jener allgemeinen Erscheinung, die in der zweiten MAXWELLschen Gleichung beschrieben wird:

Wo immer sich ein magnetisches Feld zeitlich oder örtlich ändert, entsteht ein elektrisches Feld.

Einen Sonderfall stellt sie insofern dar, als man gemeinhin nur dann von
"elektromagnetischer Induktion" spricht, wenn das elektrische Feld dabei
in einem Leiter hervorgerufen wird, während ein zeitlich oder räumlich veränderliches magnetisches Feld i m m e r ein elektrisches Feld verursacht,
also auch dann, wenn sich an der betreffenden Stelle kein Leitermaterial oder
überhaupt kein Material befindet, zum Beispiel im freien Raum.

3.41 Das Induktionsgesetz

Genau wie bei der umgekehrten Erscheinung - ein veränderliches elektrisches
Feld verursacht ein magnetisches Feld (Inhalt der ersten MAXWELLschen
Gleichung, siehe Abschnitt 3.1, Bilder 3.6 und 3.7) - sind auch hier die beiden Grenzfälle zu unterscheiden: "ein zeitlich konstantes magnetisches Feld
ändert sich örtlich" und "ein örtlich konstantes magnetisches Feld ändert
sich zeitlich".

Magnetisches Feld zeitlich konstant, örtlich veränderlich

In Bild 3.33 bewegt sich ein zeitlich konstantes magnetisches Feld von der
Flußdichte $\vec{B}$ gegenüber einem festen Raumpunkt P mit der Geschwindigkeit
$\vec{v}$. Nach der in der zweiten MAXWELLschen Gleichung ausgesprochenen Ge-
setzmäßigkeit wird in diesem Punkt P eine elektrische Feldstärke $\vec{E}$ hervorgerufen, deren Betrag offensichtlich von zwei Faktoren abhängt:

E wird umso größer sein, je größer die magnetische Flußdichte B an dieser Stelle ist;

E wird umso größer sein, je größer die Geschwindigkeit v ist, mit der sich
das Magnetfeld gegenüber dieser Stelle bewegt.

Als Richtung für $\vec{E}$ hat sich aus dem Experiment die in Bild 3.33 eingezeichne-
te ergeben; sie steht senkrecht auf einer zwischen $\vec{B}$ und $\vec{v}$ ausgespannten Ebene
und ihr Richtungssinn ist so, daß man $\vec{E}$ durch das Vektorprodukt

(73) $$\vec{E} = \vec{B} \times \vec{v}$$

ausdrücken kann. Auf eine positive Probeladung an der Stelle P in Bild 3.33
würde demnach eine Kraft ausgeübt mit der Richtung "in die Zeichenebene
hinein".

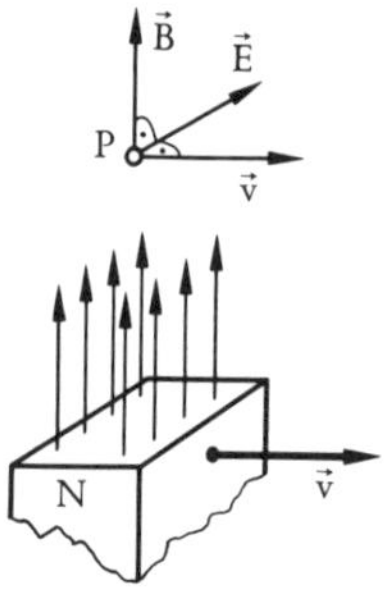

Bild 3.33:
Ein homogenes magnetisches Feld von der Flußdichte
$\vec{B}$ bewegt sich mit gleichförmiger Geschwindigkeit $\vec{v}$
an einem Raumpunkt P vorbei. In diesem Punkt P verursacht das örtlich veränderliche Magnetfeld eine elektrische Feldstärke $\vec{E} = \vec{B} \times \vec{v}$.

Vergleicht man die Gl. (73) mit dem korrespondierenden Gegenstück Gl. (54):
$\vec{H} = \vec{v} \times \vec{D}$, so fällt auf, daß vollkommene Analogie gegeben ist bis auf das Vorzeichen,
denn es ist: $\vec{E} = \vec{B} \times \vec{v} = - \vec{v} \times \vec{B}$. Dieses negative Vorzeichen ist aber, wie sich z.B.
anhand einer elektrischen Maschine nachweisen läßt, durch den Energiesatz zwin-
gend vorgeschrieben (und ist damit übrigens eines der wenigen Vorzeichen in der
Elektrotechnik, das man nicht durch Wahl eines anderen Zählpfeilsystems umändern
kann). Stünde nämlich hier $\vec{E} = \vec{v} \times \vec{B}$, so bedeutete das "positive Rückkopplung" für
ein veränderliches elektrisches Feld, und zwar auf dem Wege über das dabei verursachte magnetische Feld; das hätte Verstärkung und Energieanreicherung der Felder
ad infinitum zur Folge, was dem Energiesatz widerspricht. (Bei dieser Überlegung
ist im Auge zu behalten, daß $\vec{v}$ stets diejenige Geschwindigkeit ist, mit der sich jeweils das verursachende Feld gegenüber dem verursachten bewegt.)

Bei der technischen Anwendung der elektromagnetischen Induktion geht es da-
rum, die durch ein veränderliches magnetisches Feld erzeugte elektrische
Feldstärke in einem elektrischen Leiter als Stromantrieb maximal nutzbar zu
machen. Man wird daher zweckmäßigerweise den oder die Leiter stets senkrecht zur betreffenden magnetischen Flußdichte $\vec{B}$ und senkrecht zur Bewe-

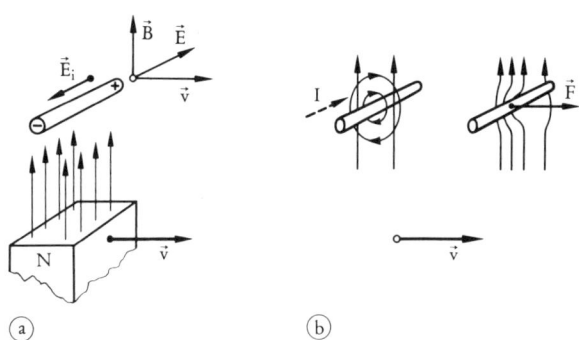

(a)   (b)

Bild 3.34:
a, Im Leiterstab, der senkrecht zu $\vec{B}$ und $\vec{v}$ liegt, werden durch die elektrischen Feldstärke $\vec{E} = \vec{B} \times \vec{v}$,
   die das örtlich veränderliche Magnetfeld verursacht, freie Ladungsträger so verschoben, daß sich
   ein positiv und ein negativ geladenes Ende ausbildet. Im Leiter entsteht aufgrund der Ladungstrennung eine „innere Feldstärke" $\vec{E}_i = -\vec{E}$; resultierend ist das Leiterinnere damit feldfrei.
b, Zur Erklärung der LENZschen Regel.

gungsrichtung des Magnetfeldes legen wie in Bild 3.34a, weil sonst gemäß der Gleichung $\vec{E} = \vec{B} \times \vec{v}$ nur eine größere oder kleinere Komponente von $\vec{E}$ in die Richtung des Leiters fällt. Bei den in Bild 3.34a dargestellten Verhältnissen kommt also die Feldstärke $\vec{E} = \vec{B} \times \vec{v}$ im Leiter mit ihrem größtmöglichen Betrag $E = B \cdot v$ voll zur Geltung und wirkt auf die dort anwesenden positiven Ladungsträger mit einer Kraft "in die Zeichenebene hinein" und auf die negativen mit einer Kraft "aus der Zeichenebene heraus". Dadurch werden ungleichnamige Ladungen getrennt: es wird ein elektrischer Stromantrieb "induziert". Die unmittelbare Folge der Ladungstrennung ist im Leiterinnern eine "innere Feldstärke $\vec{E}_i$", die der von außen angreifenden Feldstärke $\vec{E}$ entgegenwirkt; siehe Bild 3.34a. Die Ladungsträgerverschiebung, aufgrund derer sich in dem Leiter ein positiv und ein negativ geladenes Ende ausbilden - sozusagen die "Pole einer Spannungsquelle" - wird daher soweit gehen, bis zwischen diesen beiden Feldstärken Gleichgewicht herrscht: $\vec{E}_i = -\vec{E}$. Dann ist das Leiterinnere resultierend feldfrei.

Will man die im Leiter induzierte Urspannung U_0 bestimmen, so muß man das entsprechende Linienintegral über die innere Feldstärke berechnen:

$$(74) \qquad U_0 = \int_s \vec{E}_i \cdot d\vec{s} \qquad \text{mit } \vec{E}_i = -\vec{E} = -\vec{B} \times \vec{v}.$$

Dabei erstreckt sich der Integrationsweg s über die "wirksame Länge des Leiters im Magnetfeld", d.h. über diejenige Länge, mit der sich der Leiter im Magnetfeld befindet. Die Größe der induzierten Urspannung U_0 wird demnach durch die drei Faktoren bestimmt: die magnetische Flußdichte, die Bewegungsgeschwindigkeit des Feldes gegenüber dem Leiter und die wirksame Leiterlänge.

Es läßt sich an dieser Stelle bereits auch zeigen, daß der Richtungssinn von $\vec{E}$ tatsächlich so sein muß wie angegeben. Denkt man sich nämlich das Leiterstück von Bild 3.34a auf irgendeinem Wege außerhalb des Feldes zu einem Stromkreis geschlossen, so können die beweglichen Ladungsträger in dem Leiter der Antriebskraft von $\vec{E} = \vec{B} \times \vec{v}$ dauernd nachgeben und es kommt ein elektrischer Strom I zustande, der die Richtung "in die Zeichenebene hinein" hat; siehe Bild 3.34b. Dieser Strom I umgibt sich seinerseits mit einem Magnetfeld, dessen Richtungssinn aus der Rechtsschraubenregel hervorgeht (in Bild 3.34b durch zwei Feldlinien angedeutet). Es überlagern sich also nun zwei magnetische Felder, nämlich das ursprünglich vorhandene und das vom Strom I hervorgerufene, und das Resultat ist die Kraft $\vec{F}$ auf den stromführenden Leiter, die danach trachtet, ihn in diejenige Richtung zu verschieben, in der das Feld durch die Überlagerung geschwächt wird, hier also nach rechts (man vergleiche dazu Bild 3.14). Gäbe der Leiter dieser Kraft $\vec{F}$ nach, so würde er durch sie in der Bewegungsrichtung des magnetischen Feldes mitgenommen, was aber heißt: die Relativbewegung zwischen Feld und Leiter würde vermindert und dadurch auch die induzierende Wirkung. Die Kraft $\vec{F}$ tendiert ganz

offenbar danach, die Ursache für ihr Zustandekommen aus der Welt zu schaffen. Diesen Sachverhalt spricht die "LENZsche Regel" so aus*):

> Wird durch ein veränderliches magnetisches Feld in einem Leiter eine
> Urspannung induziert, so trachtet der daraus entspringende elektrische
> Strom danach, die Feldänderung zu verhindern, die zu seiner Entstehung
> geführt hat.

Im obigen Beispiel strebt der entstehende elektrische Strom danach, die Relativbewegung zwischen Magnetfeld und Leiter zu verhindern; wir werden
später feststellen, daß sich die LENZsche Regel in der angeschriebenen Form
auf den Fall des örtlich fixierten, aber zeitlich veränderlichen Magnetfeldes
ebenfalls anwenden läßt.

Hätte $\vec{E}$ den entgegengesetzten Richtungssinn wie angenommen, so hätte auch
$\vec{F}$ im obigen Beispiel den entgegengesetzten Richtungssinn. Die Folge davon
wäre, daß ein Leiter, der dieser Kraft nachgäbe, sich gegen die Bewegungsrichtung des Magnetfeldes selbst in Bewegung setzte. Dadurch würde sich die
Relativgeschwindigkeit zwischen Feld und Leiter erhöhen, mit dieser die induzierte Urspannung und bei konstantem Stromkreiswiderstand in gleichem
Maße die elektrische Stromstärke. Erhöhte Stromstärke bedeutet aber wiederum größere Kraft $\vec{F}$, die den Leiter noch mehr beschleunigt, etc. Das
heißt: Das ganze System befände sich in einem Zustand "positiver Rückkopplung", bei dem ein winziger Anstoß in irgendeiner Richtung ausreicht, um es
in eine Phase unbegrenzter Energieanreicherung zu bringen - ohne daß dabei
von außen her Energie zugeführt würde. Das ist aber nach dem Energiesatz unmöglich, und die LENZsche Regel ist daher nichts anderes als eine Interpretation des Energiesatzes für den speziellen Fall der elektromagnetischen Induktion. Aus dieser Regel geht klar hervor: Soll durch die Bewegung eines
konstanten Magnetfeldes gegenüber einem Leiter in diesem ein elektrischer
Strom I hervorgerufen werden - wobei eine elektrische Leistung $P = I^2 \cdot R$ anfällt, wenn der geschlossene Leiterkreis den Widerstand R aufweist - so muß
zur Aufrechterhaltung dieser Bewegung eine mechanische Kraft aufgebracht
werden, die derjenigen Kraft das Gleichgewicht hält, mit der das magnetische
Feld auf den stromdurchflossenen Leiter wirkt. Mit anderen Worten: die in
die elektrische Form umgewandelte Energie muß hier auf mechanischem Wege zugeführt werden. Elektromagnetische Induktion und Kraftwirkung eines
magnetischen Feldes auf einen stromdurchflossenen Leiter bilden daher zusammen die beiden Grundpfeiler der Energieumwandlung aus der mechanischen
Form in die elektrische und umgekehrt.

Da es beim Induktionsvorgang nur auf die Relativbewegung zwischen Magnetfeld und Leiter ankommt, kann man bei der Rechnung natürlich auch statt der
Geschwindigkeit $\vec{v}$, mit der sich das Feld relativ zum Leiter bewegt, die Geschwindigkeit $\vec{v}_L$ nehmen, mit der sich der Leiter relativ zum Feld bewegt:

---

*) HEINRICH F. E. LENZ (1804 - 1865), deutscher Physiker.

es ist $\vec{v}_L = -\vec{v}$, vergl. Bild 3.34a mit Bild 3.35a. Gewöhnlich interessiert man sich für die innere Feldstärke $\vec{E}_i = -\vec{E}$, und es gilt daher die Beziehung

(75) $\vec{E}_i = \vec{B} \times \vec{v}_L$.

Häufig rechnet man jedoch nur mit den Beträgen, wobei stets vorausgesetzt ist, daß der Leiter senkrecht zu $\vec{B}$ und zu $\vec{v}_L$ liegt:

(75a) $E_i = B \cdot v_L$,

und bestimmt die Richtung der inneren Feldstärke bzw. der induzierten Urspannung auf andere Weise. Wir werden darauf später zurückkommen.

Bild 3.35:
a, Ein gerader Leiter bewegt sich gegenüber einem zeitlich konstanten homogenen Magnetfeld senkrecht zu seiner eigenen Richtung und senkrecht zu $\vec{B}$ mit der Geschwindigkeit $\vec{v}_L$.
b, Zur Erklärung der elektromagnetischen Induktion aufgrund der Kraftwirkung, die ein magnetisches Feld auf einen bewegten Ladungsträger ausübt.

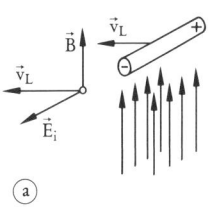
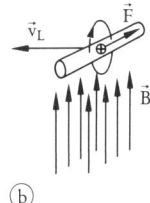

Die elektromagnetische Induktion läßt sich auch - wie früher schon angedeutet - aus der Kraftwirkung des magnetischen Feldes auf einen bewegten Ladungsträger (wieder genauer: auf das von diesem Ladungsträger hervorgerufene Magnetfeld) erklären; siehe hierzu Bild 3.35b. Die in dem Leiter enthaltenen Ladungsträger bewegen sich relativ zum Feld mit der Geschwindigkeit $\vec{v}_L$. Ein positiver Ladungsträger erzeugt dabei ein eigenes Magnetfeld, das ihn ringförmig umschließt und dessen Richtungssinn sich bezüglich $\vec{v}_L$ nach der Rechtsschraubenregel ergibt (man vergleiche hierzu Bild 3.7). Aus der Überlagerung des ursprünglichen Magnetfeldes mit dem, das von der bewegten positiven Ladung herrührt, resultiert eine Kraft $\vec{F}$ auf den Ladungsträger in Richtung der Feldschwächung; das ist in diesem Fall die Richtung " in die Zeichenebene hinein". Auf die im Leiter vorhandenen freien, negativ geladenen Leitungselektronen wirkt dementsprechend eine Kraft "aus der Zeichenebene heraus".

Im technischen Anwendungsfall der elektromagnetischen Induktion ist man weniger daran interessiert, die im Leiter induzierte elektrische Feldstärke zu berechnen als vielmehr die induzierte Urspannung U_0. Dazu ist es zweckmäßig, statt eines stabförmigen offenen Leiters einen geschlossenen Leiterkreis beim Induktionsvorgang zu untersuchen. Eine entsprechende Versuchsanordnung ist in Bild 3.36a dargestellt: In einem örtlich fixierten homogenen Magnetfeld von zeitlich konstanter Flußdichte $\vec{B}$ ist ein U-förmiges blankes Leiterstück ortsfest angebracht; auf diesem kann ein ebenfalls nicht isoliertes gerades Leiterstück senkrecht zu seiner eigenen Richtung und zu $\vec{B}$ gleiten. Bewegt

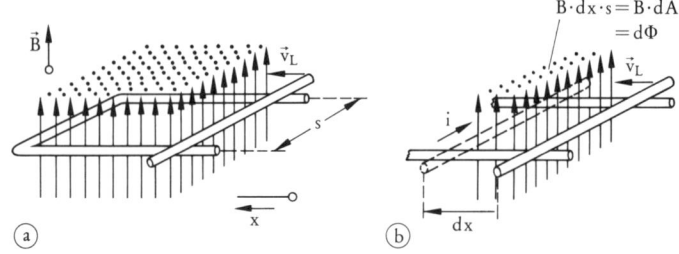

Bild 3.36:
a, Anordnung zur Ableitung des Induktionsgesetzes
b, Bei Verschiebung des beweglichen Leiters um dx ändert sich der von dem ganzen Leiterkreis umfaßte magnetische Fluß um B · dx · s = B · dA = dΦ.

man das letztere mit der Geschwindigkeit $\vec{v}_L$ nach links, so wird in ihm -
und nur in ihm, denn die restlichen Teile des Leiterkreises bleiben ja relativ
zum Magnetfeld in Ruhe - nach Gl. (74) eine Urspannung U_O induziert von der
Größe:

$$(76) \qquad U_O = \left| \int_s \vec{E}_i \cdot \vec{ds} \right| = E_i \cdot s = B \cdot v_L \cdot s$$

$\vec{v}_L$ liegt in x-Richtung, daher ist $v_L = dx/dt$:

$$U_O = B \cdot v_L \cdot s = B \cdot \frac{dx}{dt} \cdot s.$$

Nun ist andererseits B · dx · s = B · dA = dϕ (siehe Bild 3.36b); damit wird:

$$(77) \qquad U_O = B \cdot v_L \cdot s = B \cdot \frac{dx}{dt} \cdot s = B \cdot \frac{dA}{dt} = \frac{d\phi}{dt}.$$

Die Gleichung besagt, daß U_O direkt proportional der zeitlichen Verminderung
oder - bei umgekehrter Richtung von $\vec{v}_L$ - dem zeitlichen Zuwachs des magnetischen Flusses ϕ ist, der den Leiterkreis durchsetzt.

Auf diese Weise ist - zunächst, was den Betrag der induzierten Urspannung U_O
anbetrifft - eine sehr universelle Form des von FARADAY entdeckten Induktionsgesetzes gefunden, die sich später auch auf den Induktionsvorgang bei
zeitlich veränderlichem Magnetfeld anwenden läßt:

   Die in einer Leiterschleife induzierte Urspannung U_O ist gegeben durch
   die zeitliche Änderung des von dieser Schleife umfaßten magnetischen Flusses.

Aus dieser Form des Induktionsgesetzes erhellt unmittelbar die Notwendig-
keit der Einheit "Voltsekunde" für die magnetische Flußstärke, die an früherer Stelle noch nicht zu erklären war:

$$[\phi] = [d\phi] = [U_O] \cdot [dt] = 1 \text{ V} \cdot 1 \text{ s} = 1 \text{ Vs}.$$

Der elektrische Strom, der sich in der Versuchsanordnung nach Bild 3.36 einstellt, bekommt in dem beweglichen Leiter entweder aufgrund unserer früheren Richtungsbestimmung (Bild 3.34) oder auch aufgrund der LENZschen Regel die in Bild 3.36b eingetragene Richtung: aus der Überlagerung seines Magnetfeldes mit dem ursprünglich vorhandenen resultiert eine Kraft auf den beweglichen Leiter, die dessen Bewegung zu hemmen trachtet.

Hat in einem bestimmten Augenblick der gesamte Leiterkreis den Widerstand R - R ändert sich hier während des Bewegungsvorganges dauernd - so ist in diesem Augenblick umgesetzte elektrische Leistung

$$p_{el} = i^2 \cdot R = \frac{u_0}{R} \cdot i \cdot R = u_0 \cdot i = B \cdot v_L \cdot s \cdot i \quad \text{mit: } u_0 = B \cdot v_L \cdot s$$

nach Gl. (76).

Und die zugeführte mechanische Leistung, die nötig ist, um den Leiter in Bewegung zu halten, beträgt in demselben Augenblick

$$p_{mech} = \frac{dW_{mech}}{dt} = \frac{F \cdot dx}{dt} = F \cdot v_L = B \cdot i \cdot s \cdot v_L \quad \text{mit: } F = B \cdot i \cdot s$$

nach Gl. (69a).

Es ist: $p_{el} = p_{mech}$, wie nach dem Energiesatz nicht anders zu erwarten war.

Ein Zahlenbeispiel soll ein Gefühl für die hier auftretenden Größenordnungen vermitteln: In einer Anordnung nach Bild 3.36 habe die magnetische Flußdichte den konstanten Wert $B = 0,8$ Vs/m^2, die wirksame Länge des beweglichen Leiters sei $s = 30$ cm; bewegt man ihn mit der Geschwindigkeit $v_L = 5$ m/s (= 18 km/h, also etwa Radfahrergeschwindigkeit), so wird nach Gl. (76) in dem Leiterkreis eine Urspannung U_0 induziert:

$$U_0 = B \cdot s \cdot v_L = 0,8 \, \frac{Vs}{m^2} \cdot 0,3 \, m \cdot 5 \, \frac{m}{s} = 1,2 \, V.$$

Selbstverständlich errechnet man hier denselben Wert auch nach der Gleichung $U_0 = d\phi/dt$, aber in diesem Fall ist die von uns benützte Beziehung einfacher.

Um die durch elektromagnetische Induktion erzeugte Urspannung U_0 nach Größe u n d Richtung - d.h. also nach Größe und Vorzeichen bezüglich einer vorgegebenen Zählrichtung - eindeutig mit der Beziehung $U_0 = d\phi/dt$ zu berechnen, ist es notwendig ein Zählpfeilsystem für die beiden in dieser Gleichung miteinander verknüpften Größen zu wählen und dann die Gleichung gegebenenfalls durch ein zusätzliches Vorzeichen zu korrigieren. Wir wollen dazu ein "Rechtsschrauben-Zählpfeisystem" für ϕ und U_0 verwenden, siehe Bild 3.37a, wie wir denn grundsätzlich in der Elektrotechnik, um das Gedächtnis nicht überflüssigerweise zu belasten, immer nur mit Rechtsschraubenzusammenhängen arbeiten. $d\phi$ erhält danach im rechnerischen Ansatz ein positives Vorzeichen, wenn es die Richtung des Zählpfeils für ϕ hat; das ist dann

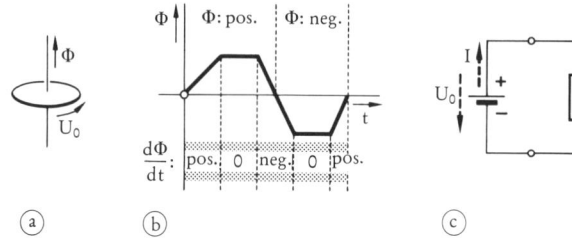

Bild 3.37:
a, Rechtsschrauben-Zählpfeilsystem für Φ und U_0.
b, Willkürliches Beispiel für den zeitlichen Verlauf eines Magnetflusses, der eine betrachtete Leiterschleife durchsetzt.
c, Richtungszusammenhang von U_0 und I bei einer Quelle elektrischer Energie (eingetragene Pfeile: Richtungspfeile).

der Fall, wenn ϕ selbst positiv ist und sein Betrag gerade zunimmt, aber auch dann, wenn ϕ selbst negativ ist und sein Betrag gerade abnimmt, siehe dazu Bild 3.37b, das einen willkürlichen zeitlichen Verlauf des von einer Leiterschleife umfaßten Magnetflusses zeigt. Ergibt sich aus diesem Ansatz ein positives Vorzeichen für U_0, so hat U_0 ebenfalls die Richtung seines Zählpfeils. Zum Richtungszusammenhang zwischen U_0 und I ist noch anzumerken: U_0 charakterisiert hier als Urspannung den einer Quelle elektrischer Energie innewohnenden elektrischen Antrieb; der von diesem Antrieb in Gang gesetzte elektrische Strom I hat stets die zu U_0 entgegengesetzte Richtung, siehe Bild 3.37c.

In Bild 3.38 ist die Versuchsordnung von Bild 3.36 in vereinfachter Form noch einmal dargestellt. Die durch den gestrichelten Richtungspfeil für i eingetragene Richtung ist diejenige, die wir z.B. nach der LENZschen Regel als Stromrichtung ermitteln konnten; sie setzt ein U_0 von genau entgegengesetzter Richtung voraus, wie ebenfalls durch einen Richtungspfeil angegeben. Die Anwendung des danebenstehenden Rechtsschrauben-Zählpfeilsystems für ϕ und U_0 erbringt folgenden Sachverhalt: ϕ hat die Richtung eines Zählpfeils, ist also positiv; bei der Leiterbewegung nach links wird aber der umfaßte Magnetfluß ständig kleiner - die Situation entspricht somit dem dritten Zeitabschnitt in Bild 3.37b - und daher ist $d\phi/dt$ negativ. Nun soll aber die Berechnung von U_0 hier ebenfalls einen negativen Wert ergeben, denn der Richtungspfeil von U_0 hat gerade die zum Zählpfeil von U_0 entgegengesetzte Richtung. Demnach können wir das Induktionsgesetz zur Berechnung von U_0 nach Größe und Richtung ohne ein zusätzliches korrigierendes Vorzeichen genauso

Bild 3.38:
Zur Formulierung des Induktionsgesetzes unter Bezug auf ein Rechtsschrauben-Zählpfeilsystems für Φ und U_0.

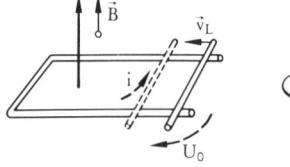

formulieren wie vorher, wobei aber von jetzt an die beteiligten Größen keine
Beträge mehr sind, sondern selbst Vorzeichen tragen:

(78) $\qquad U_0 = \dfrac{d\phi}{dt} \qquad$ unter Bezug auf ein Rechtsschraubenzählpfeilsystem für ϕ und U_0.

Positives $d\phi/dt$ ruft also eine positive Urspannung U_0 hervor, die wiederum
einen Strom zur Folge hat, der den Zählpfeil von ϕ linksdrehend umrundet;
negatives $d\phi/dt$ (unser Beispiel) ruft ein negatives U_0 hervor und der daraus
resultierende Strom umrundet den Zählpfeil von ϕ rechtsdrehend.

Zur Anwendung des Induktionsgesetzes in seiner vollständigen Form ein Beispiel: Eine rechteckige, offene Leiterschleife, siehe Bild 3.39a, wird mit der
konstanten Geschwindigkeit $\vec{v}_L$ durch ein homogenes Magnetfeld von quadratischen Querschnitt senkrecht zu $\vec{B}$ hindurchbewegt. Zu bestimmen ist die während der Bewegung zwischen den Klemmen 1 und 2 herrschende Spannung u_{12}.
Daten der Anordnung: a = 20 cm, b = 15 cm, l = 35 cm, v_L = 20 m/s, B =
1 Vs/m^2.

Zur Berechnung der induzierten Urspannung verwenden wir das in Bild 3.39b
gezeigte Rechtsschrauben-Zählpfeilsystem für ϕ und u_0 (ϕ und u_0 treten hier
als Momentanwerte auf). Zunächst soll der zeitliche Verlauf des von der Leiterschleife umfaßten Magnetflusses ϕ ermittelt und in einem Liniendiagramm
dargestellt werden, wobei wir annehmen, daß zum Zeitpunkt t = 0 die rechte
Kante der Schleife gerade den linken Rand des Feldes berührt. ϕ ist dem verwendeten Zählpfeilsystem zufolge immer negativ; es erreicht nach Ablauf
der Zeitspanne T_1 seinen Maximalwert ϕ_m, wenn die linke Kante der Schleife
in das Feld eintritt; dieser Wert ϕ_m bleibt eine Zeitspanne T_2 bestehen, weil
b < a, dann nimmt ϕ in der Zeitspanne $T_3 = T_1$ wieder genauso ab, wie es
vorher zugenommen hat.

$$\phi_m = -B \cdot b \cdot a = -1\,\frac{Vs}{m^2} \cdot 0{,}15\,m \cdot 0{,}2\,m = -0{,}03\,Vs$$

$$T_1 = T_3 = \frac{b}{v_L} = \frac{0{,}15\,m\,s}{20\,m} = 7{,}5 \cdot 10^{-3}\,s$$

$$T_2 = \frac{a-b}{v_L} = \frac{0{,}05\,m\,s}{20\,m} = 2{,}5 \cdot 10^{-3}\,s.$$

Der zeitliche Verlauf von ϕ ist in Bild 3.39c wiedergegeben; $d\phi/dt$, auf das es
hier ankommt, ist in den drei Zeitabschnitten jeweils konstant.

$$T_1:\ u_0 = \frac{d\phi}{dt} = \frac{\Delta\phi}{\Delta t} = \frac{\phi_{ende} - \phi_{anfang}}{t_{ende} - t_{anfang}} = \frac{-3 \cdot 10^{-2} Vs - 0\,V\,s}{7{,}5 \cdot 10^{-3}\,s - 0\,s} = -4\,V.$$

$$T_2:\ u_0 = \frac{d\phi}{dt} = 0\,V. \quad T_3:\ u_0 = \frac{d\phi}{dt} = \frac{\Delta\phi}{\Delta t} = \frac{0\,Vs - (-3 \cdot 10^{-2} Vs)}{17{,}5 \cdot 10^{-3} s - 10 \cdot 10^{-3}\,s} = +4V.$$

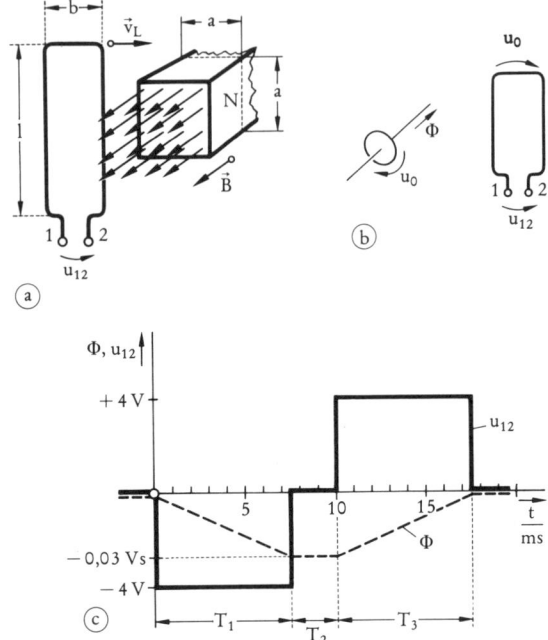

Bild 3.39:
a, Eine offene Leiterschleife wird mit der Geschwindigkeit $\vec{v}_L$ durch ein homogenes Magnetfeld bewegt.

b, Verwendetes Zählpfeilsystem für Φ und u_0; daneben Zählpfeilbild zur Bestimmung des Zusammenhanges zwischen u_{12} und u_0.

c, Liniendiagramm von Φ und u_{12} (Φ ist die Flußstärke des von der Leiterschleife umfaßten Magnetflusses).

Im Zeitabschnitt T_2 wird gemäß Gl. (76) im linken Stab der Schleife eine genausogroße Urspannung induziert wie im rechten: $U_0 = B \cdot v_L \cdot a$. Da diese beiden Spannungen aber im Raum dieselbe Richtung haben, sind sie in der Schleife gegensinnig hintereinandergeschaltet und heben sich daher in ihrer Wirkung gegenseitig auf.

Der Zusammenhang zwischen der Klemmenspannung u_{12} an der Leiterschleife und der hier berechneten Urspannung u_0 ergibt sich aus dem Ansatz des KIRCH-HOFFschen Maschensatzes*), dazu Bild 3.39b:

$$\circlearrowleft -u_{12} + u_0 = 0 \quad \Rightarrow \quad u_{12} = u_0.$$

Der zeitliche Verlauf von u_{12} ist in das Diagramm von Bild 3.39c mit eingetragen. Zur Richtungskontrolle kann man folgende Überlegung anstellen: Während T_1 ist u_{12} negativ, d.h. Klemme 2 ist positiv gegenüber Klemme 1. Würde die Schleife geschlossen, so käme ein Strom zustande, der außerhalb

*) Hierzu Kap. 3 in "Benzinger/Weyh: Die Grundlagen der Gleichstromlehre", R. Oldenbourg Verlag München Wien

der Schleife von 2 nach 1 fließt - in unserem Bild 3.39a also die Schleife rechtsdrehend durchläuft. Auf einen solchen Strom wirkt das Magnetfeld, wie man sich leicht überlegen kann, mit einer Kraft, die den im Feld befindlichen rechten Leiter der Schleife in seiner Vorwärtsbewegung zu hemmen trachtet (was ja auch die LENZsche Regel vorschreibt).

Magnetisches Feld örtlich konstant, zeitlich veränderlich

Das Induktionsgesetz in seiner letzten Formulierung nennt die "zeitliche Änderung des von einer Leiterschleife umfaßten Magnetflusses" als die maßgebende Größe für die in dieser Schleife induzierte Urspannung. Auf welche Weise sich der umfaßte Fluß ändern muß, darüber werden keine Vorschriften gemacht. Demnach kann das auch so geschehen, daß er - ortsfest bleibend - seine Größe zeitlich ändert. In Bild 3.40a ist eine solche Situation veranschaulicht: Ein zeitlich veränderlicher Magnetfluß - hervorgerufen beispielsweise durch einen Strom wechselnder Größe, der in einer ortsfesten Spule fließt - durchsetzt einen ebenfalls ortsfesten geschlossenen Leiterkreis. Auch in diesem Fall berechnet man die gesamte in dem Leiterkreis induzierte Urspannung mit dem Induktionsgesetz in der Form: $u_0 = d\phi/dt$.

Zunächst wollen wir feststellen, wie hier die LENZsche Regel zu interpretieren ist, denn da jetzt keine Relativbewegung zwischen Magnetfeld und Leiter stattfindet, kann natürlich auch ein infolge der Induktion fließender Strom i keine bewegungshemmende Wirkung haben. Wir betrachten dazu einen Zeitabschnitt, in dem die Stärke ϕ des Magnetflusses, der die Leiterschleife in Bild 3.40a durchsetzt, gerade anwächst. In einem solchen Zeitabschnitt ist $d\phi/dt$ positiv, daher ist $u_0 = d\phi/dt$ ebenfalls positiv, was wiederum einen Strom i zur Folge hat, der den Magnetfluß linksdrehend umrundet; Bild 3.40b. Nun erzeugt aber dieser Strom seinerseits ein eigenes Magnetfeld, das - gemäß der Rechtsschraubenregel - innerhalb der Leiterschleife dem vorher vorhandenen

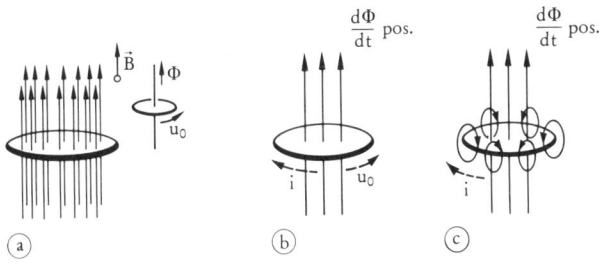

Bild 3.40:
a, Ein ortsfestes, zeitlich veränderliches Magnetfeld durchsetzt eine ortsfeste geschlossene Leiterschleife und induziert in dieser eine Urspannung u_0.

b, Richtungen von u_0 und i bei positivem $d\Phi/dt$ (unter Bezug auf die vorgegebene Zählrichtung für Φ).

c, Dem ursprünglichen Magnetfeld überlagert sich im Bereich der Leiterschleife ein Magnetfeld, das vom induzierten Strom i herrührt und die Feldänderung zu kompensieren trachtet, die die Induktion verursacht (LENZsche Regel).

Magnetfeld entgegengerichtet ist und sich damit der Veränderung des Magnetfeldes widersetzt; Bild 3.40c. Der von der induzierten Urspannung in Gang gebrachte Strom trachtet also, genau wie es in unserer Fassung der LENZschen Regel formuliert ist, danach, "die Feldänderung zu verhindern, die zu seiner Entstehung geführt hat"; dazu setzt er hier der beabsichtigten Feldverstärkung eine Feldschwächung entgegen.

Untersuchen wir nun in Ergänzung zum Vorigen einen Zeitabschnitt, in dem das Magnetfeld nach Bild 3.40a in seiner Stärke gerade nachläßt, so finden wir: $d\phi/dt$ ist nun negativ und damit auch u_0; der von u_0 angetriebene Strom i umrundet diesmal den Magnetfluß rechtsdrehend und sein Magnetfeld hat dementsprechend eine feldverstärkende Wirkung. Also auch in diesem Fall resultiert aus der Induktion ein Strom mit hemmender Wirkung auf die Ursache der Induktion.

(Man kann hier übrigens auch die Kraftwirkung zwischen Strom und Magnetfeld im Sinne der LENZschen Regel interpretieren, wenn man sich dazu vorstellt, daß die Leiterschleife aus einem elastischen Material besteht: Im ersten Fall bei gerade stärker werdendem Magnetfeld (Bild 3.40c) ist diese Kraft allseitig nach innen gerichtet und versucht die Leiterschleife zu verkleinern, also den von der Schleife umfaßten Fluß dadurch konstant zu halten, daß von dem anwachsenden Fluß nur noch ein Teil umfaßt wird. Im zweiten Fall bei gerade schwächer werdendem Magnetfeld versucht diese Kraft umgekehrt die Leiterschleife zu vergrößern, um den umfaßten Fluß dadurch konstant zu halten, daß bisher außerhalb der Schleife gelegene Teile mit einbezogen werden.)

Gegenüber dem anhand von Bild 3.36 geschilderten Induktionsvorgang, bei dem die Urspannung nur in einem Teil des gesamten Leiterkreises induziert wurde, sodaß man also in diesem Kreis noch Quelle (mit Innenwiderstand) und Verbraucher elektrischer Energie klar trennen und lokalisieren konnte, liegen im Fall der Induktion nach Bild 3.40 die Dinge anders: hier wird die Urspannung sozusagen gleichmäßig verteilt über den gesamten Leiterkreis induziert. Das führt zu der gleichen gedanklichen Schwierigkeit, die in Abschnitt 3.22 bei der Behandlung der magnetischen Potentialdifferenz Θ auch schon auftauchte: nämlich, daß eine Potential-"Differenz" auch auf einer in sich geschlossenen Bahn existieren kann und nicht nur, wie wir es bislang gewöhnt waren, zwischen zwei Punkten. Quelle elektrischer Energie und Verbraucher elektrischer Energie (in Form des elektrischen Leitungswiderstandes) sind in diesem Leiterkreis nicht mehr getrennt lokalisierbar, sondern aufs engste ineinander verwoben. In jedem Längenelement des Leiters setzt die dort vom veränderlichen Magnetfeld erzeugte elektrische Feldstärke freie Ladungsträger in Bewegung (d.h. es wird elektrische Energie erzeugt) und im selben Längenelement werden diese bewegten Ladungsträger durch den Leitungswiderstand in ihrer Bewegung gehindert (wodurch dieselbe elektrische Energie wieder verbraucht, d.h. in Wärme umgesetzt wird). Bewegt sich dabei im Leiterkreis die Ladung Q durch einen betrachteten Querschnitt, so wird dabei gemäß der Definition für die elektrische Spannung oder Potentialdifferenz: $U = W/Q$ eine Gesamtenergie $W = Q \cdot U_0 = Q \cdot d\phi/dt$ umgesetzt.

Genauso wie bei zeitlich konstantem, aber örtlich bewegtem Magnetfeld in einem festen Raumpunkt auch ohne Vorhandensein eines elektrischen Leiters eine elektrische Feldstärke hervorgerufen wird (vergl. Bild 3.33), entsteht auch hier bei örtlich festem, aber zeitlich veränderlichem Magnetfeld ein elektrisches Feld im Nichtleiter. Dieses elektrische Feld umfaßt das sich verändernde magnetische Feld ringförmig; es ist - im Gegensatz zu dem in Kapitel 2 behandelten elektrischen Feld, das von Ladungen ausgeht und auf Ladungen endet - ein Wirbelfeld und damit von jenem Feldtyp, der für das Magnetfeld als einzige Möglichkeit in Frage kommt.

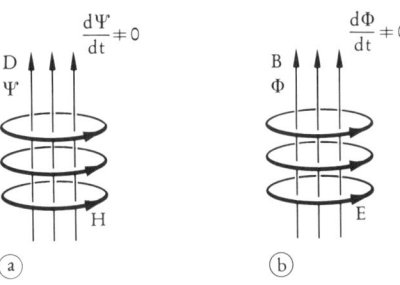

Bild 3.41:
a, Ein zeitlich veränderliches elektrisches Feld umgibt sich mit einem magnetischen Feld. Längs eines geschlossenen Umlaufes ist die magnetische Antriebsgröße gleich der zeitlichen Änderung der umfaßten dielektrischen Flußstärke:

$$\Theta = \oint \vec{H} \cdot \vec{ds} = \frac{d\psi}{dt}$$

b, Ein zeitlich veränderliches magnetisches Feld umgibt sich mit einem elektrischen Feld. Längs eines geschlossenen Umlaufes ist die elektrische Antriebsgröße gleich der zeitlichen Änderung der umfaßten magnetischen Flußstärke:

$$U = \oint \vec{E} \cdot \vec{ds} = \frac{d\Phi}{dt}$$

In Bild 3.41 sind die beiden analogen Erscheinungen einander gegenübergestellt:

a, Ein zeitlich veränderliches elektrisches Feld umgibt sich mit einem magnetischen Wirbelfeld, $\Theta = \oint \vec{H} \cdot \vec{ds} = d\psi/dt$.

b, Ein zeitlich veränderliches magnetisches Feld umgibt sich mit einem elektrischen Wirbelfeld, $U = \oint \vec{E} \cdot \vec{ds} = d\phi/dt$.

Auf einem in sich geschlossenen Weg ist jeweils eine Flußantriebsgröße wirksam (Θ für einen magnetischen, U für einen dielektrischen Fluß), die als das Umlaufintegral über die betreffende Feldstärke gleich der zeitlichen Änderung des jeweils umfaßten Flusses ist. Zeitlich veränderliche elektrische Felder sind demnach stets mit magnetischen Feldern verkettet und umgekehrt. Das ist übrigens die einfache Grundtatsache, auf der die Existenz elektromagnetischer Wellen beruht.

Zur Induktion durch ein zeitlich veränderliches Magnetfeld ein Beispiel: In Bild 3.42 ist der Luftspalt eines magnetischen Eisenkreises gezeigt, in dem

Bild 3.42:
Offene Leiterschleife im Luftspalt eines Eisen-
kreises, der mit einer Spule bewickelt ist
(Ausschnitt).

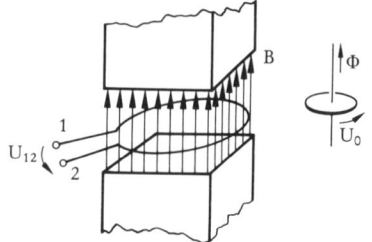

eine Leiterschleife mit der Schleifenfläche $A = 0{,}03$ m^2 liegt. Der Eisenkreis
ist mit einer Spule bewickelt, und durch den nach Größe und Richtung veränderlichen Spulenstrom läßt sich die magnetische Flußdichte abwechselnd in beiden
Richtungen bis zum Wert $|B_m| = 1$ Vs/m$^2 = 1$ T steigern. Die magnetische
Flußdichte B soll nun, beginnend von B_m in der eingezeichneten Richtung
gleichmäßig bis B_m in der entgegengesetzten Richtung so verändert werden,
daß während dieses Vorganges an den Klemmen 1 - 2 der Schleife eine konstante Spannung vom Betrag 4 V entsteht. Es soll ermittelt werden, innerhalb
welcher Zeitspanne Δt sich die genannte Flußänderung zu vollziehen hat und
welche Polarität U_{12} dabei hat. (Das Magnetfeld im Luftspalt sei als homogen anzusehen.)

Unter Bezug auf das vorgegebene Zählpfeilsystem für U_0 und ϕ lautet hier
der KIRCHHOFFsche Maschensatz zur Feststellung des Zusammenhanges
zwischen U_{12} und U_0:

$$\circlearrowleft - U_{12} - U_0 = 0; \quad \Rightarrow U_{12} = -U_0.$$

Zu Anfang der betrachteten Flußänderung haben B und ϕ die Richtung des Zählpfeils für ϕ; der Fluß wird stetig kleiner, kehrt seine Richtung um und wächst
dann in der neuen Richtung bis auf seinen Maximalwert: $d\phi/dt$ ist daher während
des gesamten Vorganges negativ; somit ist auch U_0 negativ und U_{12} der obigen
Gleichung zufolge positiv. Es ist

$$U_0 = \frac{d\phi}{dt} = \frac{\Delta\phi}{\Delta t} = \frac{\phi_{ende} - \phi_{anfang}}{\Delta t} = \frac{-|B_m| \cdot A - (+|B_m| \cdot A)}{\Delta t},$$

$$\Delta t = \frac{-2 \cdot |B_m| \cdot A}{U_0} = \frac{-2 \cdot 1 \text{ Vs} \cdot 0{,}03 \text{ m}^2}{-4 \text{ V} \cdot \text{m}^2} = 15 \cdot 10^{-3} \text{ s} = 15 \text{ ms.}$$

Die magnetische Flußdichte muß sich also in 15 ms gleichmäßig von ihrem
positiven Maximalwert (bezogen auf die Zählrichtung für ϕ) + 1 Vs/m^2 auf
ihren negativen Maximalwert - 1 Vs/m^2 ändern; oder: die magnetische Fluß-
stärke muß in 7,5 ms von ihrem positiven Maximalwert + $|B_m| \cdot A = + 1$ Vs/m^2.
0,03 m^2 = + 0,03 Vs gleichmäßig auf den Wert Null gebracht werden und dann
in der gleichen Zeitspanne auf ihren negativen Maximalwert - 0, 03 Vs. Man
vergleiche dieses Ergebnis auch mit demjenigen des Beispiels von Bild 3.39,
bei dem ebenfalls ein umfaßter Magnetfluß seine Stärke innerhalb von 7, 5 ms
um 0,03 Vs verändert, wobei genau wie hier eine Spannung von 4 V induziert
wird.

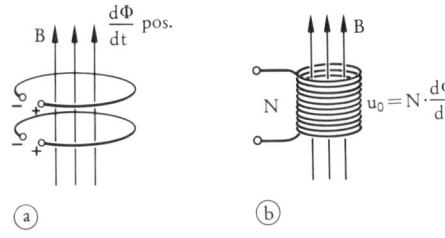

Bild 3.43:
a, In zwei parallelliegenden Leiterschleifen wird von derselben zeitlichen Änderung des umfaßten
   Magnetflusses stets dieselbe Urspannung induziert. Im betrachteten Moment, in dem $d\Phi/dt$
   gerade positiv ist, haben die Klemmen die eingetragene Polarität.
b, Spule mit N Winungen, die einen zeitlich veränderlichen Magnetfluß umfaßt.

Legt man um ein zeitlich veränderliches Magnetfeld zwei offene Leiterschleifen wie in Bild 3.43a gezeichnet, so wird in beiden Schleifen - vorausgesetzt
sie umfassen dieselbe zeitliche Flußänderung - auch genau dieselbe Spannung
nach Größe und Richtung induziert. In einem Moment mit positivem $d\phi/dt$
sind z.B. in Bild 3.43a die beiden linken Klemmen negativ und die beiden
rechten positiv. Schaltet man daher diese zwei Urspannungsstellen so hinter-
einander wie man es etwa bei den Zellen einer Batterie zu machen pflegt, indem man den Pluspol der einen mit dem Minuspol der anderen verbindet, so
hat man damit eine Urspannungsstelle gewonnen, deren Urspannung zweimal
sogroß ist wie die der einzelnen Schleife. Diese Möglichkeit macht man sich
nun zunutze, um mit Hilfe der elektromagnetischen Induktion (nahezu) beliebig
hohe Urspannungen zu erzeugen: man umgibt den veränderlichen Magnetfluß
mit einer Spule aus N Windungen, Bild 3.34b. Für eine solche Anordnung
lautet dann das Induktionsgesetz zur Berechnung von Größe und Richtung der
induzierten Urspannung in seiner erweiterten Form

(79) $$u_0 = N \cdot \frac{d\phi}{dt}$$ unter Bezug auf ein Rechtsschrauben-Zählpfeilsystem für
ϕ und u_0.

Das ist auch die in der Elektrotechnik gebräuchlichste Form des Induktionsgesetzes, denn bei der Anwendung der elektromagnetischen Induktion greift man
fast ausnahmslos auf die "spannungsvervielfachende" Wirkung der Spule zurück, wie etwa bei den rotierenden elektrischen Maschinen oder beim Transformator.

Übungsaufgaben

46. Ein Eisenkreis vom Querschnitt $A = 15$ cm^2 trägt eine stromdurchflossene Spule (Bild 3.44), mit deren Hilfe man die magnetische Flußdichte in jeweils 10 ms linear von Null auf 1,4 Vs/m^2 ansteigen und umgekehrt wieder auf
Null abklingen lassen kann; siehe Diagramm. In zwei weiteren Spulen werden

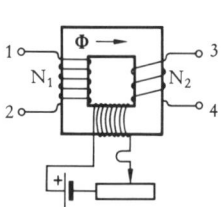

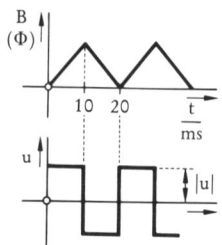

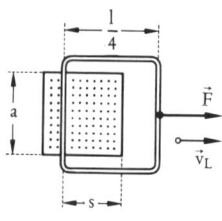

Bild 3.44:   Bild 3.45:

dadurch zeitlich rechteckförmige Spannungen u_{12} und u_{34} induziert (Diagramm).

a, Wie groß müssen die Windungszahlen N_1 und N_2 gewählt werden, wenn $|u_{12}| = 84$ V und $|u_{34}| = 21$ V sein sollen?

b, Welche zwei Klemmen der beiden Spulen muß man verbinden, damit man zwischen den beiden übrigen Klemmen eine Spannung $|u| = |u_{12}| + |u_{34}|$ abgreifen kann?

47. Im Luftspalt eines Eisenkreises bestehe ein homogenes Magnetfeld von quadratischem Querschnitt mit der Seitenlänge a = 40 cm und der Flußdichte B = 1,2 Vs/m^2 (Bild 3.45). In diesem Luftspalt liege, wie gezeichnet, eine ebenfalls quadratische Leiterschleife aus Kupfer von der Seitenlänge l/4 = 45 cm und dem Leiterquerschnitt A_{Cu} = 80 mm^2. Die Schleife soll nun senkrecht zu $\vec{B}$ mit der konstanten Geschwindigkeit v_L = 5 m/s aus dem Magnetfeld herausgezogen werden (s = 30 cm).

a, Welche Kraft F ist dazu nötig?

b, Welche Energie W wird bei dem ganzen Vorgang aus der mechanischen Form über die elektrische in Wärme verwandelt?

(ρ_{Cu} ≈ 17·10^{-3} Ω mm^2/m; κ_{Cu} = 56 Sm/mm^2)

48. In einem Magnetfeld von der Flußdichte B = 0,8 Vs/m^2 rotiert ein Ring, der über eine einzelne Speiche von der Länge r = 20 cm an einer Achse befestigt ist, mit der Winkelgeschwindigkeit ω = 50·2π/s (≙ 3000 Umdr./min.); siehe Bild 3.46. Das Ganze besteht aus elektrisch leitendem Material, die Rotationsachse liegt in der Richtung von $\vec{B}$, und das Magnetfeld ist innerhalb der Ringfläche völlig homogen.

a, Welche elektrische Spannung u_{12} (nach Polarität und Größe) kann man über die zwei Schleifbürsten an den Klemmen 1 - 2 abnehmen?

b, Wie ändern sich die elektrischen Verhältnisse, wenn man noch zusätzliche Speichen in die Anordnung einsetzt?

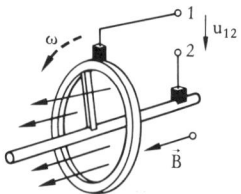

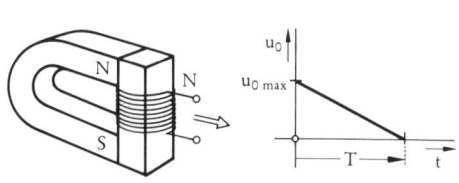

Bild 3.46:   Bild 3.47:

49. Ein Permanentmagnet bildet zusammen mit einem Weicheisenstab, der eine Spule von N Windungen trägt, einen geschlossenen magnetischen Kreis von überall gleichem Querschnitt A = 25 cm^2; (Bild 3.47). Die Flußdichte B in diesem Kreis hat den Wert 0,4 Vs/m^2; N = 2000. Nun wird der Weicheisenstab mitsamt der Spule vom Magneten in der angegebenen Richtung entfernt. Unter der Annahme, es gelänge, diesen Bewegungsablauf so zu gestalten, daß die dabei in der Spule induzierte Spannung u_0 von einem im ersten Moment auftretenden Wert $u_{0\ max}$ = 5 V an zeitlich linear abnimmt (siehe Diagramm), ist zu ermitteln, welche Zeit T verstreicht, bis u_0 = 0 V ist.

3.42 Selbstinduktion – Induktivität

Eine geschlossene Leiterschleife oder Spule setzt sich gemäß der LENZschen Regel gegen jede Änderung des von ihr umfaßten Magnetflusses zur Wehr: aufgrund der dabei in ihr induzierten Urspannung fließt ein Strom, der die beabsichtigte Flußänderung zu neutralisieren trachtet. Diese Auswirkung der elektromagnetischen Induktion trifft selbstverständlich alle Spulen mit geschlossenem Stromkreis, also auch jene, deren technische Zweckbestimmung es eigentlich ist, einen magnetischen Fluß zu erzeugen. Jedesmal, wenn hier aus irgendeinem Grunde der Versuch unternommen wird, durch Verändern der Spulenstromstärke den Magnetfluß zu ändern - was mindestens beim Ein- und beim Ausschalten geschieht -, wird in der Spule eine Urspannung induziert, deren Bestreben es ist, die Flußänderung zu verhindern. Die elektrische Ursache des Magnetflusses wirkt somit auf dem Wege über die Flußänderung und die damit verbundene elektromagnetische Induktion wieder auf sich selbst zurück; diesen Vorgang nennt man "Selbstinduktion".

Selbstinduktion tritt offensichtlich immer dann auf, wenn sich der Spulenstrom i ändert, d.h. wenn di/dt ≠ 0, weil dann auch dφ/dt ≠ 0 ist; die Höhe der selbstinduzierten Urspannung u_0 ist abhängig von der Windungszahl der Spule sowie von den geometrischen und magnetischen Eigenschaften des beteiligten Magnetfeldraumes. Alle diese Eigenschaften lassen sich ganz generell durch einen einzigen Faktor zum Ausdruck bringen, der "Selbstinduktionskoeffizient L" oder auch nur kurz "Induktivität L" heißt und den unmittelbaren Zusammenhang zwischen der Ursache der Selbstinduktion und ihrer Wirkung herstellt:

(80) $$u_0 = L \cdot \frac{di}{dt}.$$

Der Selbstinduktionskoeffizient L einer Spule ist demnach die kennzeichnende Größe für ihr dynamisches Betriebsverhalten, d.h. für die Eigenschaften, die sie im elektrischen Stromkreis bei zeitlich veränderlichen elektrischen Größen zeigt. Nachfolgend soll untersucht werden, wodurch die Größe L im einzelnen bestimmt wird.

3.421 Induktivität einfacher Spulenanordnungen

Als erstes ermitteln wir die Induktivität einer in der Praxis sehr häufigen Spulenanordnung: der Spule mit geschlossenem Eisenkern; siehe Bild 3.48a.

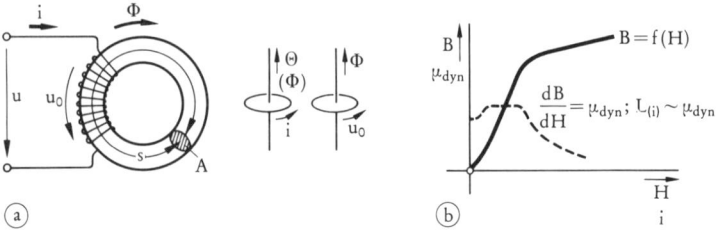

Bild 3.48:

a, Geschlossener Eisenkreis, bewickelt mit einer Spule aus N Windungen; daneben Zählpfeilsysteme für i und Θ (bzw. Φ) zur Anwendung des Durchflutungsgesetzes und für u_0 und Φ zur Anwendung des Induktionsgesetzes.

b, Magnetisierungskennlinie B = f(H) des verwendeten Eisenkreismaterials; dazu Verlauf der „dynamischen Permeabilität μ_{dyn} = dB/dH". Die stromstärkeabhängige Induktivität $L_{(i)}$ ist stets proportional dem jeweiligen Wert von μ_{dyn}.

Um die Verhältnisse durchsichtiger zu gestalten, machen wir von einer vertretbaren Idealisierung Gebrauch und nehmen an, daß der Wicklungswiderstand der Spule gleich Null sei. Das bedeutet, daß zwischen den Anschlußklemmen der Spule kein ohmscher Spannungsfall auftreten kann und daß unter diesen Umständen bei konstantem Spulenstrom i = I ein magnetisches Feld existiert, zu dessen Unterhalt keine dauernde Verlustleistung nötig ist (man vergleiche hierzu die Lösung von Übungsaufgabe 37, Frage b). Weiterhin werde der Einfachheit halber das Magnetfeld im Innern des Eisenkreises als völlig homogen angesehen.

Unser Ziel ist es, eine Bestimmungsgleichung für L anzuschreiben, die die Form der Gl. (80) hat: u_0 = L · di/dt, wobei aber jetzt der Faktor L bei di/dt durch die als bekannt vorausgesetzten Größen der Anordnung ausgedrückt ist. Zu diesem Zweck setzen wir für die Schaltung nach Bild 3.48a die beiden fundamentalen Gesetze an, die die Verbindung zwischen Stromkreis und Magnetfeld herstellen: das Induktionsgesetz und das Durchflutungsgesetz, und verknüpfen die beiden miteinander. Dabei beziehen wir uns jeweils auf die in Bild 3.48a eingetragenen Zählpfeile und Zählpfeilsysteme.

Induktionsgesetz: Verkopplung:

$$u_0 = N \cdot \frac{d\phi}{dt}$$ Magnetfeld ⇒ el. Stromkreis

$$\phi = \int_A \vec{B} \cdot \vec{dA} = B \cdot A \Rightarrow d\phi = A \cdot dB$$

$$dB = \frac{dB}{dH} \cdot dH$$ wobei: $\frac{dB}{dH}$ = Steigung der Magnetisierungskennlinie an der betreffenden Stelle

$$u_0 = N \cdot A \cdot \frac{dB}{dH} \cdot \frac{dH}{dt}$$

Durchflutungsgesetz:

$$\Theta = i \cdot N$$

Verkopplung:

el. Stromkreis $\Rightarrow$ Magnetfeld

$$i \cdot N = \oint \vec{H} \cdot \vec{ds} = H \cdot s \Rightarrow dH = \frac{N}{s} \cdot di$$

oben eingesetzt:

(81) $u_O = N^2 \cdot \dfrac{A}{s} \cdot \dfrac{dB}{dH} \cdot \dfrac{di}{dt}$.

Aus dem Vergleich mit dem allgemeinen Ansatz nach Gl. (80):

$$u_O = L \cdot \frac{di}{dt}$$

ergibt sich für die Induktivität L:

(82) $L = N^2 \cdot \dfrac{A}{s} \cdot \dfrac{dB}{dH}$.

Die Induktivität L einer Spule mit Eisenkern ist somit bei gegebenen Abmessungen der Anordnung und bei konstanter Windungszahl der "dynamischen Permeabilität $\mu_{dyn} = dB/dH$" des verwendeten Eisenkreismaterials direkt proportional. Das heißt, daß sie bei nicht-konstantem μ feldstärkeabhängig bzw. - wegen $H = i \cdot N/s$: $H \sim i$ - stromstärkeabhängig ist: $L = f(i)$, siehe Bild 3.48b.

Für den Fall konstanter Permeabilität des betreffenden magnetischen Feldraumes vereinfacht sich die Gleichung (82) zu

(82a)

$$L = N^2 \cdot \frac{A}{s} \cdot \frac{B}{H} = N^2 \cdot \frac{A}{s} \cdot \mu = \quad \text{für } \mu = \text{konst.} = \frac{B}{H} = \frac{dB}{dH}$$

$$= N^2 \cdot G_m$$

L unterscheidet sich hier nur um den Faktor N^2 von dem entsprechenden magnetischen Leitwert G_m. In vielen Fällen bestimmt man die Induktivität von Spulen mit Eisenkern nach dieser Beziehung, auch wenn das μ des verwendeten Eisens keinen exakt betriebsunabhängigen Wert aufweist. Sofern man das Eisen unterhalb der Sättigung betreibt, ist der Fehler, den man dabei macht, gewöhnlich von vernachlässigbarer Größe.

$$[L] = [G_m] = \frac{[\phi]}{[\Theta]} = \frac{1 \text{ Vs}}{1 \text{ A}} = 1 \frac{\text{Vs}}{\text{A}} = 1 \text{ Henry} = 1 \text{ H*}).$$

Zum unmittelbaren Zusammenhang zwischen Spannung u und Stromstärke i an der als widerstandslos betrachteten Spule von der Induktivität L führt der Ansatz der KIRCHHOFFschen Maschengleichung (Bild 3.48a):

$$\circlearrowright -u + u_O = 0 \Rightarrow u = u_O;$$

---

*) JOSEPH HENRY (1797-1878), amerikanischer Physiker.

zusammen mit Gl. (80):

(83) $u = L \cdot \dfrac{di}{dt}$.

Diese Gleichung ist übrigens das duale Gegenstück zu Gl. (38):
$i = C \cdot du/dt$.

Zu der eben durchgeführten Ableitung der Bestimmungsgleichung für L haben
wir ein Verbraucherzählpfeilsystem (VZS) für u_0 und i an der Spule verwendet.
Es läßt sich leicht nachprüfen, daß bei Benützung eines VZS immer die
Gleichung $u_0 = L \cdot di/dt$ (ohne irgendein negatives Vorzeichen) gilt, ganz unabhängig davon, wie man im übrigen den Wickelsinn der Spule und die Zählrichtung für ϕ wählt. Man kann infolgedessen zur Darstellung von Induktivitäten in elektrischen Schaltkreisen vereinfachende Symbole verwenden, bei denen der Wickelsinn der Spule und die Zählrichtung des Magnetflusses überhaupt nicht mehr in Erscheinung treten. Von den zwei gebräuchlichen Symbo-
len für die als verlustlos angenommene Spule, die in Bild 3.49a gezeigt sind,
bevorzugen wir das linke, weil es graphisch immerhin noch daran erinnert,
daß wir es hier mit einer Spule zu tun haben.

In manchen Fällen ist es nicht mehr zulässig, den ohmschen Spannungsfall
$i \cdot R_L$ im Wicklungswiderstand R_L der Spule zu vernachlässigen. Man verfährt
dann zweckmäßigerweise so, daß man die beiden in der Spule an sich untrennbar ineinander verwobenen Eigenschaften "ohmscher Widerstand R_L" und
"Induktivität L" in einem Ersatzschaltbild durch zwei getrennte Schalt-
kreiselemente beschreibt, von denen jedes idealisiert nur eine dieser Eigenschaften verkörpert, siehe Bild 3.49b. Der Ansatz der KIRCHHOFFschen
Maschengleichung auf die Spule mit der Induktivität L und dem Wicklungswiderstand R_L führt zu der Beziehung:

(84) $u = L \cdot \dfrac{di}{dt} + i \cdot R$.

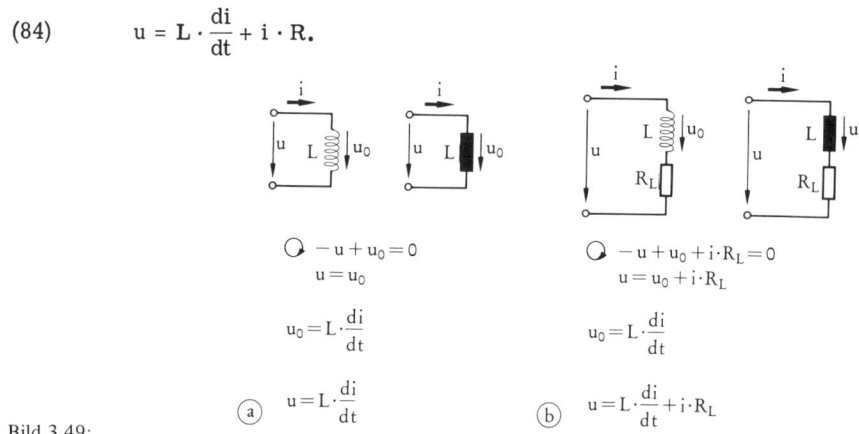

Bild 3.49:
a, Symbole für eine als verlustfrei betrachtete Spule mit der Induktivität L (Wicklungswiderstand
Null).
b, Ersatzschaltbild für eine Spule mit der Induktivität L und dem Wicklungswiderstand R_L.

Wenngleich man grundsätzlich im Auge behalten muß, daß eine Spule mit geschlossenem Eisenkreis wegen μ_{dyn} = dB/dH $\neq$ konst. immer eine stromstärkeabhängige Induktivität $L_{(i)}$ aufweist, wollen wir doch unsere weiteren
Betrachtungen auf jene Fälle beschränken, in denen μ konstant ist (Luftspu-
len) oder doch wenigstens angenähert als konstant betrachtet werden kann
(Spulen mit Eisenkreis, dessen Magnetisierungskennlinie nur im Bereich
fast konstanter Steigung unterhalb der Sättigung ausgenützt wird oder solche,
die durch einen Luftspalt "linearisiert" sind; vergl. dazu Bild 3.31). Unter
dieser Voraussetzung können wir auf die Gl. (82a) zurückgreifen:

$$L = N^2 \cdot \frac{A}{s} \cdot \mu = N^2 \cdot G_m \qquad \text{für: } \mu = \text{konst.}$$

Soll also beispielsweise ein Eisenring mit A = 6 cm^2, s = 20 cm und $\mu_r \approx$
konst. = 800 für eine Induktivität mit dem Wert L = 0,5 H Verwendung finden,
so ist er mit einer Spule zu bewickeln, deren Windungszahl N so zu bestimmen
ist:

$$L = N^2 \cdot G_m \Rightarrow N^2 = \frac{L}{G_m}$$

$$G_m = \frac{A \cdot \mu_0 \cdot \mu_r}{s} = \frac{6 \text{ cm}^2 \cdot 12,5 \cdot 10^{-9} \text{ Vs} \cdot 800}{20 \text{ cm} \qquad A \text{ cm}} =$$

$$= 3 \cdot 10^{-6} \frac{Vs}{A}$$

$$N^2 = \frac{0,5 \text{ H}}{3 \cdot 10^{-6} \text{ Vs}} \frac{A}{} = 16,6 \cdot 10^4; \ N = 407.$$

Wird statt der Induktivität L = 0,5 H eine doppelt so große Induktivität L' = 1 H
gewünscht, so muß - da die Windungszahl quadratisch eingeht - die neue Windungszahl N' den Wert N$\cdot\sqrt{2}$ = 575 haben.

Eine weitere einfache Spulenanordnung zur Herstellung einer Induktivität ist
die Zylinderspule. Sie wird häufig als einlagige Luftspule ausgeführt, wobei
der Name "Luftspule" so zu verstehen ist, daß hier der Feldraum kein Ferromagnetikum enthält, denn wenn es der mechanischen Festigkeit halber erforderlich ist, wird der Draht dabei nicht frei in der Luft gewickelt, sondern auf
einen Wickelkörper aus Preßpapier oder Keramik aufgebracht. Wegen der
konstanten magnetischen Eigenschaft ihres Feldraumes läßt sich bei der Zylinder-Luftspule zur Berechnung der Induktivität die Gl. (82a) heranziehen:
$L = N^2 \cdot G_m = N^2/R_m$. R_m ist der magnetische Widerstand des Feldraumes,
den der magnetische Fluß einer Zylinderspule durchsetzt, und dieser Feldraum besteht aus zwei hintereinanderliegenden Abschnitten:

1. dem Spuleninnern vom Querschnitt A und der Spulenlänge s (R_{mi});
2. dem - theoretisch unendlich groß anzusetzenden - Raum außerhalb der
   Zylinderspule, durch den der Magnetfluß wieder zurückkehrt (R_{ma}).

Ist die Zylinderspule von schlanker, langgestreckter Form, so macht der magnetische Widerstand R_{mi} des ersten Abschnitts den weitaus überwiegenden Anteil des Gesamtwiderstandes R_m aus, und man kann infolgedessen den Widerstand R_{ma} des zweiten Teiles vernachlässigen, ohne einen großen Fehler zu begehen (man vergleiche dazu auch die Lösung von Übungsaufgabe 37a):

(85)
$$L = N^2 \cdot G_m = N^2 \cdot \frac{1}{R_m} = N^2 \cdot \left(\frac{1}{R_{mi} + R_{ma}}\right) \approx N^2 \cdot \frac{1}{R_{mi}} =$$

$$= N^2 \cdot G_{mi} = N^2 \cdot \frac{A}{s} \cdot \mu .$$

Eine einlagige Zylinder-Luftspule zum Beispiel, bei der 1200 Windungen aus Kupferdraht vom Durchmesser 0,3 mm auf einen Wickelkörper vom Durchmesser 2,8 cm aufgebracht sind, hat demnach eine Induktivität

$$L \approx N^2 \cdot G_{mi} = N^2 \cdot \frac{A}{s} \cdot \mu =$$

$$= 1200^2 \cdot \frac{(2,8 \text{ cm})^2 \cdot 3,14}{4} \cdot \frac{1}{1200 \cdot 0,3 \text{ mm}} \cdot 12,56 \cdot 10^{-9} \frac{Vs}{Am}$$

$$L \approx 3,07 \text{ mH}.$$

Jeder stromführende Leiter umgibt sich mit einem Magnetfeld, sodaß also der elektrische Strom stets mit einem Magnetfluß verkettet ist, über den er durch elektromagnetische Induktion auf sich selbst zurückwirken kann. Daher besitzt auch jede elektrische Leitung eine gewisse Induktivität, die zwar meist sehr klein ist, bei Schaltvorgängen und hochfrequenten Strömen aber entsprechend der Tatsache, daß ihre Wirkung gemäß $u_o = L \cdot di/dt$ der zeitlichen Stromänderung proportional ist, eine recht wichtige - oft störende - Rolle spielt. Wenn wir hier als einfaches Beispiel die Induktivität eines Koaxialkabels von der Länge l, den Radien r bzw. R seines Innen- bzw. Außenleiters und dem spezifischen magnetischen Leitwert μ seiner Innenisolation berechnen wollen, so brauchen wir wegen $L = N^2 \cdot G_m$ nur auf die Ermittlung seines magnetischen Leitwertes G_m zurückzugreifen, die wir in Abschnitt 3.23 auf Seite 137 bereits durchgeführt haben. Da beim Koaxialkabel die Windungszahl N = 1 ist, gibt die dort abgeleitete Bestimmungsgleichung (72) für den magnetischen Leitwert des schlauchförmigen Feldraumes zwischen den beiden Leitern auch gleich unmittelbar die gesuchte Induktivität an:

(86)
$$L_{N=1} = G_m = \mu \cdot \frac{l \cdot \ln(R/r)}{2\pi} .$$

Für die Werte r = 0,75 mm, R = 2,5 mm, l = 1 m und μ_r = 1 ergab sich der Wert G_m = 2,42 · 10^{-7} Vs/A: dieses Stück Koaxialkabel hat also eine Induktivität L = 0,242 μH. Man sagt auch, das Kabel weise einen "Induktivitätsbelag" von 0,242 μH/m auf. Wie wir in Abschnitt 2.31 auf Seite 64 ausgerechnet haben, weist dasselbe Koaxialkabel bei einer Polystyrolisolation mit ϵ_r =

2, 5 außerdem auch noch einen "Kapazitätsbelag" von 11,4 pF/m auf. Weit entfernt davon, nur "eine Verbindung zwischen zwei Klemmenpaaren" zu sein, "auf der nichts anderes passiert, als daß der elektrische Strom ungehindert fließt", ist ein solches Kabel also bereits - sofern man seine kapazitiven und induktiven Eigenschaften nicht einfach vernachlässigen darf - ein recht kompliziertes elektrotechnisches Gebilde.

Abschließend noch eine Anmerkung zum Begriff des "Selbstinduktionskoeffizienten L": L ist ein Maß dafür, mit welcher Heftigkeit - d.h. mit welcher Spannungshöhe u_0 - die betreffende Anordnung eine ihr aufgezwungene Stromänderung di/dt beantwortet. Das bedeutet aber: für I = konst. ist L streng genommen gar nicht definierbar. Trotzdem findet man aber immer wieder Bestimmungsgleichungen für L, in denen die Gleichstromgröße I vorkommt. Diese Gleichungen sind wohl verwendbar, man muß aber dazu wissen, daß ihre Gültigkeit auf jene Fälle eingeschränkt ist, in denen der zugehörige Feldraum ein konstantes μ aufweist:

$$u_0 = L \cdot \frac{di}{dt} \qquad \text{(Definitionsgleichung für L)}$$

daraus:

$$L = \frac{u_0}{di/dt} \qquad u_0 = N \cdot \frac{d\phi}{dt}$$

$$\phi = \Theta \cdot G_m = N \cdot I \cdot G_m$$

$$\frac{d\phi}{dt} = N \cdot G_m \cdot \frac{di}{dt}$$

$$L = \frac{u_0}{di/dt} = \frac{N \cdot d\phi/dt}{di/dt} = N^2 \cdot G_m \cdot \frac{di/dt}{di/dt}$$

(87) $$L = N^2 \cdot G_m = N^2 \cdot \frac{\phi}{\Theta} = N^2 \cdot \frac{\phi}{N \cdot I} = N \cdot \frac{\phi}{I} \quad \text{für } \mu = \text{konst.}$$

(Nur für μ = konst. ergibt ϕ/I immer denselben, eindeutigen und richtigen Wert.)

Diese Form der Bestimmungsgleichung - die dasselbe Ergebnis enthält wie die Gl. (82a), im Gegensatz zu jener aber nicht aus einem Spezialfall abgeleitet und daher für μ = konst. allgemeingültig ist - eignet sich zweifellos recht gut für die Berechnung der Induktivität von Anordnungen, bei denen man wegen A ≠ konst. und s ≠ konst. den magnetischen Leitwert auf unmittelbarem Wege nicht berechnen kann, dafür aber den vom Strom I hervorgerufenen Magnetfluß ϕ; siehe hierzu die nachfolgende Übungsaufgabe 51.

Für Anordnungen mit N = 1 (z.B. Leitungen) besteht damit übrigens dieselbe formale Übereinstimmung zwischen Induktivität und magnetischem Leitwert: $L_{N=1} = G_m$ wie im analogen Fall des elektrischen Feldes zwischen Kapazität und dielektrischem Leitwert: $C = G_d$.

Übungsaufgaben $\mu_0 = 12,56 \cdot 10^{-9} \dfrac{Vs}{A\,cm}$

50. Ein Bastler macht sich aus 2,71 m Kupferdraht von 0,6 mm Durchmesser
eine Zylinder-Luftspule, indem er ihn in einer dichten Lage auf einen runden
Bleistift von 8 mm Durchmesser aufwickelt. Man ermittle die Daten L und R_L
für das vollständige elektrische Ersatzschaltbild dieser Spule.
($\rho_{Cu} = 17 \cdot 10^{-3}\ \Omega\,mm^2/m$; bei der Berechnung von L soll der Drahtdurchmes-
ser mit berücksichtigt werden.)

51.
a, Man ermittle in allgemeiner Form die Induktivität L einer Doppelleitung
von der Länge l unter Verwendung der Gl. (87); hierzu Bild 3.50. Dabei
lasse man der Einfachheit halber jenen - ohnehin kleinen - Teil des magnetischen Flusses außer Betracht, der sich innerhalb der Leiterdrähte selbst
ausbildet.
b, Welchen "Induktivitätsbelag" pro Kilometer hat eine Doppelleitung aus zwei
Drähten von 6 mm Durchmesser, die in einem Abstand s = 30 cm geführt
werden?

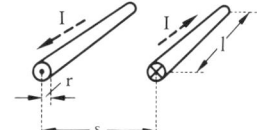

Bild 3.50:

52. Auf einen Eisenring vom Querschnitt A = 2 cm^2 und der mittleren Eisenweglänge s = 18 cm ist eine Spule von N = 3000 Windungen aufgewickelt. Für das
Eisenmaterial gelte folgende idealisierende Vereinfachung: bis zu einer magnetischen Flußdichte $B_m = 0,5$ Vs/m^2 sei seine relative Permeabilität konstant
und habe den Wert $\mu_r = 400$; darüber setze die Sättigung ein. Welche Induktivität L weist diese Spule auf, wenn sie unterhalb von B_m betrieben wird und welcher Wert I_m der Spulenstromstärke darf nicht überschritten werden, wenn
man stets mit diesem konstanten L arbeiten will?

53. Durch eine Spule von der Induktivität L = 2 H und dem Spulenwiderstand
$R_L = 50\ \Omega$ wird ein Strom i nach dem in Bild 3.51 dargestellten zeitlichen
Verlauf geschickt. Zu ermitteln und in einem Diagramm zusammen mit dem
Stromverlauf darzustellen sind
a, der Verlauf der in der Spule induzierten Urspannung u_0;
b, der Verlauf der Spannung u, der nötig ist, um den Strom i hervorzubringen.

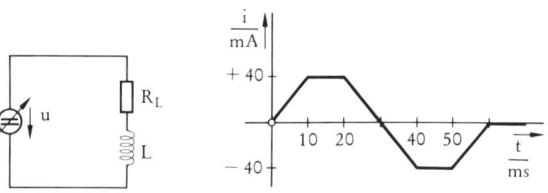

Bild 3.51:

54. Ein Ring aus Dynamoblech vom Eisenquerschnitt $A = 2\ cm^2$ und der mittleren Eisenweglänge $s = 10\ cm$ trägt eine Spule mit $N = 500$ Windungen; Magnetisierungskennlinie Bild 3.25. Die Spule führt einen Gleichstrom $I = 0,2\ A$, dem eine zeitlich dreieckförmige Wechselstromkomponente überlagert ist, wie in Bild 3.52 dargestellt. Man ermittle den zeitlichen Verlauf der selbstinduzierten Spannung u_O in dieser Spule.

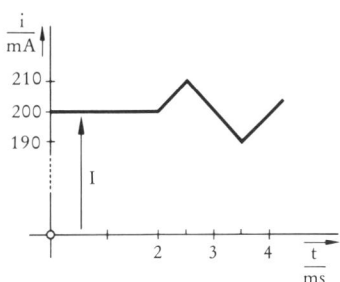

Bild 3.52:

3.422 Zusammenschaltung von Induktivitäten

Zusammenschaltungen von Induktivitäten kommen einerseits als gezielte Anordnungen vor, mit denen ein bestimmter Zweck erreicht werden soll, und andererseits sind sie - weil jede elektrische Verbindung zwangsläufig auch eine induktive Komponente aufweist - die unvermeidliche Beigabe jeder elektrischen Schaltung. Handelt es sich dabei um Hochfrequenzschaltungen oder um digitale Schaltungen für hohe Schaltfrequenzen, kurz: um Schaltungen, bei denen mit großen zeitlichen Stromänderungen gearbeitet wird, so können diese "parasitären" Induktivitäten recht störend wirken und es ist deshalb wichtig, ihren Einfluß abschätzen zu können. Man muß daher in der Lage sein, die aus der Zusammenschaltung resultierende "Ersatzinduktivität" aus den bekannten Teilinduktivitäten zu berechnen, also jene Induktivität, die sich an ihren Eingangsklemmen genauso verhält wie die gesamte Zusammenschaltung der einzelnen Induktivitäten und infolgedessen stellvertretend dafür einstehen kann. Nachfolgend bestimmen wir die resultierende Induktivität reiner Serien- und Parallelschaltungen und leiten dann aus den Ergebnissen die Regeln für die rechnerische Ermittlung der Ersatzinduktivität beliebig gemischter Serien-Parallelschaltungen ab. Ausgangspunkt der Berechnung ist immer der funda-

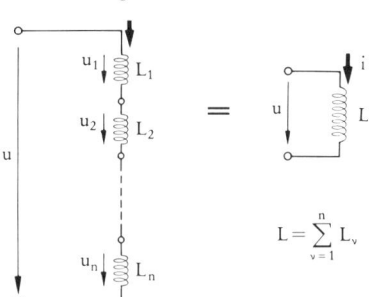

Bild 3.53:
Serienschaltung von n Induktivitäten

mentale Zusammenhang zwischen Spannung und Stromstärke an einer - aus widerstandslosem Draht gedachten - Spule von der Induktivität L: $u = L \cdot di/dt$.

Serienschaltung von Induktivitäten

Die Induktivitäten L_1, L_2 ... L_n seien nach Bild 3.53 hintereinandergeschaltet. Für jede von ihnen gilt der Zusammenhang zwischen u und i nach Gl. (83):

$$u = L \cdot \frac{di}{dt} \Rightarrow u_1 = L_1 \cdot \frac{di_1}{dt}$$

$$u_2 = L_2 \cdot \frac{di_2}{dt}$$

$$\cdot$$
$$\cdot$$
$$\cdot$$

$$u_n = L_n \cdot \frac{di_n}{dt}.$$

Es ist aber wegen der Serienschaltung notwendigerweise immer:

$$\frac{di_1}{dt} = \frac{di_2}{dt} = \cdots = \frac{di_n}{dt} = \frac{di}{dt},$$

woraus zunächst folgt:

$$u_1 = L_1 \cdot \frac{di}{dt},$$

$$u_2 = L_2 \cdot \frac{di}{dt}, \text{ etc.}$$

Für die resultierende Induktivität L zwischen den Eingangsklemmen der Schaltung muß definitionsgemäß gelten: $u = L \cdot di/dt$, wobei die Spannung u nach dem KIRCHHOFFschen Maschensatz gleich der Summe der n Teilspannungen ist:

(88)
$$u = L \cdot \frac{di}{dt} = u_1 + u_2 + \ldots + u_n = (L_1 + L_2 + \ldots + L_n) \cdot \frac{di}{dt};$$

$$L = L_1 + L_2 + \ldots + L_n.$$

In Worten: Bei der Serienschaltung ist die resultierende Induktivität gleich der Summe der zusammengeschalteten Induktivitäten.

Eine vorhandene Induktivität wird demnach durch serielle Beschaltung mit einer anderen Induktivität vergrößert; die resultierende Induktivität ist stets größer als die größte an der Serienschaltung beteiligte Induktivität.

Parallelschaltung von Induktivitäten

Die Induktivitäten L_1, L_2 ... L_n seien nach Bild 3.54 parallelgeschaltet. Für jede von ihnen gilt auch hier wiederum die Gl. (83):

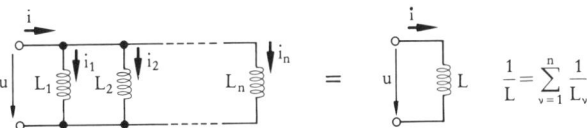

Bild 3.54: Parallelschaltung von n Induktivitäten

$$u = L \cdot \frac{di}{dt} \quad \Rightarrow \quad u_1 = L_1 \cdot \frac{di_1}{dt}$$

$$u_2 = L_2 \cdot \frac{di_2}{dt}, \text{ etc.}$$

Wegen der Parallelschaltung ist hier notwenigerweise immer:

$$u_1 = u_2 = \ldots = u_n = u,$$

woraus zunächst folgt:

$$u = L_1 \cdot \frac{di_1}{dt} \quad \Rightarrow \quad \frac{di_1}{dt} = \frac{u}{L_1}$$

$$u = L_2 \cdot \frac{di_2}{dt} \quad \frac{di_2}{dt} = \frac{u}{L_2}, \text{ etc.}$$

Für die resultierende Induktivität L zwischen den Eingangsklemmen der Schaltung gilt definitionsgemäß: u = L · di/dt, wobei di/dt die zeitliche Änderung des Gesamtstromes i ist, der sich nach dem KIRCHHOFFschen Knotenpunktsatz aus der Summe der n Teilströme ergibt:

$$i = i_1 + i_2 + \ldots + i_n \Rightarrow \frac{di}{dt} = \frac{di_1}{dt} + \frac{di_2}{dt} + \ldots + \frac{di_n}{dt}$$

$$u = L \cdot \frac{di}{dt} \quad \Rightarrow \quad \frac{di}{dt} = \frac{u}{L} = \frac{di_1}{dt} + \frac{di_2}{dt} + \ldots + \frac{di_n}{dt} =$$

$$= \frac{u}{L_1} + \frac{u}{L_2} + \ldots + \frac{u}{L_n} ;$$

(89) $$\frac{1}{L} = \frac{1}{L_1} + \frac{1}{L_2} + \ldots + \frac{1}{L_n} .$$

In Worten: Bei Parallelschaltung ist der Kehrwert der resultierenden Induktivität gleich der Summe der Kehrwerte der zusammengeschalteten Induktivitäten.

Eine vorhandene Induktivität wird also durch parallele Beschaltung mit einer zusätzlichen Induktivität verkleinert; wie man leicht nachweisen kann, ist bei einer Parallelschaltung die resultierende Induktivität stets kleiner als die kleinste der dabei beteiligten Induktivitäten.

Gemischte Serien-Parallelschaltung von Induktivitäten

Zur Ermittlung der resultierenden Induktivität einer gemischten Serien-Parallelschaltung von beliebigen Induktivitäten verfährt man nach derselben Methode, wie wir sie schon in Abschnitt 2.32 bei der gemischten Serien-Parallelschaltung von Kapazitäten angegeben haben:

1. Man ersetzt sämtliche reinen Serienschaltungen und sämtliche reinen Parallelschaltungen von einzelnen Induktivitäten nach den soeben abgeleiteten Regeln durch ihre jeweiligen Ersatzinduktivitäten.
2. Man wiederholt diese Maßnahme solange, bis die gesamte Schaltung nur noch durch eine einzige Induktivität beschrieben wird.

Übungsaufgaben

55. Eine vorhandene Induktivität L_1 = 0,5 H soll durch parallele Beschaltung mit einer Induktivität L_p auf den resultierenden Wert L = 0,3 H gebracht werden. L_p?

56. In einer Schaltung sind parasitäre Induktivitäten in der Anordnung nach Bild 3.55a vorhanden. Mit welcher Spannung u_0 beantwortet diese Schaltung die Flanke eines Stromimpulses von der Anstiegssteilheit di/dt = $2 \cdot 10^7$ A/s, der durch sie hindurchgeschickt wird?
L_1 = 14 nH, L_2 = 12 nH, L_3 = 10 nH, L_4 = 15 nH; (ohmsche Widerstände vernachlässigbar).

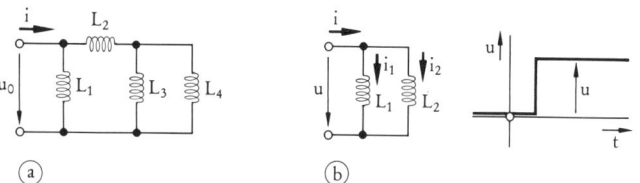

Bild 3.55:   (a)   (b)

57. Auf die Parallelschaltung der beiden Induktivitäten L_1 und L_2 wird ein idealer Spannungssprung gegeben (Bild 3.55b mit Diagramm), der ein di/dt = 0,45 A/ms durch die ganze Schaltung zur Folge hat. Wie hoch ist der Spannungssprung u und wie groß sind die Anteile di_1/dt und di_2/dt?
L_1 = 300 mH, L_2 = 600 mH; (die ohmschen Widerstände seien vernachlässigbar).

3.43 Gegeninduktion – Gegeninduktivität

Jeder Leiter, der von einem zeitlich veränderlichen elektrischen Strom durchflossen wird, umgibt sich mit einem zeitlich veränderlichen Magnetfeld. Liegt im Bereich dieses Magnetfeldes noch ein zweiter Leiter, so wirkt der veränderliche Magnetfluß nicht nur durch Selbstinduktion auf den ihn erzeugenden Stromkreis selbst zurück, er induziert darüberhinaus auch in dem zweiten Leiter eine elektrische Urspannung. Und genauso geht von dem zweiten Leiter, wenn dieser Strom führt, eine Induktionswirkung auf den ersten aus. Man nennt diesen Vorgang "gegenseitige Induktion" oder kurz "Gegeninduktion" und hat zu seiner quantitativen Beschreibung den "Gegeninduktionskoeffizienten M" bzw. die sog. "Gegeninduktivität M" eingeführt.

Die physikalische Erscheinung der Gegeninduktion, also der gegenseitigen Beeinflussung zweier elektrischer Kreise über ein koppelndes Magnetfeld, ist ebenso wie die der Selbstinduktion erwünscht oder störend, je nachdem, wo sie auftritt. Dort, wo sie erwünscht ist, wie beispielsweise im technischen Anwendungsfall des Transformators, besteht die Möglichkeit, ihren Effekt in gleicher Weise wie bei der Selbstinduktion durch Ausbilden von Spulen in Verbindung mit gut leitenden Pfaden für den Magnetfluß enorm zu steigern.

Die physikalische Größe "Gegeninduktivität M" ist in voller Analogie zur Selbstinduktivität L so definiert, daß sie unmittelbar den Zusammenhang herstellt zwischen der Ursache - nämlich der zeitlichen Stromänderung di_1/dt in einem Leiter 1 - und der hier betrachteten Wirkung - nämlich der induzierten Urspannung u_{o2} in einem Leiter 2, bzw. umgekehrt:

$$(90) \qquad u_{o2} = M \cdot \frac{di_1}{dt} \quad \text{bzw.} \quad u_{o1} = M \cdot \frac{di_2}{dt}.$$

Hierin ist übrigens stillschweigend die Annahme getroffen, daß der Gegeninduktionskoeffizient in den beiden Wirkungsrichtungen denselben Wert hat; diese Annahme wird sich später als richtig erweisen.

Die Größe M ist dieser Definition zufolge etwas von den bisher behandelten Größen völlig verschiedenes. Widerstand R, Leitwert G, Kapazität C, Induktivität L etc., das sind alles Größen, die sich jeweils auf ein einziges Klemmenpaar beziehen, die also den Zusammenhang zwischen einer Spannung und dem damit elektrisch unmittelbar verknüpften Strom beschreiben: es sind Zweipolgrößen. Die Gegeninduktivität M dagegen ist eine Vierpolgröße, denn sie nennt den Zusammenhang zwischen einem Strom in dem einen Klemmenpaar und einer Spannung an einem anderen Klemmenpaar; siehe hierzu auch Bild 3.56. Ihre Brauchbarkeit ist außerhalb der Vierpoltheorie verhältnismäßig gering,

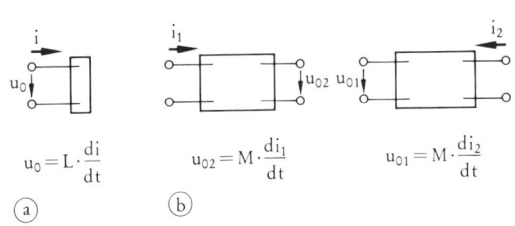

$$u_o = L \cdot \frac{di}{dt} \qquad\qquad u_{o2} = M \cdot \frac{di_1}{dt} \qquad\qquad u_{o1} = M \cdot \frac{di_2}{dt}$$

(a)   (b)

Bild 3.56:
a, Eine Zweipolgröße (z.B. der Selbstinduktionskoeffizient L) beschreibt den Zusammenhang zwischen Stromstärke und Spannung an ein und demselben Klemmenpaar.
b, Der Zusammenhang zwischen der Stromstärke an dem einen Klemmenpaar und der Spannung an dem anderen Klemmenpaar wird durch eine Vierpolgröße angegeben (z.B. durch den Gegeninduktionskoeffizienten M).

was allerdings nicht sehr viel ausmacht, da sich gerade z.B. der Transformator auch ohne Vierpoltheorie rechnerisch sehr einfach und übersichtlich behandeln läßt.

Die Gegeninduktion kommt am stärksten in einer Anordnung zur Geltung, wie sie in Bild 3.57 gezeigt ist. Darin sind zwei Spulen mit den Windungszahlen N_1 und N_2 auf einen Eisenkreis aufgebracht. Um den gewünschten Effekt in seiner reinsten Ausprägung herauszukristallisieren, machen wir zwei idealisierende Annahmen:

1. der Eisenkreis weise einen konstanten magnetischen Leitwert G_m auf;
2. der von irgendeinem Spulenstrom hervorgerufene magnetische Fluß bilde sich ausschließlich im Eisen aus, sodaß stets sämtliche Windungen beider Spulen mit dem ganzen Magnetfluß verkettet sind.

Diese Anordnung stellt einen idealisierten Transformator dar und besitzt damit die maximal mögliche magnetische Verkopplung der beiden elektrischen Kreise, die sog. "feste Kopplung".

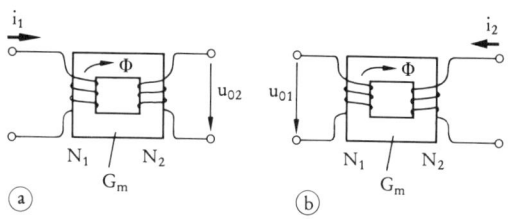

Bild 3.57:
Eisenkreis von konstantem magnetischen Leitwert G_m, darauf zwei Spulen mit den Windungszahlen N_1 und N_2. Die von uns verwendeten Zählpfeilsysteme für i und Φ bzw. für Φ und u_0 sind immer Rechtsschraubenzählpfeilsysteme (für die u_0-Zählpfeile wird das deutlich erkennbar, wenn man sie sich mit der betreffenden Spule um den Eisenkern herumgewickelt denkt).

Geht man davon aus, daß durch die Spule 1 ein zeitlich veränderlicher Strom i_1 geschickt wird, Bild 3.57a, so entsteht durch Gegeninduktion zwischen den offenen Klemmen der Spule 2 eine induzierte Urspannung u_{o2}:

$$u_{o2} = N_2 \cdot \frac{d\phi}{dt} \quad \text{wobei:} \quad \phi = \Theta \cdot G_m = i_1 \cdot N_1 \cdot G_m$$

$$d\phi = N_1 \cdot G_m \cdot di_1$$

$$u_{o2} = N_1 \cdot N_2 \cdot G_m \cdot \frac{di_1}{dt}.$$

Der Vergleich mit der Definitionsgleichung (90): $u_{o2} = M \cdot di_1/dt$ ergibt:

$$M = N_1 \cdot N_2 \cdot G_m.$$

Vertauscht man nun die Rollen der Spulen 1 und 2 miteinander, Bild 3.57b, so erhält man entsprechend:

$$u_{o1} = N_1 \cdot \frac{d\phi}{dt} \qquad \text{wobei } \phi = i_2 \cdot N_2 \cdot G_m$$

$$d\phi = N_2 \cdot G_m \cdot di_2$$

$$u_{o1} = N_1 \cdot N_2 \cdot G_m \cdot \frac{di_2}{dt} \, .$$

Auch hier ist wie vorher $M = N_1 \cdot N_2 \cdot G_m$, was unsere anfängliche Annahme nachträglich rechtfertigt. Gemäß den früheren Ableitungen weist jeder der beiden auf den Eisenkreis aufgewickelten Spulen einen Selbstinduktionskoeffizienten L_1 bzw. L_2 auf:

$$L_1 = N_1^2 \cdot G_m \quad \text{und} \quad L_2 = N_2^2 \cdot G_m \, .$$

Mit diesen Größen steht die Gegeninduktivität M in folgendem Zusammenhang:

$$L_1 \cdot L_2 = N_1^2 \cdot N_2^2 \cdot G_m^{\,2} = M^2$$

(91)
$$M = \sqrt{L_1 \cdot L_2}$$

$$[M] = [L] = 1 \, \frac{Vs}{A} = 1 \, H.$$

Hat also etwa eine Anordnung nach Bild 3.57 bei fester Kopplung auf der Seite 1 eine "Primärinduktivität" L_1 = 4 H und auf der Seite 2 eine "Sekundärinduktivität" L_2 = 1 H, so ist ihre Gegeninduktivität

$$M = \sqrt{L_1 \cdot L_2} = \sqrt{4 \, H \cdot 1 \, H} = 2 \, H.$$

Das heißt, ein di_1/dt von beispielsweise 60 A/s ruft in der Spule 2 eine Urspannung

$$u_{O2} = M \cdot \frac{di_1}{dt} = 2 \, \frac{Vs}{A} \cdot 60 \, \frac{A}{s} = 120 \, V$$

hervor; aber auch ein di_2/dt = 60 A/s erzeugt umgekehrt in der Spule 1 die gleiche Urspannung

$$u_{o1} = M \cdot \frac{di_2}{dt} = 2 \, \frac{Vs}{A} \cdot 60 \, \frac{A}{s} = 120 \, V.$$

In einem belasteten Transformator sind die beiden Gegeninduktionen, Strom i_1 induziert in Spule 2 und Strom i_2 induziert in Spule 1, stets gleichzeitig wirksam. Die Wirkungsweise des Transformators als Ganzes kann jedoch durch die Gegeninduktivität allein nicht ausreichend beschrieben werden und es ist hier auch nicht der Ort, den Transformator im einzelnen zu behandeln*).

Bei gegebenen Werten L_1 und L_2 der beteiligten Spulen ist der vorstehend errechnete Wert für die Gegeninduktivität $M = \sqrt{L_1 \cdot L_2}$ der maximal mögliche - was auch einleuchtet, da man die magnetische Verkopplung der Spulen gegen-

*) Siehe hierzu Kap. 5.2 in "Weyh/Benzinger: "Die Grundlagen der Wechselstromlehre", R. Oldenbourg Verlag München Wien.

über der oben getroffenen Idealisierung nicht mehr steigern kann. Im allgemeinen Fall ist die Kopplung jedoch kleiner als die "feste Kopplung" und damit wird

(92) $M = k \cdot \sqrt{L_1 \cdot L_2}$ mit $k \leqslant 1$

worin k der "Kopplungsgrad" der Anordnung ist, dessen Wert zwischen 1 (für die nur theoretisch erreichbare "feste Kopplung") und 0 (für die kopplungsfreie Anordnung) liegt. Auf die Ableitung von k soll hier nicht weiter eingegangen werden. Daß der Kopplungsgrad auch bei beabsichtigter fester Kopplung den Wert 1 nicht ganz erreicht, ist auf die sog. "Streuung" zurückzuführen: Der vom Strom in der Spule 1 erzeugte Magnetfluß verläuft in Wirklichkeit zwar hauptsächlich im Eisen und ist daher auch zum allergrößten Teil mit der Spule 2 verkettet, ein kleiner Teil davon, der "Streufluß", verläuft jedoch in Luft und ist mit der Spule 2 nicht verkettet. Die vom Strom i_1 ausgehende Induktionswirkung in der Spule 2 ist folglich gegenüber unserer vorigen idealisierenden Betrachtung etwas vermindert. Dasselbe gilt für den in der Spule 2 erzeugten Magnetfluß und für die vom Strom i_2 ausgehende Induktionswirkung in der Spule 1. Auch unter diesen Umständen hat, wie sich nachweisen läßt - wie man aber eigentlich nicht vermuten würde -, der Gegeninduktionskoeffizient in den beiden Wirkungsrichtungen stets denselben Wert, sodaß also die Gleichungen (90) mit ihrer gemeinsamen Größe M ganz allgemein gelten.

Eine interessante technische Anwendung der Gegeninduktion mit veränderbarem Kopplungsgrad ist das sog. "Variometer", Bild 3.58a. In einer festen Zylinderspule ist drehbar eine zweite gelagert; je nach der Stellung der beiden Spulen zueinander ist ihre magnetische Verkopplung stärker oder schwächer. Der Kopplungsgrad läßt sich von einem maximalen Wert $k = k_{max}$ bei parallelliegenden Spulen kontinuierlich bis zum Wert $k = 0$ bei senkrecht zueinander stehenden Spulen verändern, Bild 3.58b. Bemerkenswert daran ist auch noch, daß man die Wirkungsrichtung der durch Gegeninduktion induzierten Urspannung umkehren kann. Nimmt man z.B. an, daß in der feststehenden Spule ein bestimmtes di/dt existiert, so hängt die Richtung der dadurch in der drehbaren Spule induzierten Urspannung ganz offensichtlich davon ab, ob man diese

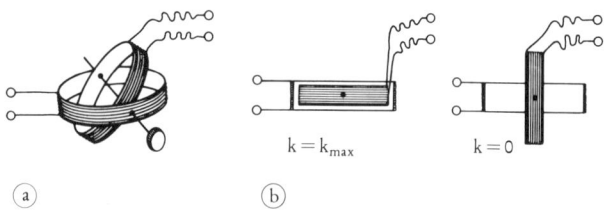

Bild 3.58:
a, Aufbau eines Variometers (schematisch).
b, Stellung der inneren Spule für maximale bzw. minimale magnetische Verkopplung. (Um sich ein Bild von der jeweiligen magnetischen Verkettung der beiden elektrischen Kreise zu machen, braucht man sich nur den Verlauf vorzustellen, den der von einer stromdurchflossenen Spule erzeugte Magnetfluß nimmt).

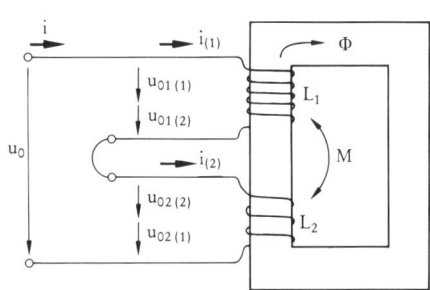

Bild 3.59:
Vereinfachte Darstellung der Variometerver-
hältnisse bei $k = k_{max}$ und gleichsinnig hinter-
einandergeschalteten Spulen, Die in Klammern
gesetzten Indices weisen jeweils darauf hin, in
welcher Spule der betreffende Strom fließt:
$i(2)$ fließt in Spule 2; $u_{o2(1)}$ wird verursacht
von dem in Spule 1 fließenden Strom; etc.
Wegen der Serienschaltung ist hier selbstverständlich $i(1) = i(2) = i$.

Spule aus ihrer senkrechten Lage nach links oder nach rechts herausdreht,
denn je nachdem wird sie vom betreffenden Magnetfluß im einen oder im anderen Richtungssinn durchsetzt.

Bei Hintereinanderschaltung seiner beiden Spulen stellt das Variometer eine
Induktivität dar, deren Größe L kontinuierlich zwischen einem maximalen und
einem minimalen Wert veränderbar ist: $L_{max} \geqslant L \geqslant L_{min}$. Zur einfacheren
Ableitung der Größen L_{max} und L_{min} benützen wir die Darstellung nach Bild
3.59. Sie entspricht der Einstellung des Variometers auf $k = k_{max}$, wobei die
Spulen so in Reihe geschaltet sind, daß sie vom Strom i gleichsinnig durchflossen werden.

Die bei einem di/dt in der gesamten Anordnung induzierte Urspannung u_o
setzt sich aus insgesamt vier Anteilen zusammen:

$$u_o = u_{o1(1)} + u_{o1(2)} + u_{o2(2)} + u_{o2(1)} .$$

Darin ist $u_{o1(1)}$ die Urspannung, die durch Selbstinduktion von dem in der
Spule 1 fließenden Strom in der Spule 1 selbst erzeugt wird; $u_{o1(2)}$ ist die
Urspannung, die durch Gegeninduktion von dem in Spule 2 fließenden Strom
in der Spule 1 erzeugt wird, etc.

$$u_{o1(1)} = L_1 \cdot \frac{di(1)}{dt} = L_1 \cdot \frac{di}{dt} \qquad \text{wegen } i(1) = i(2) = i$$

$$u_{o1(2)} = M \cdot \frac{di(2)}{dt} = M \cdot \frac{di}{dt}$$

$$u_{o2(2)} = L_2 \cdot \frac{di(2)}{dt} = L_2 \cdot \frac{di}{dt}$$

$$u_{o2(1)} = M \cdot \frac{di(1)}{dt} = M \cdot \frac{di}{dt}$$

daraus:

$$u_o = (L_1 + M + L_2 + M) \cdot \frac{di}{dt} = L_{max} \cdot \frac{di}{dt}$$

(93a) $\qquad L_{max} = L_1 + L_2 + 2M = L_1 + L_2 + 2 \cdot k_{max} \cdot \sqrt{L_1 \cdot L_2} .$

Ein Vergleich mit den in Abschnitt 3.422 gewonnen Ergebnissen zeigt deutlich, daß man bei der Hintereinanderschaltung von zwei Spulen mit den Induktivitäten L_1 und L_2 zu ganz unterschiedlichen resultierenden Induktivitäten kommt, je nachdem, ob diese Spulen magnetisch miteinander verkoppelt sind oder nicht. Zur Kontrolle des obigen Ergebnisses kann man folgende Überlegung anstellen: Faßt man die Anordnung nach Bild 3.59 als einen ideal festgekoppelten Transformator auf, dessen Eisenkreis den konstanten magnetischen Leitwert G_m hat, so ist $L_1 = N_1^2 \cdot G_m$ und $L_2 = N_2^2 \cdot G_m$. Die zwischen den Eingangsklemmen insgesamt wirksame Induktivität ist dann $L = (N_1 + N_2)^2 \cdot G_m$. Für L_{max} errechnet man nach Gl. (93a) unter der Voraussetzung $k = 1$ genau denselben Wert:

$$L_{max} = L_1 + L_2 + 2 \cdot \sqrt{L_1 \cdot L_2} = N_1^2 \cdot G_m + N_2^2 \cdot G_m +$$

$$+ 2 \cdot \sqrt{N_1^2 \cdot G_m \cdot N_2^2 \cdot Gm} =$$

$$= (N_1^2 + 2 \cdot N_1 \cdot N_2 + N_2^2) \cdot G_m = (N_1 + N_2)^2 \cdot G_m.$$

Polt man die Spule 2 gegenüber der Spule 1 um bzw. dreht man die innere Spule des Variometers um 180°, so erhält man auf die gleiche Weise wie vorher (die Gegeninduktivität wirkt nun gegensinnig induzierend):

(93b)
$$u_0 = (L_1 - M + L_2 - M) \cdot \frac{di}{dt} = L_{min} \cdot \frac{di}{dt}$$

$$L_{min} = L_1 + L_2 - 2 M = L_1 + L_2 - 2 \cdot k_{max} \cdot \sqrt{L_1 \cdot L_2}.$$

Haben also zum Beispiel die beiden Spulen eines Variometers jeweils für sich genommen die Induktivitäten $L_1 = 30\,mH$ und $L_2 = 25\,mH$ und läßt sich der Kopplungsgrad bis auf den Wert $k_{max} = 0,8$ bringen, so sind mit diesem Variometer stufenlos die Induktivitätswerte zwischen

$$L_{min} = L_1 + L_2 - 2 \cdot k_{max} \cdot \sqrt{L_1 \cdot L_2} = 55 \text{ mH} - 2 \cdot 22 \text{ mH} = 11 \text{ mH}$$

und

$$L_{max} = L_1 + L_2 + 2 \cdot k_{max} \cdot \sqrt{L_1 \cdot L_2} = 55 \text{ mH} + 2 \cdot 22 \text{ mH} = 99 \text{ mH}$$

einstellbar.

3.5 *Energie im magnetischen Feld*

Der Aufbau des magnetischen Feldes, der mit dem Anschwellen der elektrischen Stromstärke in einem Leiter unmittelbar verbunden ist, erfordert stets einen gewissen Energieaufwand: auf dem Wege über die Selbstinduktion setzt sich die betreffende Leiteranordnung gegen jede Änderung des mit ihr verketteten Magnetflusses - und damit gegen jede Änderung des feldverursachenden Stromes - durch Erzeugen einer Urspannung zur Wehr. Soll der elektrische

Stom von Null an auf einen bestimmten Endwert gebracht werden, so muß dieser Stromanstieg gegen die dabei entstehende Urspannung erfolgen, die stromantreibende äußere Quelle muß also einen sich ihr widersetzenden elektrischen Stromantrieb überwinden und infolgedessen Arbeit leisten. Das gilt auch dann, wenn die ganze Anordnung als verlustlos anzusehen ist, d.h. wenn der elektrische Leiter keinen ohmschen Widerstand aufweist und das Feldraummedium bei der Feldänderung keinerlei Energie in Wärme umwandelt (wie es z.B. bei Eisen mit Hysterese der Fall wäre, vergl. Abschn. 3.31). Diese von der elektrischen Energiequelle während der Aufbauphase gelieferte Energie bleibt anschließend im magnetischen Feld gespeichert und wird beim Abbau des Feldes wieder frei.

3.51 Gespeicherte Energie in der stromdurchflossenen Spule

Die Spule in Bild 3.60 soll eine "ideale" Spule sein, also den Wicklungswiderstand Null und eine konstante Induktivität haben. (Der Fall mit $L \neq$ konst. wegen $\mu \neq$ konst. wird im nächsten Abschnitt mit behandelt.) Der Zusammenhang zwischen den Momentanwerten u und i an der Spule ist unter diesen Umständen durch die Gl. (83) gegeben: $u = L \cdot di/dt$. (Zur nachfolgenden Ableitung sei noch einmal an die Definitonsgleichungen für die Momentanwerte der elektrischen Stromstärke, Gl. (37): $i = dq/dt$, und der elektrischen Spannung, Gl. (39): $u = dw/dq$, erinnert.)

Der Spulenstrom i in der Anordnung nach Bild 3.60 werde nun von i = 0 auf i = I gesteigert. Den Ansatzpunkt zur Berechnung der am Ende dieses Vorgangs im magnetischen Feld der Spule gespeicherten Energie W_m liefert der Energiesatz: Da hier voraussetzungsgemäß alle Verlustquellen ausgeschaltet sind, also Energieumwandlungsstellen, an denen elektrische Energie in irgendeine die Spule verlassende Energieform umgewandelt würde wie etwa Licht, Wärme oder mechanische Energie, ist die Spule gewissermaßen mit einer energieundurchlässigen Hülle umgeben. Folglich muß die gesamte Energie, die in Bild 3.60 die gestrichelte Grenzlinie von links nach recht überquert, anschließend im Magnetfeld gespeichert sein. Indem wir daher die auf der linken Seite insgesamt aufgewendete Arbeit W berechnen, bestimmen wir damit gleichzeitig den Betrag der gespeicherten magnetischen Feldenergie W_m. Aus dem Ansatz:

$$dw_m = dw =$$

$$= u \cdot dq = u \cdot i \cdot dt = \qquad \text{nach Gl. (39) und (37)}$$

$$= L \cdot \frac{di}{dt} \cdot i \cdot dt = \qquad \text{nach Gl. (83)}$$

$$= L \cdot i \cdot di,$$

wird:

(94) $\qquad W_m = \int w_m = L \cdot \int_0^I i \cdot di = \frac{L \cdot I^2}{2}.$

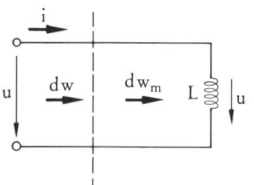

Bild 3.60:
In einer verlustlosen Spule mit der konstanten Induktivität L wird derSpulenstrom von i = 0 auf den Wert
i = I gesteigert.

Eine Spule formt bei zunehmender Spulenstromstärke "elektrische Energie" in "magnetische Feldenergie" oder kurz "magnetische Energie" um und speichert sie in ihrem magnetischen Feld. Der Betrag der gespeicherten magnetischen Feldenergie wächst linear mit der Induktivität L, aber quadratisch mit dem Wert der Spulenstromstärke. Beim Abbau des magnetischen Feldes wird die darin enthaltene Energie wieder frei. Steht der Spule an ihren Klemmen ein Abnehmer dafür zur Verfügung, ein "elektrischer Verbraucher", so kommt sie diesem zugute; ist das nicht der Fall, weil beispielsweise der Spulenstromkreis über einen Schalter geöffnet wird, so "verbrennt" diese Energie (bzw. der größte Teil davon) in Form eines Lichtbogens zwischen den sich öffnenden Kontakten. Ein solcher Vorgang sei wegen seiner technischen Wichtigkeit anhand des Bildes 3.61 etwas eingehender betrachtet.

Eine verlustlose Spule mit L = konst. liegt an einer elektrischen Energiequelle von der Spannung U und nimmt den Strom i = I auf, dessen Größe man sich - da die Spule vereinbarungsgemäß keinen ohmschen Widerstand bietet - hier durch den Innenwiderstand der Quelle auf einen endlichen Wert begrenzt denken muß. Öffnet man nun den Schalter S, so hat das ein (negatives) di/dt zur Folge, dessen Größe nach ∞ tendiert; daraus resultiert wiederum eine (unter Bezug auf das eingetragene Zählpfeilsystem ebenfalls negative) selbstinduzierte Urspannung u_0 = L · di/dt, deren Größe durch diejenige von di/dt bestimmt wird. Die über der sich öffnenden Schalterstrecke liegende Spannung u_S = U - u_0 = U - L · di/dt erreicht daher ohne weiteres einen Wert, bei dem die Durchschlagfeldstärke dieser Luftstrecke überschritten wird. Es bildet sich also ein Lichtbogen aus, in dem die aus der magnetischen Feldenergie wieder in die elektrische Form ∫u_S · i · dt zurückverwandelte Energie in Wärme und Licht umgesetzt wird. Das Abschalten von Stromkreisteilen, die nennenswerte Induktivitäten enthalten, also z.B. auch von Verbrauchern an langen Leitungen, ist deshalb immer problematisch, weil dabei d i e o h n e S t r o m n i c h t m e h r e x i s t e n z f ä h i g e m a g n e t i s c h e F e l d e n e r g i e auf eine solche Art entfernt werden muß, daß sie nicht in zerstörerischer Weise auf die Kontakte einwirken kann. Wir werden später anhand der Übungsaufgabe 60 auf diese Problematik zurückkommen. Hier sei nur noch einmal zusammenfassend festge-

Bild 3.61:
Beim Öffnen des Schalters S entsteht durch Selbstinduktion eine Urspannung u_0 = L · di/dt, die danach strebt, den ursprünglich fließenden Strom nach Größe und Richtung weiterhin aufrechtzuerhalten, d.h. das ursprünglich vorhandene Magnetfeld unverändert beizubehalten.

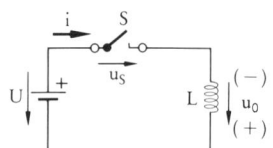

stellt: Eine Induktivität wird beim Abbau ihres Magnetfeldes - ganz gleich, ob der Abbau allmählich erfolgt oder durch plötzliches Stromabschalten - selbst zur elektrischen Energiequelle; und zwar hat die in ihr per Selbstinduktion entstehende Urspannung stets eine solche Richtung, daß sie den elektrischen Strom in seiner ursprünglichen Richtung beizubehalten trachtet, was auch mit der LENZschen Regel in Übereinstimmung steht (man vergleiche dazu die in Klammern angegebene Polarität von u_0 in Bild 3.61).

Bei der Ableitung der Bestimmungsgleichung für den Betrag der gespeicherten magnetischen Feldenergie wurde keine Vorschrift hinsichtlich des zeitlichen Verlaufes von di/dt im einzelnen gemacht. Dieser Verlauf ist auch ohne Einfluß, denn wenn die Annahme richtig ist, daß die Energie W_m im magnetischen Feld der Spule gespeichert wird, so kann ihre Größe doch nur davon abhängen, bis zu welcher Höhe die f e l d e r z e u g e n d e magnetische Antriebsgröße $\Theta = N \cdot i$ - und damit die Spulenstromstärke i - ansteigt, nicht aber davon, wieviel Zeit sie dazu braucht und ob der zeitliche Anstieg beispielsweise linear oder quadratisch erfolgt.

Zur Beleuchtung der Zusammenhänge ein einfaches Beispiel: Der zeitliche Anstieg des Spulenstromes i in einer idealen Spule sei linear: di/dt = konst., Bild 3.62. Wegen u = L · di/dt ist dazu eine konstante antreibende Spannung u erforderlich, d.h. auf die verlustlose Spule braucht nur ein Spannungssprung geschaltet zu werden; siehe Diagramm.

Der Momentanwert w_m der magnetischen Feldenergie ist nach Gl. (94) ganz allgemein:

$$w_m = \frac{L \cdot i^2}{2},$$

worin i der im betrachteten Augenblick herrschende Momentanwert des Spulenstromes ist. Bei zeitlich linearem Stromanstieg nimmt demzufolge der

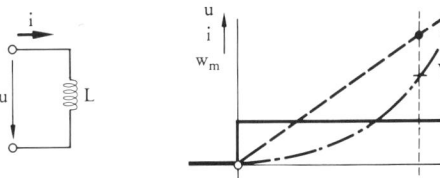

Bild 3.62:
Die zeitlichen Verläufe von i und w_m in einer Spule mit L = konst., der ein Spannungssprung aufgeschaltet wird.

u = U: Zeitlich konstanter Spannungsverlauf;

$$U = L \cdot \frac{di}{dt} \; ; \; di = \frac{U}{L} \cdot dt \Rightarrow i = \frac{U}{L} \cdot t; \text{ zeitlich konst. Stromanstieg;}$$

$$w_m = \frac{L \cdot i^2}{2} = \frac{L}{2} \cdot \left(\frac{U}{L} \cdot t\right)^2 = \frac{U^2}{2L} \cdot t^2: \text{ zeitl. quadr. Anstieg der gespeicherten Energie.}$$

Momentanwert der magnetischen Feldenergie einen zeitlich quadratischen Verlauf; siehe Diagr. in Bild 3.62.

Schaltet man also etwa auf eine verlustlose Spule mit L = 4 H = konst. einen Spannungssprung von der Höhe U = 20 V, so nimmt der Spulenstrom einen zeitlichen Anstieg von

$$\frac{di}{dt} = \frac{U}{L} = \frac{20 \text{ V A}}{4 \text{ Vs}} = 5 \frac{A}{s}.$$

Nach einer Sekunde ist eine Stromstärke i = 5 A erreicht und die Spule enthält eine magnetische Feldenergie

$$w_m = \frac{L \cdot i^2}{2} = \frac{4 \text{ Vs} \cdot 25 \text{ A A}}{A \, 2} = 50 \text{ Ws} = 50 \text{ Nm}.$$

Dieser Energiebetrag würde immerhin ausreichen, um eine Masse von 5 kg nahezu einen Meter hoch zu heben.

Die Gl. (94): $W_m = L \cdot I^2/2$ stellt das duale Gegenstück zur Gl. (40): $W_e = C \cdot U^2/2$ dar, die den Betrag der dielektrischen Energie im geladenen Kondensator nennt. Mit den beiden Bauelementen Spule und Kondensator hat man sich den technischen Zugriff zur Energiespeicherung im magnetischen und elektrischen Feld verschafft. Besondere Bedeutung haben Induktivität und Kapazität im Wechselstromkreis erlangt, wo sie infolge der periodischen Größenschwankungen von Stromstärke bzw. Spannung periodisch die Rolle als "Energie-Verbraucher" (in der jeweiligen Feldaufbauphase) und als "Energie-Erzeuger" (in der jeweiligen Feldabbauphase) tauschen - was ihnen übrigens den Namen "Blindverbraucher" eingetragen hat. Eine Reihe von wichtigen und vielfältig ausgenützten Effekten im Wechselstromkreis wird überhaupt erst ermöglicht durch das Zusammenspiel von Kapazität und Induktivität mit ihrem zueinander dualen Verhalten, das sich z.B. darin äußert, daß bei einer Zusammenschaltung der beiden Bauelemente das eine gerade immer bereit ist, Energie aufzunehmen, wenn das andere Energie abgibt bzw. umgekehrt. (Siehe hierzu auch Übungsaufgabe 61.)

Formt man die Gleichung, durch deren Ansatz die in der Spule gespeicherte Energie berechnet wurde:

$$dw_m = dw = u \cdot dq = u \cdot i \cdot dt = L \cdot \frac{di}{dt} \cdot i \cdot dt = L \cdot i \cdot di$$

unter Verwendung der Gl. (87): $L \cdot i = N \cdot \phi$ (ϕ hier Momentanwert) etwas um, so wird daraus:

$$dw_m = \phi \cdot N \cdot di = \phi \cdot d\Theta.$$

Damit kann man die Änderung der Durchflutung, d.h. die Änderung der magnetischen Potentialdifferenz so interpretieren:

$$d\Theta = \frac{dw_m}{\phi}.$$

Im magnetischen Feld nennt die Ä n d e r u n g   d e r   m a g n e t i s c h e n   P o -
t e n t i a l d i f f e r e n z $d\Theta$ die umgesetzte Energie dw_m, bezogen auf die
dabei beteiligte magnetische Flußstärke ϕ.

($[\phi] = 1$ Vs; $[d\Theta] = 1$ A $= 1$ Nm/Vs; wegen 1 VAs $= 1$ Nm)

Das ist das Gegenstück zu der in Abschnitt 2.51 auf Seite 85 gegebenen Formulierung und Interpretation der Änderung der elektrischen Potentialdifferenz
im elektrischen Feld: $du = dw_e/\psi$. Eine vergleichende Gegenüberstellung der
Ergebnisse hier und dort zeigt, daß die offen zutage tretende formale Analogie der Ausdruck für eine völlige Analogie im energetischen Verhalten der beiden Felder ist:

Im magnetischen wie im elektrischen Feld findet eine Energieänderung -
und damit ein Energieumsatz, d.h. eine Energieumwandlung aus einer Erscheinungsform in eine andere - immer nur dann statt, wenn sich die betreffende Potentialdifferenz Θ bzw. U ändert.

3.52 Energiedichte im magnetischen Feld

Hier haben wir zu unterscheiden, ob der fragliche Feldraum eine konstante
Permeabilität aufweist oder nicht. Um den Anschluß an die soeben erfolgte
Berechnung der magnetischen Feldenergie bei konstanter Induktivität zu wah-
ren, behandeln wir erst den Fall μ = konst.

Feldraum mit konstanter Permeabilität μ

Zur Ermittlung der an beliebiger Stelle im magnetischen Feld herrschenden
Energiedichte gehen wir von der Gl. (94) aus, stellen diese aber so um, daß
statt der Induktivität L, die ja für ein Raumelement innerhalb des magnetischen Feldes nicht definiert ist, eine Feldgröße erscheint:

$$(95) \quad W_m = \frac{L \cdot I^2}{2} = \frac{N \cdot \phi \cdot I^2}{I \cdot 2} = \frac{\phi \cdot N \cdot I}{2} = \quad \text{wegen Gl. (87): } L = N \cdot \frac{\phi}{I}$$

$$= \frac{\phi \cdot \Theta}{2}.$$

Die magnetische Feldenergie in einem Feldraum ist gleich dem halben Produkt aus der Flußantriebsgröße Θ und der magnetischen Flußstärke ϕ.

In einem infinitesimalen Raumelement des magnetischen Feldes von der Länge
ds in Flußrichtung und dem Querschnitt dA senkrecht dazu, ist die Teil-Antriebsgröße $d\Theta$ wirksam:

$$d\Theta = H \cdot ds;$$

dieses Raumelement wird von einem Teil-Fluß $d\phi$ durchsetzt:

$$d\phi = B \cdot dA.$$

Der in diesem Raumelement gespeicherte Energieanteil dW_m ist gemäß Gl. (95):

$$dW_m = \frac{d\phi \cdot d\Theta}{2} = \frac{B \cdot dA \cdot H \cdot ds}{2} .$$

Die Energiedichte als das Verhältnis der gespeicherten Energie dW_m zu dem von ihm eingenommenen Volumenelement dV ist somit:

$$(96a) \quad \frac{dW_m}{dV} = \frac{B \cdot dA \cdot H \cdot ds}{2 \cdot dA \cdot ds} = \frac{H \cdot B}{2} .$$

Hier tritt wieder der energetische Hintergrund des Feldbegriffes offen zutage: Das magnetische Feld kennzeichnet - genauso wie das elektrische - einen bestimmten Energiezustand des Raumes; wo eine von Null verschiedene magnetische Feldstärke H und damit auch eine von Null verschiedene magnetische Flußdichte B herrscht, enthält ein Volumenelement dV des Raumes den Energiebetrag $dV \cdot H \cdot B/2$ in Form magnetischer Energie.

Wegen $B = \mu \cdot H$ kann man die Gl. (96a) auch noch in zwei anderen Varianten schreiben:

$$(96b) \quad \frac{dW_m}{dV} = \frac{B \cdot H}{2} = \mu_0 \cdot \mu_r \cdot \frac{H^2}{2} = \frac{B^2}{2 \cdot \mu_0 \cdot \mu_r} .$$

Im Gegensatz zur Energiedichte $dW_e/dV = D \cdot E/2$ im elektrischen Feld, die wegen der endlichen elektrischen Durchschlagfeldstärke E_d jedes Mediums einer prinzipiellen Begrenzung unterliegt, gibt es für die Energiedichte im magnetischen Feld theoretisch keine Höchstgrenze. Praktisch sind natürlich Grenzen gesetzt, denn die Erzeugung einer Durchflutung $\Theta = N \cdot I$ kostet bei Verwendung konventioneller Mittel entsprechenden Raum (weil die Stromdichte bestimmte Werte nicht überschreiben darf) und Energie zur Deckung der Verluste im Leiter (wegen $R \neq 0$); durch die Ausnützung der Supraleitfähigkeit geeigneter Materialien bei sehr tiefen Temperaturen in der Größenordnung von einigen Kelvin setzt man sich allerdings heute schon vielfach über diese Grenzen hinweg.

Zum Abschluß noch der Vergleich einer dielektrischen und einer magnetischen Energiedichte in Luft. Bei einer noch vertretbaren elektrischen Feldstärke $E = 20$ kV/cm in Luft ist die Energiedichte des elektrischen Feldes

$$\frac{dW_e}{dV} = \frac{D \cdot E}{2} = \epsilon_0 \cdot \epsilon_r \cdot \frac{E^2}{2} = 0,885 \cdot 10^{-13} \frac{As}{Vcm} \cdot 1 \cdot \frac{4 \cdot 10^8}{2} \frac{V}{cm^2} \frac{V}{} =$$

$$= 1,77 \cdot 10^{-5} \frac{Ws}{cm^3} .$$

Im Luftspalt eines magnetischen Eisenkreises wird mit konventionellen Mitteln ein Wert $B = 1,6$ Vs/m^2 der magnetischen Flußdichte ohne weiteres erreicht; die Energiedichte des magnetischen Feldes ist dort:

$$\frac{dW_m}{dV} = \frac{B \cdot H}{2} = \frac{B^2}{2 \cdot \mu_0 \cdot \mu_r} = \frac{2,56 \text{ Vs Vs}}{10^8 \text{ cm}^4 \cdot 2 \cdot 12,56 \cdot 10^{-9} \text{ Vs} \cdot 1} \frac{\text{Acm}}{} =$$

$$\approx 1 \frac{Ws}{cm^3} .$$

Die respektable Größe des Verhältnisses dieser beiden Energiedichten zueinander

$$\frac{dW_m/dV}{dW_e/dV} \approx 5 \cdot 10^4$$

gibt einen Fingerzeig dafür, warum bei den Energieumwandlungen der elektrischen Energietechnik das magnetische Feld dem elektrischen so augenfällig vorgezogen wird.

Feldraum mit nicht-konstanter Permeabilität μ

Das Prinzip der Berechnung bleibt gegenüber vorher unverändert: der Strom i in einer Spule mit $R_L = 0$ wird von i = 0 bis zu einem Endwert gesteigert und wir bestimmen die in das magnetische Feld hineingelieferte Energie dadurch, daß wir errechnen, was auf der elektrischen Seite für Arbeit geleistet werden muß. Es ist jetzt angenommen, daß der Feldraum ein belastungsabhängiges μ aufweist (Bild 3.63); weil damit die Induktivität eine stromstärkeabhängige Größe $L_{(i)}$ wird, soll sie bei der nachfolgenden Ableitung nicht mehr benützt werden:

$$dw_m = dw = u \cdot dq = u \cdot i \cdot dt =$$

$$= u_0 \cdot i \cdot dt = \qquad \text{wegen:} \quad \circlearrowleft - u + u_0 = 0$$

$$= N \cdot \frac{d\phi}{dt} \cdot i \cdot dt = \qquad u_0 = N \cdot d\phi/dt$$

$$= N \cdot A \cdot \frac{dB}{dt} \cdot \frac{H \cdot s}{N} \cdot dt = \qquad d\phi = A \cdot dB; \, i \cdot N = H \cdot s.$$

$$= A \cdot s \cdot H \cdot dB = V \cdot H \cdot dB \quad \text{mit } V = A \cdot s = \text{Volumen des Feldraumes.}$$

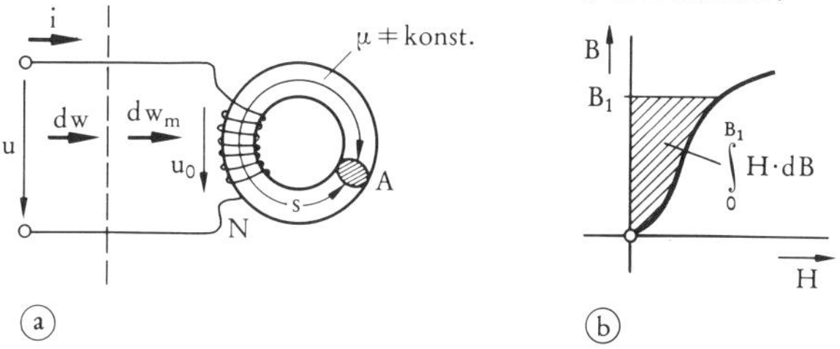

Bild 3.63:
a, Zur Bestimmung der von einer stromstärkeabhängigen Induktivität $L_{(i)}$ augenommenen Energie W_m.
b, Kennlinie des Magnetkreismaterials (ohne Hysterese); die schraffierte Fläche repräsentiert den Wert des Integrals

$$\int_0^{B_1} H \cdot dB.$$

Der allgemeingültige Ausdruck für die Änderung der magnetischen Feldenergie ist also

$$dw_m = V \cdot H \cdot dB;$$

daher ist die gesamte aufgenommene Energie

(97) $$W_m = \int dw_m = V \int_0^{B_1} H \cdot dB,$$

wenn die magnetische Flußdichte von $B = 0$ bis $B = B_1$ ansteigt. Maßgebend für diesen Energiebetrag ist neben dem Volumen V des magnetischen Feldraumes das betreffende Flußdichteintegral über die magnetische Feldstärke $\int H \cdot dB$, das sich normalerweise bei $\mu \neq$ konst. nicht mehr numerisch berechnen, sondern nur noch in der zugehörigen Magnetisierungskurve auf graphischem Wege bestimmen läßt; *) siehe Bild 3.63b. Die Einheitengleichung

$$[H \cdot dB] = [H] \cdot [B] = 1 \frac{A}{m} \cdot 1 \frac{Vs}{m^2} = 1 \frac{Ws}{m^3}$$

bestätigt, daß die durch die Integration umgrenzte Fläche in der B-H-Ebene im gegebenen Maßstab direkt die zugehörige Energiedichte in Wattsekunden pro Kubikmeter nennt.

Zur Bestimmung der in einer stromabhängigen Induktivität $L_{(i)}$ gespeicherten Energie W_m muß also der Wert des Feldraumvolumens bekannt sein, die entsprechende Magnetisierungskurve muß zur Verfügung stehen, und man muß in der Lage sein, die erreichte magnetische Flußdichte B_1 beispielsweise aus der gemessenen Stromstärke I_1 zu berechnen.

Die Umstellung der Gl. (97) führt zum allgemeingültigen Ausdruck für die pro Volumeneinheit aufgenommene Energie, die Energiedichte:

(98) $$\frac{W_m}{V} = \int H \cdot dB.$$

(Bei $\mu =$ konst. wird daraus wieder die bereits abgeleitete Gl. (96):
$B = \mu \cdot H \Rightarrow H = B/\mu \Rightarrow \int H \cdot dB = (1/\mu) \cdot \int B \cdot dB = B^2/2\mu = B \cdot H/2$)

Weist das Feldraummaterial keine Hysterese auf wie z.B. das durch Bild 3.63b charakterisierte, so wird die gesamte in das magnetische Feld hineingelieferte Energie beim Abbau dieses Feldes wieder frei. Zeigt das Material hingegen Hysterese, so geht ein Teil der zum Feldaufbau investierten Energie als Hysteresearbeit (= innere Reibungsarbeit, vergl. Abschn. 3.31) verloren und beim Feldabbau wird daher nur ein entsprechend kleinerer Energiebetrag wieder frei. Bild 3.64a veranschaulicht für ein solches Material einen vollen Magnetisierungszyklus in der Kennlinie. Dazu ist der ganze Zyklus in vier Teilabschnitte zerlegt, in denen jeweils die Vorzeichen von H und dB konstant bleiben. Positives Vorzeichen von $\int H \cdot dB$ bedeutet: vom Magnet-

---

*) B = f(H) kann durch keinen einfachen Funktionsausdruck genau angegeben werden.

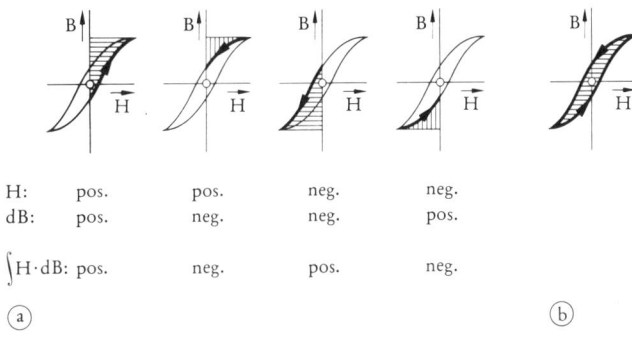

<table>
<tr><td></td><td></td><td></td><td></td></tr>
</table>

H:	pos.	pos.	neg.	neg.
dB:	pos.	neg.	neg.	pos.

| $\int$ H·dB: pos. | | neg. | pos. | neg. |

(a)   (b)

Bild 3.64:
a, Darstellung eines vollen Magnetisierungszyklus in einem Material mit Hyserese; $\int$ H · dB pos. $\hat{=}$ vom Magnetkreis aufgenommene Energie/Vol.; $\int$ H · dB neg. $\hat{=}$ vom Magnetkreis abgegebene Energie/Vol.
b, Der Flächeninhalt der Hystereseschleife ist im gegebenen Achsenmaßstab ein unmittelbarer Ausdruck für die pro Volumeneinheit und Magnetisierungszyklus anfallenden „Hystereseverluste".

kreis aufgenommene Energie, und negatives Vorzeichen: wieder freigegebene Energie. Man sieht, daß resultierend ein Energiebetrag pro Volumeneinheit verloren geht, der durch die Fläche der Hystereseschleife im gegebenen Maßstab repräsentiert wird.

Die Hystereseverluste spielen z.B. beim Transformator als Bestandteile seiner "Eisenverluste" eine bedeutende - weil störende - Rolle, denn sie erwärmen das Transformatoreisen. Wie man sich leicht überlegen kann, steigen bei sonst konstanten Größen die Hystereseverluste mit der "Frequenz" der Betriebsspannung, d.h. mit der Anzahl der vollen Magnetisierungswechsel pro Sekunde, linear an.

3.53 Magnetische Leistung

In der Aufbau- und in der Abbauphase eines magnetischen Feldes vollzieht sich jeweils ein einmaliger Energieumsatz, bei dem Energie aus der elektrischen Form in die Form magnetischer Feldenergie umgewandelt wird bzw. umgekehrt. Während dieser dynamischen Phasen im Dasein des magnetischen Feldes tritt "magnetische Leistung" auf. Ihr Momentanwert p_m ist definiert als die zeitliche Energieänderung des magnetischen Feldes, und diese ist nach den vorher angestellten Überlegungen bei Vernachlässigung des Spulenwiderstandes stets gleich der zu- bzw. abgeführten elektrischen Leistung p = u · i:

$$p_m = \frac{dw_m}{dt} = p = u \cdot i = N \cdot \frac{d\phi}{dt} \cdot \frac{\Theta}{N} = \Theta \cdot \frac{d\phi}{dt}$$

$$p_m = \Theta \cdot \frac{d\phi}{dt} .$$

Diese Gleichung (in der Θ als Momentanwert aufzufassen ist) bestätigt: Magnetische Leistung setzt voraus, daß sich das magnetische Feld zeitlich ändert, d.h. daß $d\phi/dt \neq 0$ ist. Daher läßt sich Energie aus einem elektrischen Kreis auf dem Wege über einen koppelnden magnetischen Kreis nur dann in einen anderen elektrischen Kreis übertragen, wenn der verbindende Magnetfluß ϕ eine sich zeitlich dauernd ändernde Größe ist: damit ein Transformator seine Funktion erfüllen kann, muß er mit W e c h s e l s t r o m betrieben werden.

3.54 Die Induktivität als „Stromstärke-Trägheit"

Die Beziehung u = L · di/dt, die nach Gl. (83) zwischen den elektrischen Grössen Spannung und Stromstärke an einer idealisierten Spule von der Induktivität L besteht, läßt sich - ebenso wie die hierzu duale Beziehung i = C · du/dt - auch unter dem Aspekt der "Trägheit" diskutieren. Die nachfolgende Überlegung gewinnt ihre besondere Bedeutung in der Gegenüberstellung von "Spannungs-Trägheit" und "Stromstärke-Trägheit" und es ist deshalb empfehlenswert, an dieser Stelle hier zum Abschnitt 2.54 auf Seite 87 zurückzukehren und diesen noch einmal durchzulesen.

Die Gl. (83) läßt sich genauso anschreiben wie die Gleichungen

$$\frac{dv}{dt} = \frac{1}{m} \cdot F \quad und \quad \frac{du}{dt} = \frac{1}{C} \cdot i$$

in Abschnitt 2.54 und völlig analog dazu interpretieren:

$$u = L \cdot \frac{di}{dt} \Rightarrow \frac{di}{dt} = \frac{1}{L} \cdot u.$$

Bei gegebener Spannung u ist die zeitliche Änderung der elektrischen Stromstärke di/dt umso kleiner, je größer die Induktivität L ist. Die physikalische Größe "Induktivität" gibt also unmittelbar an, in welchem Maße sich die betreffende Leiteranordnung einer Stromstärkeänderung widersetzt, d.h. wie stark ausgeprägt bei ihr die Eigenschaft der "Stromstärke-Trägheit" ist.

Eine Leiteranordnung mit Stromstärke-Trägheit verwirklicht diese Eigenschaft so, daß sie bei einem Versuch, die Stromstärke zu erhöhen, mit Hilfe ihrer Induktivität Energie in Form magnetischer Feldenergie bindet, und daß sie bei einem Versuch, die Stromstärke zu vermindern, Energie aus dem Reservoir magnetischer Feldenergie freigibt. Dadurch wird jeweils ein abruptes An- oder Abspringen der elektrischen Stromstärke verhindert und es kommt die bekannte "stromglättende" Wirkung der Spule zustande.

In Schaltungen, in denen ruckartige Änderungen der elektrischen Stromstärke verhindert werden sollen, findet man vielfach Spulen - oder "Drosselspulen" wie sie auch genannt werden -, weil diese aufgrund ihrer Induktivität über die hier benötigte Eigenschaft der "Stromstärke-Trägheit" verfügen.

Übungsaufgaben $\qquad\qquad\qquad\qquad \mu_O = 12,56 \cdot 10^{-9} \dfrac{Vs}{A\,cm}$

58. Einer Spule mit L = 0,6 H = konst. und dem Wicklungswiderstand R_L = 8 Ω soll bei konstantem Stromanstieg in der Zeit T = 50 ms der Energie-

betrag W_m = 1,2 Ws zugeführt werden. Welchen zeitlichen Verlauf der Spannung u muß man dazu der Spule an ihren Eingangsklemmen aufprägen?

59. Eine Spule ist auf einen Eisenring mit Luftspalt aufgebracht; die Abmessungen sind (Indices: E $\triangleq$ Eisen, L $\triangleq$ Luft): $A_E = A_L$ = 6 cm^2; s_E = 40 cm; s_L = 3 mm. Ein Spulenstrom I = 0,6 A bringt die magnetische Flußdichte auf den Wert B = 0,8 Vs/m^2 (wobei μ_{rE} = 600 als konstant anzusehen ist).

a, Welche Gesamtenergie W_m ist in der Anordnung gespeichert und wie verteilt sich diese auf den Eisenkreis (W_{mE}) und den Luftspalt (W_{mL})? Man vergleiche auch die beiden Energiedichten miteinander.

b, Welche Windungszahl N und welche Induktivität L hat die Spule?

60. Eine Spule mit Eisenkern hat den Widerstand R_L = 20 Ω und die Induktivität L = 25 H = konst.; sie ist im Betrieb über einen Schalter an die Spannung U = + 40 V gelegt, siehe Bild 3.65a. Damit beim Abschalten der Induktivität keine zu hohen Überspannungen entstehen (die u.a. die Spulenisolation durchschlagen könnten) und damit der Großteil der dabei freiwerdenden Energie nicht in einem Lichtbogen zwischen den Schalterkontakten "verbrennt" (was diese relativ schnell zerstören würde), liegt parallel zur Spule eine Serienschaltung aus einer Diode und einem Widerstand R zur Aufnahme freiwerdender magnetischer Feldenergie. R = 80 Ω; die Diode werde als ideal betrachtet mit einem Durchlaßwiderstand = 0 und einem Sperrwiderstand = ∞.

a, Welche Energie W_R wird beim Öffnen des Schalters im Widerstand R in Wärme umgewandelt?

b, Mit welchem Wert di/dt beginnt der Spulenstrom im Moment des Abschaltens abzuklingen?

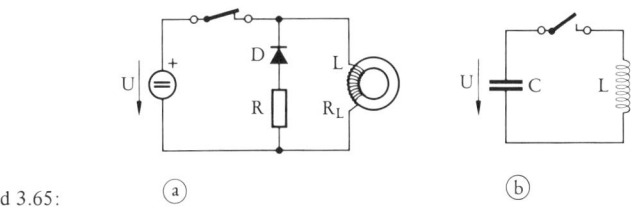

Bild 3.65: ⓐ ⓑ

61. Ein verlustloser Kondensator mit C = 20 μF ist auf eine Spannung U = + 100 V aufgeladen, Bild 3.65b. Er wird zum Zeitpunkt t = 0 über einen Schalter parallel zu einer verlustlosen Spule mit L = 0,8 H = konst. gelegt.

a, Mit welchem di/dt beginnt der Spulenstrom i zu fließen?

b, Welchen Höchstwert i_{max} erreicht der Spulenstrom?

c, Was läßt sich unter dem Blickwinkel des Energiesatzes über das weitere zeitliche Verhalten dieser Schaltung sagen?

62. Magnet-Ringkerne, wie sie etwa für Kernspeicher in digitalen Rechenanlagen verwendet werden, haben nahezu rechteckige Hystereseschleifen, die in erster Näherung durch die "Remanenzflußdichte B_r" und die "Koerzitivfeld-

stärke H_C" gekennzeichnet sind; man vergleiche dazu die Kurve für "hartmagnetisches" Material in Bild 3.24.

Welche Leistung P_H fällt in einem Kernspeicher infolge Hysterese an, wenn man folgende Annahmen zugrundelegt: Jede Speicherzelle faßt ein sog. "Maschinenwort" aus 32 binären Zeichen und besteht daher aus 32 Ringkernen; in jeder Mikrosekunde findet ein Speichervorgang statt (Einschreiben oder Herauslesen), der immer genau eine Speicherzelle ansteuert und dabei jeweils die Hälfte der 32 Kerne einmal zyklisch ummagnetisiert. Daten der Speicherkerne: Außendurchmesser D = 0,5 mm, Innendurchmesser d = 0,25 mm, Stärke s = 0,125 mm (quadratischer Feldraumquerschnitt), B_r = 0,5 Vs/m^2, H_C = 200 A/m.

3.6 *Kräfte an den Polflächen eines Magneten*

Mit der von Magneten ausgehenden Kraftwirkung ist heutzutage bereits jedes Kind aufgrund vielfältiger Anwendungen in seinem Lebensbereich vertraut und fast niemand mehr wundert sich über diese erstaunliche Erscheinung, die doch immerhin in der Lage ist, auch recht schweren Körpern "ein Gewicht in der Richtung nach oben" zu verleihen - vorausgesetzt natürlich, sie bestehen aus dem richtigen Material. Die Erklärungen für dieses Phänomen tragen alle den Charakter des Beobachtungsbefundes: "Stoffe mit $\mu_r > 1$ erfahren im magnetischen Feld eine Kraft in Richtung auf die Stelle mit der höchsten magnetischen Feldstärke hin" (vergl. hierzu auch die Lösung von Übungsaufg. 30) oder noch genereller "Jedes Feld strebt danach, die in ihm enthaltene Energie auf ein Minimum zu bringen" (weshalb z.B. das Schwerefeld die reifen Äpfel von den Bäumen holt und damit ihre potentielle Energie vermindert). Echte Erklärungen im Sinne eines "weil" lassen sich nicht geben, denn niemand vermag zu sagen, warum die Felder nach einem Energieminimum trachten, genausowenig übrigens wie man anzugeben vermöchte, warum sich eine Ladung mit einem elektrischen Feld umgibt, warum ein zeitlich oder örtlich veränderliches elektrisches Feld ein magnetisches Feld hervorruft bzw. umgekehrt. Wir können stets nur Folgeerscheinungen durch ein "weil" auf diese beobachteten Grundtatsachen zurückführen.

Kräfte stehen immer in Zusammenhang mit Energien und Energieänderungen, und wir wollen daher die Kräfte, die an den Polen eines Elektromagneten herrschen, aus einer Energiebetrachtung ermitteln. Dazu diene die Anordnung nach Bild 3.66: Ein U-förmiges Eisen von quadratischem Querschnitt q ist mit einer stromdurchflossenen Spule bewickelt - das ist ein Elektromagnet; der magnetische Kreis wird über ein gerades Eisenstück - den "Anker" - von gleichem Querschnitt geschlossen, aber so, daß dabei zwei Luftspalte von der Länge s entstehen. Für die nachfolgende Untersuchung werde idealisierend angenommen, daß der Magnetfluß in den beiden Luftstrecken auch jeweils genau den Querschnitt q habe.

Zur Feststellung der Kraft F, mit der man den Anker im Abstand s von den Polflächen des Elektromagneten festhalten muß, wenden wir hier das "Prinzip der virtuellen Verrückung" an, d.h. wir lassen eine infinitesimale Störung des Gleichgewichtes zu, um die für den Gleichgewichtszustand nötigen Kräfte berechnen zu können; die bei einer aktuellen Störung des Gleichgewichtes auftretenden dynamischen Kräfte, wie z.B. Trägheitskräfte, bleiben bei dieser Art Überlegung grundsätzlich außer acht. Auch die auf der magnetischen bzw. elektrischen Seite bei einer aktuellen Störung des Gleichgewichtes entstehenden Größen sollen hierbei eliminiert werden: bei konstantem Spulenstrom, d.h. bei konstanter Durchflutung, würde eine Veränderung des Luftspaltes wegen der damit verbundenen Veränderung des magnetischen Leitwertes den Magnetfluß verändern, was wiederum eine selbstinduzierte Spannung und somit eine Rückwirkung auf den elektrischen Stromkreis zur Folge hätte. Um all dies auszuschließen, nehmen wir an, die Magnetflußstärke bleibe bei der infinitesimalen Ortsveränderung des Ankers konstant, etwa dadurch, daß der Spulenstrom entsprechend nachgestellt wird. Unter dieser Voraussetzung ändert sich bei einer virtuellen Verrückung des Ankers der Energieinhalt des magnetischen Feldes weder im Elektromagneten selbst noch im Anker, dafür aber in den beiden Luftstrecken mit dem Gesamtquerschnitt A = 2 · q, auf den sich die wirksame Kraft insgesamt verteilt. Es gilt (Indices: L $\triangleq$ Luftstrecke, E $\triangleq$ Eisen):

$$\phi = \text{konst.}; \qquad q_E = q_L = q = \frac{A}{2};$$

$$B_E = B_L = B = \text{konst.}; \quad \mu_L = \mu_O;$$

Vor dem Bewegen des Ankers ist der Energieinhalt W_{mL} des magnetischen Feldes in den beiden Luftstrecken vom Gesamtvolumen V = 2 · q · s = A · s nach Gl. (96):

$$W_{mL} = \frac{H_L \cdot B_L}{2} \cdot V = \frac{B^2}{2 \cdot \mu_O} \cdot V = \frac{B^2}{2 \cdot \mu_O} \cdot A \cdot s.$$

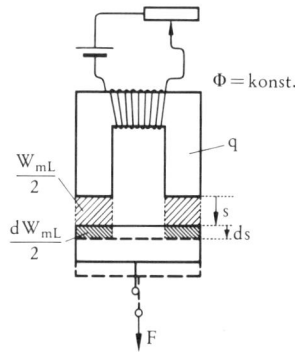

Bild 3.66:
Elektromagnet mit einem Anker im Abstand s von den Polflächen des Magneten. Der Anker wird durch eine Kraft F um ds nach unten bewegt; dabei wird der Spulenstrom so nachgestellt, daß die Magnetflußstärke konstant bleibt.

Nach dem Bewegen des Ankers haben die beiden Luftstrecken das neue Gesamtvolumen V' = 2 · q · (s + ds) = A · (s + ds), Bild 3.66, und ihr Energieinhalt W'_{mL} ist wegen B = konst. :

$$W'_{mL} = \frac{B^2}{2 \cdot \mu_O} \cdot V' = \frac{B^2}{2 \cdot \mu_O} \cdot A \cdot (s + ds) = \frac{B^2}{2 \cdot \mu_O} \cdot A \cdot s + \frac{B^2}{2 \cdot \mu_O} \cdot A \cdot ds =$$

$$= W_{mL} + dW_{mL}.$$

Der gegenüber vorher hinzugekommene Anteil dW_{mL} muß, da vereinbarungsgemäß jede andere Möglichkeit einer Energiezufuhr ausgeschlossen ist, durch
die von außen her wirkende mechanische Kraft F eingebracht worden sein:

$$dW_{mL} = F \cdot ds = \frac{B^2}{2 \cdot \mu_O} \cdot A \cdot ds.$$

Daraus:

(99) $$F = \frac{B^2}{2 \cdot \mu_O} \cdot A = \mu_O \cdot \frac{H^2}{2} \cdot A = \frac{B \cdot H}{2} \cdot A = \frac{H \cdot \phi}{2}.$$

Die an den Polen des Elektromagneten wirkende Kraft ist direkt proportional
der Polfläche (in Bild 3.66 entfällt auf jede der beiden Endflächen des Elektromagneten mit dem Querschnitt q = A/2 die Kraft F/2), und sie wächst quadratisch mit der magnetischen Flußdichte B bzw. mit der magnetischen Feldstärke H, die an dieser Fläche herrscht.

Die spezifische Kraft, d.h. die auf die Fläche A bezogene Kraft F/A ist:

$$\frac{F}{A} = \frac{B^2}{2 \cdot \mu_O} = \mu_O \cdot \frac{H^2}{2} = \frac{B \cdot H}{2}.$$

Bei einer magnetischen Flußdichte von beispielsweise B = 1,2 Vs/m² wird:

$$\frac{F}{A} = \frac{B^2}{2 \cdot \mu_O} = \frac{1,44 \text{ Vs Vs}}{m^2 m^2 \cdot 2 \cdot 12,56 \cdot 10^{-7} \text{ Vs}} \frac{Am}{Vs} = 0,57 \cdot 10^6 \frac{VAs}{m^3} =$$

$$= 0,57 \cdot 10^6 \frac{Nm}{m^3} = 0,57 \cdot 10^6 \frac{N}{m^2} = 57 \frac{N}{cm^2}.$$

Ein Vergleich mit der in Kap. 2.6 an entsprechender Stelle berechneten spezifischen Kraft an den Platten eines geladenen Kondensators F/A = 1,77 · 10⁻³
N/cm² (bei maximal möglicher elektrischer Feldstärke in Luft) zeigt den enor-
men Unterschied in der Größenordnung der mit technischen Mitteln erreichbaren spezifischen Kräfte des elektrischen bzw. magnetischen Feldes in Luft.

Die von einem Magnetfeld auf Eisen - oder allgemeiner: auf Material mit gros-
ser relativer Permeabilität - ausgehende Kraftwirkung nützt der Mensch in
größtem Stil technisch aus. Man denke nur an die Unzahl von Elektromagneten,
die, als "Relais" bezeichnet, in der Fernsprechvermittlung, in der Eisenbahn-
signal- und Stellwerktechnik, in der Verkehrsampelsteuerung und in digitalen

Steuerungen aller Art installiert sind; oder an diejenigen schwererer Ausführung, die, als "Schütze" bezeichnet, Motorenkreise schließen und öffnen undsoweiter. Das Bemerkenswerteste an ihnen allen ist wohl, auch wenn es uns kaum mehr auffällt, daß sich hier jeweils auf elektrischem Wege eine Kraft nach Belieben ein- und ausschalten läßt, die von der Art der Schwerkraft ist, also ohne direkte Berührung über einen trennenden Luftraum hinweg oder auch durch ein nichtmagnetisches Medium hindurch auf einen Körper zu wirken vermag.

Übungsaufgaben $\qquad\qquad \mu_0 = 12,56 \cdot 10^{-7} \dfrac{Vs}{Am}$

63. Ein Klappankermagnet besteht aus einem "Joch", das die Spule trägt, und einem daran drehbar gelagerten Anker, Bild 3.67; Material: Dynamoblech (Kennl. Bild 3.25); überall gleicher Querschnitt $A = 0,45 \ cm^2$; gesamte Eisenweglänge $s_E = 10 \ cm$; mittlere Luftspaltlänge bei offenem Anker $s_L = 0,4 \ cm$ (sog. "Hub"); $N = 8000$.

a, Welcher Spulenstrom I ist nötig, wenn eine Anfangs-Zugkraft $F = 1 \ N$ erreicht werden soll? (Man nehme vereinfachend an, daß der Magnetfluß sich im Luftspalt nicht verbreitert.)

b, Mit welcher Kraft F' wird bei diesem Spulenstrom der Anker in seiner Endlage festgehalten?

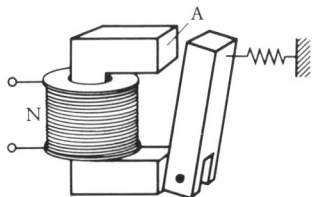

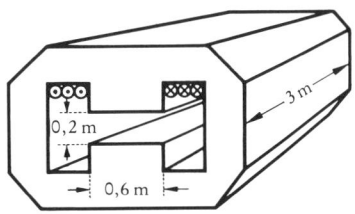

Bild 3.67:   Bild 3.68:

64. Im Luftspalt eines Großmagneten für Forschungszwecke, Bild 3.68, wird eine magnetische Flußdichte $B = 1,6 \ Vs/m^2$ erzeugt. (Von der Wicklung sind im Bild nur stellvertretend drei Windungen im Querschnitt angedeutet; die notwendige Durchflutung Θ beträgt rund 270 000 A, sie wird bei einer Betriebsspannung $U = 400 \ V$ mit einer Spulenstromstärke $I = 205 \ A$ erreicht.)

a, Welche Energie W_{mL} enthält der Luftspalt in Form magnetischer Feldenergie?

b, Mit welcher Kraft F ziehen sich die beiden Polflächen des Elektromagneten gegenseitig an?

c, Man mache sich ein Bild von den verschiedenartigen Auswirkungen ein und desselben Energiebetrages in verschiedenen Energieformen, indem man z.B. berechnet,
    wie hoch man mit der Energie W_{mL} eine Rangierlokomotive von $720 \cdot 10^3 \ N$ Gewicht ($\approx 72 \ t$ nach alter Schreibweise) heben könnte;

wieviel Liter Wasser von 15°C man damit zum Kochen bringen könnte
(1 kcal = 4,1868 · 10^3 Ws);

wie lange man damit ein Transistorradio betreiben könnte, das bei einem Wirkungsgrad von 50% im Lautsprecher eine Leistung P = 0,1 Watt umsetzt (dabei entstehen rund 30 mW Schalleistung, das gibt etwa Zimmerlautstärke).

4. Zusammenfassung und vergleichende Übersicht

Wenn wir hier zum Abschluß noch einmal die Eigenschaften des elektrischen und des magnetischen Feldes miteinander vergleichen, um das jeweils Wesentliche herauszufinden und bestehende Gemeinsamkeiten festzustellen, so ist dabei folgendes zu berücksichtigen: In den zwei verflossenen Kapiteln haben wir sehr breiten Raum einigen technischen Anordnungen gewidmet, in denen die Eigenschaften dieser Felder praktisch genutzt werden, denn erst anhand solcher technischer Gebilde konnten "die Felder" für uns einigermassen greifbare Gestalt gewinnen. Kondensator und Spule sind jedoch nicht die Felder selbst, wir können nicht erwarten, daß zwischen ihnen in jeder Hinsicht dieselben Analogien bestehen wie zwischen den eigentlichen Feldern, und wir tun daher gut daran, uns für die nachfolgenden Überlegungen von Spule und Kondensator zu lösen und unsere Gedanken auf "die Felder an sich" auszurichten.

Oberstes Ziel dieser vergleichenden Übersicht ist es, die zwischen dem elektrischen *) und magnetischen Feld existierenden Analogien noch einmal klar hervorzuheben. Dabei geht es selbstverständlich nicht um ausschließlich formale Analogien - solche kann man ja beinahe beliebig produzieren - sondern um das analoge, das wesensgleiche Verhalten hinsichtlich der Energie. Energie ist wohl der fundamentale physikalische Begriff schlechthin und der Energiesatz bringt das dementsprechend fundamentale Naturprinzip zum Ausdruck. Energiebegriff und Energiesatz stellen daher für den Ingenieur die empfindlichsten und untrüglichsten Sonden bei der Beurteilung physikalisch-technischer Probleme und die wirksamsten Werkzeuge zu ihrer Behandlung dar. Sie bestimmen infolgedessen auch den sinnvollsten Blickwinkel für die hier beabsichtigte Analogiebetrachtung.

Das elektrische und das magnetische Feld sind spezielle Energiezustände des Raumes. Um ein solches Feld aufzubauen, bedarf es einer bestimmten Energie; diese ist während der Existenz des Feldes in ihm als Feldenergie gespeichert und wird beim Feldabbau wieder frei.

Energieumsatz, also eine Umwandlung von Energie aus einer Erscheinungsform in eine andere, findet im Zusammenhang mit dem elektrischen und magnetischen Feld immer nur dann statt, wenn sich die Feldgrößen des beteiligten Feldes ändern. Dabei sind die zwei Grenzfälle zu unterscheiden:

Ändern sich - bei sonst konstanten Verhältnissen - die Feldgrößen z e i t - l i c h , so ändert sich der Energiegehalt des betreffenden Feldes. (Beispie-

---

*) Hier und im folgenden ist unter dem "elektrischen Feld" immer dasjenige im Dielektrikum zu verstehen, nicht aber das elektrische Strömungsfeld.

le: Feldauf- oder -abbau in einem Kondensator, in einer Spule; Energie wird aus der elektrischen Form in die Form elektrischer oder magnetischer Feldenergie umgewandelt bzw. umgekehrt *).)

Ändern sich - bei sonst konstanten Verhältnissen - die Feldgrößen ö r t - l i c h, so ändert sich der Energiegehalt des Feldes nicht, aber das betreffende Feld dient als Mittler bei einer Energieumwandlung: die umgewandelte Energie schreitet gewissermaßen nur durch dieses Feld hindurch. (Beispiele: Bewegt man eine elektrische Ladung im Raum, so ändert sich das von ihr ausgehende elektrische Feld nicht zeitlich, sondern nur örtlich; die örtliche Änderung des elektrischen Feldes ruft aber ein magnetisches Feld hervor: es wird mechanische Energie durch Vermittlung des elektrischen Feldes in magnetische Feldenergie umgewandelt. Bewegt man ein zeitlich konstantes magnetisches Feld im Raum, so erzeugt man auf diese Weise ein elektrisches Feld: durch Vermittlung des magnetischen Feldes wird mechanische Energie in elektrische Feldenergie umgewandelt.)

Das elektrische und das magnetische Feld sind beide für sich genommen unbeständig: sie können sich nicht selbst dauernd aufrechterhalten, sondern sie zerfallen, wenn sie sich selbst überlassen sind. "Beständiges Feld" hieße ja: konstanter Energiegehalt des betreffenden Feldes, also keine Energieänderung. Das hätte aber zur Voraussetzung, daß sich die Feldgrößen zeitlich nicht ändern, und zu den Feldgrößen gehört auch die integrale Feldantriebsgröße. Diese ist jedoch stets durch eine Änderung des j e w e i l s a n d e r e n F e l d e s gegeben (also durch eine Magnetfeldänderung, wenn das elektrische Feld aufrechterhalten bleiben soll bzw. durch eine elektrische Feldänderung, wenn das magnetische Feld aufrechterhalten bleiben soll) oder im Fall des elektrischen Feldes auch durch eine Ladungstrennung. In jedem Fall aber stammt die Feldursache immer von außen her - und nicht aus dem betreffenden Feld selbst: ohne einen von fremder Seite her gegebenen dauernden Feldantrieb ist somit weder ein elektrisches noch ein magnetisches Feld beständig.

Gerade aus der Unbeständigkeit der beiden Felder erwächst jedoch eine ihrer bemerkenswertesten Eigenschaften, nämlich ihre Symmetrie zueinander. Wir wollen sie an einem einfachen Gedankenexperiment demonstrieren: Man stelle sich vor, es werde zum Beispiel durch eine kurzzeitig andauernde Bewegung eines Permanentmagneten im freien Raum ein elektrisches Feld hervorgerufen. Dieses enthält eine bestimmte elektrische Feldenergie, die bei seiner Erzeugung aus der mechanischen Energieform umgewandelt wurde. Sobald die örtliche Veränderung des magnetischen Feldes beendet ist, beginnt das elektrische Feld sofort zu zerfallen: seine Feldgrößen verändern sich zeitlich und rufen dadurch ein magnetisches Feld im Raum hervor. Dieser Vorgang dauert an, bis die gesamte elektrische Feldenergie in magnetische Feldener-

---

*) Es sei hier daran erinnert, daß wir unter der "elektrischen Form" der Energie diejenige verstehen wollen, die sich als $\int u \cdot i \cdot dt$ ausdrücken läßt; siehe Abschnitt 2.51.

gie umgewandelt ist; dann ist das elektrische Feld völlig abgebaut. Da aber auch das magnetische Feld nicht beständig ist, beginnt es nun seinerseits sofort zu zerfallen und ruft damit wieder ein elektrisches Feld hervor undsofort. In Wirklichkeit breiten sich bei einem solchen Vorgang die elektrischen und magnetischen Felder auch noch fast mit Lichtgeschwindigkeit im Raum aus; das ändert aber nichts an dem wesentlichen Tatbestand: im freien Raum kann sich elektrische Feldenergie immer nur in magnetische Feldenergie umwandeln und umgekehrt. Während also das einzelne Feld für sich genommen unbeständig ist und daher die Energie nicht zu halten vermag, sind die beiden Felder zusammen dazu wohl imstande. Und das macht auch ihre Symmetrie zueinander aus: sie sind die zwei sich ergänzenden Hälften einer einzigen Erscheinung, nämlich des "elektromagnetischen Feldes", in dem die Feldenergie fortwährend zwischen den beiden unbeständigen Erscheinungsformen hin- und herwechselt, insgesamt gesehen aber beständig ist.

Die energiebewahrende Eigenschaft des elektromagnetischen Feldes wird in Verbindung damit, daß es sich nahezu mit Lichtgeschwindigkeit im Raum ausbreitet, zu einer energietransportierenden Eigenschaft. Davon macht man bekanntlich bei der drahtlosen Nachrichtenübertragung Gebrauch. Wesentliche Bestandteile einer solchen Nachrichtenstrecke sind offensichtlich Einrichtungen, mit denen man elektromagnetische Felder "abstrahlen" kann und solche, mit denen man einen hinreichenden Teil der nachrichtentragenden Energie aus dem elektromagnetischen Feld abziehen und wieder zurückverwandeln kann in elektrische Energie *). Daß letzteres prinzipiell möglich ist, zeigt eine ganz einfache Überlegung: An eine Stelle des Raumes, an der sich das veränderliche Magnetfeld vorbeibewegt, legt man ein Leiterstück (das ist eine "Empfangsantenne"), in dem daraufhin der bekannte Vorgang der elektromagnetischen Induktion stattfindet. Das Leiterstück wird dadurch zur Energiequelle und man kann auf diese Weise dem elektromagnetischen Feld Energie entnehmen. (Es muß dazu angemerkt werden, daß es sich hierbei in der Regel um winzigste Leistungen in der Größenordnung von 10^{-8} W handelt; für die Übertragung von Nachrichten, bei der die Energie nur den notwendigen Träger der Nachricht abgibt, also nicht um ihrer selbst willen transportiert wird, reicht das völlig aus.)

Das elektrische und das magnetische Feld lassen sich nicht nur als "Energiefelder", sondern auch als "Kraftfelder" interpretieren (das ist nicht selbstverständlich, denn das Wärmefeld beispielsweise kennzeichnet ebenfalls einen bestimmten Energiezustand des Raumes, ist aber deswegen nicht auch schon ein Kraftfeld). Nimmt man einen auf die praktische Anwendung bezogenen Standpunkt ein, so lassen sich die Kraftwirkungen der beiden Felder folgendermassen kennzeichnen:

Das elektrische Feld übt auf eine in ihm befindliche elektrische Ladung eine Kraft aus (das ist z.B. der Grund dafür, daß sich im elektrischen

*) Siehe hierzu Literaturhinweis [4].

Strömungsfeld Ladungsträger bewegen, d.h. daß ein elektrischer Strom zustandekommt); die maßgebende Größe des elektrischen Feldes für die Kraftwirkung ist die elektrische Feldstärke.

Das magnetische Feld übt auf einen in ihm befindlichen stromdurchflossenen Leiter eine Kraft aus (worauf z.B. die Wirkung des Elektromotors beruht); die maßgebende Größe des magnetischen Feldes für die Kraftwirkung ist die magnetische Flußdichte.

Es ist jedoch empfehlenswert, nicht aus dem Auge zu verlieren, daß es jeweils F e l d e r sind, die in eine Wechselwirkung treten und damit erst die betreffende Kraft hervorbringen. Geht man daher auf diese tieferen Ursachen zurück, so muß man etwas anders als oben formulieren:

Befindet sich eine elektrische Ladung in einem von fremder Seite erregten elektrischen Feld, so wirkt dieses elektrische Feld unmittelbar auf das von der Ladung ausgehende Feld, d.h. auf den von der Ladung ausgehenden dielektrischen Fluß und bringt auf diese Weise, da der dielektrische Fluß fest an die Ladung geknüpft ist, eine Kraftwirkung auf die Ladung selbst zustande. Die für die Kraftwirkung maßgebende Größe des elektrischen Feldes ist die elektrische Feldstärke.

Befindet sich ein stromdurchflossener Leiter in einem von fremder Seite erregten magnetischen Feld, so wirkt dieses magnetische Feld unmittelbar auf das von dem stromdurchflossenen Leiter erzeugte magnetische Feld, d.h. auf den magnetischen Fluß, mit dem sich der stromdurchflossene Leiter umgibt, und bringt auf diese Weise, da der magnetische Fluß fest an den stromdurchflossenen Leiter geknüpft ist, eine Kraftwirkung auf den stromdurchflossenen Leiter selbst zustande. Die für die Kraftwirkung des magnetischen Feldes maßgebende Größe ist die magnetische Feldstärke.

Man vergleiche hierzu auch die Interpretationen der elektrischen und magnetischen Feldstärke, auf die in der nachfolgenden Zusammenstellung per Fußnote noch einmal besonders hingewiesen wird. Sie nehmen auf diese tiefergehenden Ursachen der Kraftwirkung Bezug und lassen damit die Analogie zwischen der elektrischen und der magnetischen Feldstärke hinsichtlich der Kraftwirkung deutlich sichtbar werden, die bei der weiter oben gegebenen "praxisorientierten" Deutung verborgen blieb.

Geht man die einzelnen Eigenschaften der magnetischen und elektrischen Felder auf Analogie und Wesensgleichheit durch, so stößt man auch unweigerlich auf einen Sachverhalt, der die hier immer wieder hervorgekehrte durchgehende Analogie zwischen den beiden Feldern scheinbar in Frage stellt: Das magnetische Feld kann stets nur ein Wirbelfeld sein, das elektrische Feld hingegen ist nur Wirbelfeld, wenn es von einem veränderlichen Magnetfeld hervorgerufen wird, und es ist Quellenfeld, wenn es durch Ladungstrennung erzeugt wird. Anders ausgedrückt: Das Magnetfeld kann nur eine Ursache haben, das elektrische Feld dagegen zwei verschiedene.

Weit davon entfernt, die Analogie im energetischen Verhalten der beiden Felder im mindesten zu berühren, ist diese Ungleichheit vielmehr die notwendige Voraussetzung für die Produzierbarkeit elektrischer und magnetischer Felder überhaupt. Man stelle sich vor, es gäbe die Möglichkeit nicht, ein elektrisches Feld durch Ladungstrennung herzustellen: dann wären sämtliche elektrischen und magnetischen Felder, die aus irgendwelchen Gründen jemals existiert hätten, bereits zerfallen und hätten dabei ihre Feldenergie in die Unendlichkeit des Raumes verteilt, d.h. wir hätten um uns herum kein elektrisches und kein magnetisches Feld mehr und könnten auch keines erzeugen. Überprüft man umgekehrt sämtliche elektrischen und magnetischen Felder im Bereich der uns umgebenden Technik, so stellt sich heraus, daß sie in letzter Ursache ausnahmslos auf die Erzeugung eines elektrischen Feldes mittels Ladungstrennung zurückzuführen sind. Ist ein solches einmal hergestellt, so kann es als ein örtlich oder zeitlich veränderliches elektrisches Feld seinerseits ein magnetisches Feld hervorrufen und dieses wiederum kann als veränderliches Magnetfeld ein elektrisches Feld produzieren undsofort.

Hiermit sind wir auch an derjenigen Stelle angelangt, wo das Fragen nach dem woher und warum seine vorläufig letzte Antwort erhält. Der Ingenieur, der sich dieses Fragen und das logische Zurückverfolgen von Wirkungen auf ihre Ursachen zur allenthalben mit Selbstverständlichkeit geübten Gewohnheit machen sollte, wird dabei im Bereich der Elektotechnik von überall her stets auf die drei grundlegenden Beobachtungstatsachen stoßen, aus denen sich alles elektrotechnische Geschehen erklären läßt:

1. Eine elektrische Ladung umgibt sich mit einem elektrischen Feld.
2. Ein zeitlich oder örtlich veränderliches elektrisches Feld ruft ein magnetisches Feld hervor.
3. Ein zeitlich oder örtlich veränderliches magnetisches Feld ruft ein elektrisches Feld hervor.

(Was in den Sätzen 2 und 3 ausgesprochen wird, ist wesentlicher Inhalt der MAXWELLschen Gleichungen, die in einer ihrer Fassungen lauten:

$$\oint \vec{H} \cdot d\vec{s} = \int_A (\kappa \cdot \vec{E} + \epsilon \cdot \frac{\partial \vec{E}}{\partial t}) \cdot d\vec{A} \quad \text{und} \quad \oint \vec{E} \cdot d\vec{s} = - \frac{\partial}{\partial t} \int_A \vec{B} \cdot d\vec{A}.)$$

Fragen, die auf weiter zurückliegende Ursachen zielen, etwa warum eine Ladung sich mit einem Feld umgibt, warum ein veränderliches Feld seinen Symmetriepartner hervorruft etc. kann man nur schlicht damit beantworten: Wir wissen es (noch) nicht.

Die nachfolgende Übersicht zeigt neben der durchgehenden formalen und energetischen Analogie zwischen dem elektrischen und dem magnetischen Feld, welch weitgehende formale Analogien auch in der Behandlung des elektrischen und magnetischen Feldes einerseits und des elektrischen Strömungsfeldes andererseits bestehen. Sie läßt aber auch deutlich erkennen, daß hinsichtlich des energetischen Verhaltens keine wesensmäßige Übereinstimmung mehr besteht: hier nimmt das elektrische Strömungsfeld, der elektrische Stromkreis in Leitermaterialien, eine Sonderstellung ein. Dieses unterschiedliche energetische Verhalten wird uns in der Wechselstromlehre wieder als ein übergeordnetes Kriterium zur Beurteilung der elementaren Wechselstromverbraucher begegnen: der ohmsche Verbraucher als Verkörperung des elektrischen Strömungsfeldes steht dort als "Wirkverbraucher" den beiden Verkörperungen des elektrischen und magnetischen Feldes, Kondensator und Spule, gegenüber, die im Wechselstromkreis ihre Energiespeichereigenschaft verwirklichen, somit keine echte Verbrauchereigenschaft aufweisen und daher "Blindverbraucher" genannt werden.

Vergleichende Übersicht

Integrale Feldgrößen	Elektrisches Feld (Dielektrisches Feld)	Magnetisches Feld	Elektrisches Strömungsfeld (Elektrischer Stromkreis)
Ursachengröße:	elektrische Potentialdifferenz U $du = \dfrac{dw_e}{\psi}$ *)	magnetische Potentialdifferenz (Durchflutung) Θ $d\Theta = \dfrac{dw_m}{\phi}$	elektrische Spannung U $U = \dfrac{W}{Q}$
Wirkungsgröße:	dielektrische Flußstärke ψ	magnetische Flußstärke ϕ	elektrische Stromstärke $I = \dfrac{Q}{t}$
Maßgebende Eigenschaft des betreffenden Feldraumes: allgemein:	dielektrischer Leitwert G_d $G_d = \dfrac{\psi}{U}$	magnetischer Leitwert G_m $G_m = \dfrac{\phi}{\Theta}$	elektrischer Leitwert G $G = \dfrac{I}{U}$
bei homogenem Feld:	$G_d = \dfrac{A}{s} \cdot \epsilon$	$G_m = \dfrac{A}{s} \cdot \mu$	$G = \dfrac{A}{s} \cdot \kappa$
Zusammenhang zwischen Ursachengröße und Wirkungsgröße:	$\psi = U \cdot G_d$	$\phi = \Theta \cdot G_m$	$I = U \cdot G$

*) Siehe Abschnitt 2.51 Seite 85 sowie Abschnitt 3.51, Seite 193.

Ortsbezogene Feldgrößen	Elektrisches Feld	Magnetisches Feld	Elektrisches Strömungsfeld
Ursachengröße: *)	elektrische Feldstärke $\vec{E} = \dfrac{dU}{d\vec{s}}$; $\vec{E} = \dfrac{\vec{F}}{\psi}$	magnetische Feldstärke $\vec{H} = \dfrac{d\Theta}{d\vec{s}}$; $\vec{H} = \dfrac{\vec{F}}{\phi}$	elektrische Feldstärke $\vec{E} = \dfrac{dU}{d\vec{s}}$; $\vec{E} = \dfrac{\vec{F}}{Q}$
Wirkungsgröße:	dielektrische Flußdichte $\vec{D} = \dfrac{d\psi}{d\vec{A}}$	magnetische Flußdichte $\vec{B} = \dfrac{d\phi}{d\vec{A}}$	elektrische Stromdichte $\vec{S} = \dfrac{dI}{d\vec{A}}$
bei homogenem Feld:	$E = \dfrac{U}{s}$; $D = \dfrac{\psi}{A}$	$H = \dfrac{\Theta}{s}$; $B = \dfrac{\phi}{A}$	$E = \dfrac{U}{s}$; $S = \dfrac{I}{A}$
Maßgebende Eigenschaft des betreffenden Feldraumelementes:	spezifischer dielektrischer Leitwert (Dielektrizitätskonstante) $\epsilon = \dfrac{\vec{D}}{\vec{E}}$	spezifischer magnetischer Leitwert (Permeabilität) $\mu = \dfrac{\vec{B}}{\vec{H}}$	spezifischer elektrischer Leitwert $\kappa = \dfrac{\vec{S}}{\vec{E}}$
Zusammenhang zwischen Ursachengröße und Wirkungsgröße:	$\vec{D} = \epsilon \cdot \vec{E}$	$\vec{B} = \mu \cdot \vec{H}$	$\vec{S} = \kappa \cdot \vec{E}$
Zusammenhang zwischen den integralen und den ortsbezogenen Feldgrößen:	(Qellenfeld) (Wirbelfeld) $U = \int_s \vec{E} \cdot \vec{ds}$ bzw. $\oint \vec{E} \cdot \vec{ds}$ $\psi = \int_A \vec{D} \cdot \vec{dA}$	(Wirbelfeld) $\Theta = \oint \vec{H} \cdot \vec{ds}$ $\phi = \int_A \vec{B} \cdot \vec{dA}$	$U = \int_s \vec{E} \cdot \vec{ds}$ $I = \int_A \vec{S} \cdot \vec{dA}$
bei homogenem Feld:	$U = E \cdot s$; $\psi = D \cdot A$	$\Theta = H \cdot s$; $\phi = B \cdot A$	$U = E \cdot s$; $I = S \cdot A$

*) Siehe Abschnitt 3.23, Kleindruck auf Seite 134.

Energieverhältnisse bei stationärem Feld (Feldgrössen zeitlich konstant)

Gespeicherte Energie

Gesamtenergie:	$W_e = U \cdot \dfrac{\psi}{2}$	$W_m = \dfrac{\Theta \cdot \phi}{2}$	–
Energiedichte:	$\dfrac{dW_e}{dV} = \dfrac{E \cdot D}{2}$	$\dfrac{dW_m}{dV} = \dfrac{H \cdot B}{2}$	–

Energieumsatz

Gesamtleistung:	–	–	$P = U \cdot I$
Leistungsdichte:	–	–	$\dfrac{dP}{dV} = E \cdot S$

Energieverhältnisse bei nicht-stationärem Feld (Feldgrößen zeitlich veränderlich)

Energieumsatz:	dielektrische Leistung	magnetische Leistung	elektrische Leistung
	$p_d = u \cdot \dfrac{d\psi}{dt}$	$p_m = \Theta \cdot \dfrac{d\phi}{dt}$	$p = u \cdot i$

Elektrisches und magnetisches Feld in speziellen technischen Anordnungen

(Verlustlose Bauelemente mit konstanten Feldraumeigenschaften ϵ bzw. μ)

Art der technischen Anordnung und Symbol	Kondensator	Spule
Kenngröße	Kapazität	Induktivität
	$C = \dfrac{Q}{U} = \dfrac{\psi}{U} = G_d$	$L = N^2 \cdot G_m = N^2 \cdot \dfrac{\phi}{\Theta}$
Gespeicherte Energie	$W_e = \dfrac{C \cdot U^2}{2}$	$W_m = \dfrac{L \cdot I^2}{2}$
Zusammenhang zwischen u und i	$i = C \cdot \dfrac{du}{dt}$	$u = L \cdot \dfrac{di}{dt}$
	$u = \dfrac{1}{C} \cdot \int i \cdot dt$	$i = \dfrac{1}{L} \cdot \int u \cdot dt$
Kennzeichnende Eigenschaft im Stromkreis	"Spannungsträgheit" $\dfrac{du}{dt} = \dfrac{1}{C} \cdot i$	"Stromstärketrägheit" $\dfrac{di}{dt} = \dfrac{1}{L} \cdot u$

Lösungen der Übungsaufgaben

1. Vom Fluß aus gesehen (vergl. Bild 2.12) liegt im Fall a eine Hintereinanderschaltung und im Fall b eine Parallelschaltung zweier Dielektrika vor; man benützt daher zweckmäßigerweise bei a Widerstandsbegriffe, bei b Leitwertbegriffe (Gesamtgröße jeweils ohne Index; Index 1 $\triangleq$ Luft, Index 2 $\triangleq$ Porzellan):

a, $R_d = R_{d1} + R_{d2} = \dfrac{s/2}{A \cdot \epsilon_0 \cdot \epsilon_{r1}} + \dfrac{s/2}{A \cdot \epsilon_0 \cdot \epsilon_{r2}}$; $G_d = \dfrac{1}{R_d}$.

b, $G'_d = G'_{d1} + G'_{d2} = \dfrac{(A/2) \cdot \epsilon_0 \cdot \epsilon_{r1}}{s} + \dfrac{(A/2) \cdot \epsilon_0 \cdot \epsilon_{r2}}{s}$.

Mit den angegebenen Werten erhält man (wobei $\epsilon_{r1} = 1$):

a, $R_{d1} = 1 \cdot 10^{10} \dfrac{V}{As}$; $R_{d2} = 0,2 \cdot 10^{10} \dfrac{V}{As}$; $R_d = 1,2 \cdot 10^{10} \dfrac{V}{As}$;

$G_d = 0,83 \cdot 10^{-10} \dfrac{As}{V}$. $\underline{\psi = U \cdot G_d = 1 \cdot 10^{-8} \, As.}$

b, $G'_{d1} = 0,25 \cdot 10^{-10} \frac{As}{V}$; $G'_{d2} = 1,25 \cdot 10^{-10} \frac{As}{V}$; $G'_d = 1,5 \cdot 10^{-10} \frac{As}{V}$.

$\underline{\psi = U \cdot G'_d = 1,8 \cdot 10^{-8} As.}$

(Man mache sich auch anhand des Bildes 2.12 aufgrund einer einfachen Längen- und Querschnittsbetrachtung klar warum z.B. $1/G'_{d1} = 4 \cdot R_{d1}$ ist, etc.)

2. Man macht am besten je einen Ansatz für die Verhältnisse ohne Glimmereinlage und mit Glimmereinlage (letztere gekennzeichnet durch hochgestellte Striche '):

$$\left.\begin{array}{l} \psi = U \cdot G_d \\ \psi' = U' \cdot G'_d = 4 \cdot \psi = U \cdot G'_d \end{array}\right\} \begin{array}{l} \text{mit: } U' = U \text{ und } \psi' = 4\,\psi \\ \Rightarrow G'_d = 4 \cdot G_d \end{array}$$

$$G_d = \frac{A \cdot \epsilon_0}{s}; \quad G'_d = \frac{A \cdot (1-k) \cdot \epsilon_0}{s} + \frac{k \cdot A \cdot \epsilon_0 \cdot \epsilon_r}{s}$$

$$A \cdot \frac{\epsilon_0}{s} \cdot [(1-k) + k \cdot \epsilon_r] = 4 \cdot A \cdot \frac{\epsilon_0}{s};$$

$$1 - k + k \cdot \epsilon_r = 4; \quad k(\epsilon_r - 1) = 3;$$

$$k = \frac{3}{\epsilon_r - 1} = \frac{3}{6-1} = \frac{3}{5} = 0,6.$$

Wenn 60% der Gesamtfläche von der Glimmerscheibe überdeckt sind, ist der dielektrische Leitwert auf das 4-fache seines Anfangswertes angestiegen. (Kontr. : $0,4 \cdot A \cdot \epsilon_0/s + 0,6 \cdot A \cdot \epsilon_0 \cdot 6/s = 4 \cdot A \cdot \epsilon_0/s$)

3. Fassen wir den kürzesten Abstand von M nach N als Vektor $\vec{s}$ auf (siehe Bild L 1) so ist

$$\underline{U = \int_{\vec{s}} \vec{E} \cdot d\vec{s} = \vec{E} \cdot \vec{s} = E \cdot s \cdot \cos(30^\circ) = 120\,\frac{V}{cm} \cdot 6\,cm \cdot 0,86 = 624\,V.}$$

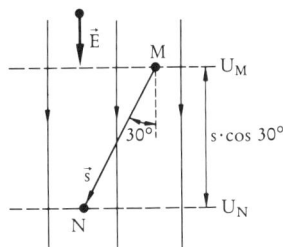

Bild L 1

Man kann die Spannung U aber genausogut auch als die Potentialdifferenz zwischen den beiden Äquipotentialflächen, auf denen die Punkte M und N liegen, aus deren kürzester Entfernung voneinander berechnen; diese ist $s \cdot \cos 30^\circ$.

4. $D = \epsilon \cdot E = \epsilon_0 \cdot \epsilon_r \cdot E$

$\underline{\epsilon_r} = \dfrac{D}{\epsilon_0 \cdot E} = \dfrac{D \cdot s}{\epsilon_0 \cdot U} = \underline{9}$ (Die Angabe von A war hier ohne Belang)

5. $v_y = a_y \cdot t.$ $t = \dfrac{d}{v_x};$ $F = m \cdot a \Rightarrow a_y = \dfrac{F}{m_e} = \dfrac{E \cdot Q_e}{m_e}$

$\underline{v_y} = \dfrac{E \cdot Q_e}{m_e} \cdot \dfrac{d}{v_x} = \dfrac{1,2 \cdot 10^2 \, V \cdot 1,6 \cdot 10^{-19} \, As \cdot 2 \, cm}{cm \cdot 9,1 \cdot 10^{-31} \, kg \cdot 8 \cdot 10^6 \, m} \cdot \dfrac{s}{} =$

$= \dfrac{3,84 \cdot 10^{-17}}{0,728 \cdot 10^{-23}} \dfrac{VAs}{kg} \dfrac{s}{m} =$ $\Bigg|$ $[F] = [m] \cdot [a] : 1 \, N = 1 \, kg \cdot 1 \dfrac{m}{s^2}$

$\qquad\qquad\qquad\qquad\qquad\qquad\qquad 1 \, kg = 1 \, N \cdot \dfrac{s^2}{m}$

$= 5,3 \cdot 10^6 \dfrac{Nm \, s}{N \cdot \frac{s^2}{m} \, m} = 5,3 \cdot 10^6 \dfrac{m}{s}.$

6. Die Verhältnisse im Dielektrikum des Koaxialkabels sind dieselben wie beim Zylinderkondensator. Nach Gl. (15b) tritt die maximale elektrische Feldstärke an der Oberfläche des Innenleiters auf; vergl. dazu auch Bild 2.22b. Nach Gl. (15c) ist:

$$U = E_{(r)} \cdot r \cdot \ln\left(\dfrac{R}{r}\right) \Rightarrow U_{max} = E_{max} \cdot r \cdot \ln\left(\dfrac{R}{r}\right) = \dfrac{E_d}{3} \cdot r \cdot \ln\left(\dfrac{R}{r}\right)$$

$$\underline{U_{max}} = \dfrac{3 \cdot 10^5 \, V}{3 \, cm} \cdot 0,2 \, cm \cdot \ln\left(\dfrac{5}{2}\right) = 10^5 \cdot V \cdot 0,2 \cdot 0,92 = \underline{18,4 \, kV}.$$

Diese Berechnung hat allerdings nur dann Gültigkeit, wenn zwischen den Leitern und dem Isolierstoff keine Luftspalte entstehen. Die Angabe von ϵ_r war hier ohne Bedeutung.

7. Aus Symmetriegründen – und weil voraussetzungsgemäß alle Störungen ausgeschaltet sind – verteilt sich der von der geladenen Kugel ausgehende dielektrische Fluß gleichmäßig nach allen Richtungen in den Raum; daher herrscht an jeder Stelle mit dem Abstand x vom Kugelmittelpunkt dieselbe Flußdichte $D_{(x)}$. Es gilt:

$$\psi = \int_A \vec{D} \cdot \vec{dA} = D_{(x)} \cdot 4\pi \cdot x^2$$

$$D_{(x)} = \dfrac{\psi}{4\pi \cdot x^2} = \dfrac{Q}{4\pi \cdot x^2} \qquad \text{wegen:} \ \psi = Q$$

$$\underline{E_{(x)}} = \dfrac{D_{(x)}}{\epsilon_0} = \dfrac{Q}{\epsilon_0 \cdot 4\pi \cdot x^2} = \underline{6,75 \dfrac{V}{cm}}.$$

8. Nach der Gleichung $Q = C \cdot U$ besteht zwischen Q und U ein Verhältnis linearer Proportionalität. Infolgedessen gilt auch:

$$\Delta Q = C \cdot \Delta U \Rightarrow \underline{C} = \frac{\Delta Q}{\Delta U} = \frac{75 \cdot 10^{-5} \, As}{25 \, V} = 3 \cdot 10^{-5} \, \frac{As}{V} = \underline{30 \, \mu F.}$$

9. $\underline{C} = 2 \cdot \dfrac{A \cdot \epsilon_0 \cdot \epsilon_r}{s} = \underline{240 \, nF.}$

10.

$$s_{min} = \frac{U}{E_{max}} = \frac{U}{E_d/1,5}; \quad s = s_{min} = 0,5 \, mm.$$

$$C = \frac{A \cdot \epsilon_0 \cdot \epsilon_r}{s} \Rightarrow A = \frac{C \cdot s}{\epsilon_0 \cdot \epsilon_r} = 9,45 \cdot 10^6 \, cm^2 = 945 \, m^2.$$

$$\underline{V = A \cdot s = 0,472 \, m^3.}$$

11. Für $C = C_{max}$ bei völlig eingedrehten Platten gilt:

$$C_{max} = n \cdot \frac{A_{max} \cdot \epsilon_0}{s}, \quad \text{wobei} \quad A_{max} = \frac{R^2 \cdot \pi}{2}$$

$$n = \frac{2 \cdot C_{max} \cdot s}{R^2 \cdot \pi \cdot \epsilon_0} = 5,55.$$

Es werden $n + 1 = 6,55$, also 7 Platten benötigt.

12.

a, $Q = C \cdot U$; Gl. (24): $C = \epsilon_0 \cdot \epsilon_r \dfrac{2\pi}{\dfrac{1}{r} - \dfrac{1}{R}} = 1,28 \cdot 10^{-13} \, F$

$$\underline{Q = 3,84 \cdot 10^{-10} \, As.}$$

b, Nach Gl. (23) nimmt die elektrische Feldstärke mit $1/x^2$ ab; daher ist $E_{(r)} = E_{max}$ und $E_{(R)} = E_{min}$.

$$\underline{E_{max}} = \frac{D_{(r)}}{\epsilon} = \frac{\psi}{2\pi \cdot r^2 \cdot \epsilon_0} = \frac{Q}{2\pi \cdot r^2 \cdot \epsilon_0} = \underline{17,3 \cdot 10^3 \, \frac{V}{cm}}$$

$$\underline{E_{min}} = \frac{D_{(R)}}{\epsilon} = \frac{Q}{2\pi \cdot R^2 \cdot \epsilon_0} = \underline{0,306 \cdot 10^3 \, \frac{V}{cm}}$$

(Kontrolle: nach Gl. (23) ist: $E_{(x)} = E_{(r)} \cdot r^2/x^2$;

$$U = \int\limits_r^R E_{(x)} \cdot dx = E_{(r)} \cdot r^2 \int\limits_r^R \frac{1}{x^2} \cdot dx = E_{(r)} \cdot r^2 \left(\frac{1}{r} - \frac{1}{R}\right) =$$

$$= 17,3 \cdot 10^3 \, \frac{V}{cm} \, 4 \cdot 10^{-2} \, cm^2 \cdot 4,33 \, cm = 3\,000 \, V).$$

13.

$$C = \epsilon \cdot \frac{2\pi \cdot 1}{\ln(\frac{R}{r})}$$

$$\ln(1 + x) = x - \frac{x^2}{2} + \frac{x^3}{3} - \ldots$$

$$\ln(1 + x) \approx x \quad \text{für } x \ll 1$$

$$\frac{R}{r} = \frac{r + R - r}{r} = 1 + \frac{R - r}{r}$$

$$\ln(\frac{R}{r}) = \ln(1 + \frac{R - r}{r}) \approx \frac{R - r}{r} \quad \text{für } (R - r) \ll r$$

$$C \approx \epsilon \cdot \frac{2\pi \cdot 1}{\frac{R - r}{r}} = \epsilon \cdot \frac{2\pi \cdot r \cdot 1}{R - r} = \epsilon \cdot \frac{A}{s} \quad \text{mit } A = 2\pi \cdot r \cdot 1 \text{ und } s = R - r.$$

14. Nach Gl. (29): $k \cdot C = \dfrac{C \cdot C_Z}{C + C_Z}$; $k \cdot C^2 + k \cdot C \cdot C_Z - C \cdot C_Z = 0$;

$$C_Z = \frac{k \cdot C}{1 - k}$$

Kontrolle: $C = 1 \, \text{nF}$; $k = 0,4$; $C_Z = \dfrac{0,4 \, \text{nF}}{0,6} = \dfrac{2}{3} \, \text{nF}$.

$$C_\text{resultierend} = \frac{C \cdot C_Z}{C + C_Z} = \frac{1 \, \text{nF} \cdot 2/3 \, \text{nF}}{5/3 \, \text{nF}} = \frac{2}{5} \, \text{nF} = 0,4 \, \text{nF}.$$

15. Damit man hier nach Gl. (18): $Q = C \cdot U$ die einzelnen Ladungen bestimmen kann, muß man erst die Spannungen U_1, U_2 und U_3 ermitteln. Wegen der Parallelschaltung von C_1 und C_2 gilt: $U_1 = U_2$; siehe Bild L 2. Die Ersatzkapazität für die Parallelschaltung von C_1 und C_2 ist $C_p = 60 \, \mu\text{F}$. Für die vereinfachte Schaltung rechts gilt:

$$Q_p = Q_3 = C_p \cdot U_1 = C_3 \cdot U_3 \Rightarrow U_1 = U_3 \cdot C_3/C_p = \frac{2}{3} \cdot U_3;$$

$$U_1 + U_3 = U \Rightarrow \frac{2}{3} \cdot U_3 + U_3 = U \Rightarrow U_3 = 60 \, \text{V}, \quad U_1 = 40 \, \text{V}.$$

$$Q_1 = 1,4 \cdot 10^{-3} \, \text{As}; \quad Q_2 = 1 \cdot 10^{-3} \, \text{As}; \quad Q_3 = 2,4 \cdot 10^{-3} \, \text{As} \, (= Q_1 + Q_2)$$

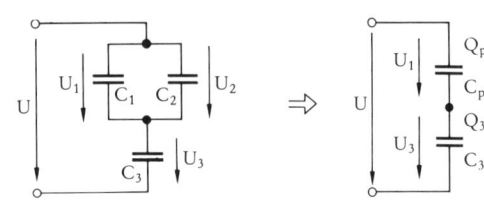

Bild L 2

16.

Bild L 3 $\frac{1}{3}\,\mu F$ $\frac{1}{2}\,\mu F$ $\frac{2}{3}\,\mu F$ $1\,\mu F$ $\frac{3}{2}\,\mu F$ $2\,\mu F$ $3\,\mu F$

17. Da die Kondensatoren in ungeladenem Zustand zusammengeschaltet wurden, ist: $\left|-Q_1\right| = \left|+Q_2\right| + \left|+Q_3\right|$, siehe Bild L 4; man vergleiche dazu auch die rechte Darstellung, in der die dielektrischen Flüsse der drei Kondensatoren veranschaulicht sind: $\psi_1 = \psi_2 + \psi_3$.

$$Q_1 = C_1 \cdot U_1 \quad (1) \qquad\qquad Q_1 = Q_2 + Q_3 \quad (4)$$

$$Q_2 = C_2 \cdot U_2 \quad (2) \qquad\qquad U_3 = U_2 + 10\ \text{V} \quad (5)$$

$$Q_3 = C_3 \cdot U_3 \quad (3) \qquad\qquad U_1 + U_2 = 50\ \text{V} \quad (6)$$

$$(4) \Rightarrow (1):\ Q_2 + Q_3 = C_1 \cdot U_1 \left.\begin{array}{l}\\[4pt]\\\end{array}\right\}$$
$$\qquad\quad (2):\ Q_2 = C_2 \cdot U_2 \qquad\qquad Q_3 + C_2 \cdot U_2 = C_1 \cdot U_1 \quad (7)$$

$$(5) \Rightarrow (3):\ Q_3 = C_3 \cdot (U_2 + 10\text{V}) \left.\begin{array}{l}\\[4pt]\\\end{array}\right\} C_3 \cdot U_2 + C_3 \cdot 10\ \text{V} + C_2 \cdot U_2 = C_1 \cdot U_1$$
$$\qquad\quad (7):\ Q_3 + C_2 \cdot U_2 = C_1 \cdot U_1$$
$$U_1 = U_2 \cdot \frac{C_2 + C_3}{C_1} + 10\ \text{V} \cdot \frac{C_3}{C_1} \quad (8)$$

$$(8) \Rightarrow (6):\ U_2 \cdot \frac{C_2 + C_3}{C_1} + 10\ \text{V} \cdot \frac{C_3}{C_1} + U_2 = 50\ \text{V}$$

$$U_2 = \frac{50\ \text{V} - 10\ \text{V} \cdot C_3/C_1}{1 + (C_2 + C_3)/C_1} = \frac{50\ \text{V} - 10\ \text{V} \cdot \frac{1}{5}}{1 + \frac{7}{5}} = \frac{48\ \text{V}}{2,4} = 20\ \text{V}.$$

Punkt M liegt auf dem elektrischen Potential + 20 V.

[Kontrolle:

$$U_1 = 30\ \text{V};\ Q_1 = C_1 \cdot U_1 = 50 \cdot 10^{-6}\ \frac{\text{As}}{\text{V}} \cdot 30\ \text{V} = 15 \cdot 10^{-4}\ \text{As}\ (= Q_2 + Q_3).$$

$$U_2 = 20\ \text{V};\ Q_2 = C_2 \cdot U_2 = 60 \cdot 10^{-6}\ \frac{\text{As}}{\text{V}} \cdot 20\ \text{V} = 12 \cdot 10^{-4}\ \text{As}.$$

$$U_3 = 30\ \text{V};\ Q_3 = C_3 \cdot U_3 = 10 \cdot 10^{-6}\ \frac{\text{As}}{\text{V}} \cdot 30\ \text{V} = 3 \cdot 10^{-4}\ \text{As.}\ ]$$

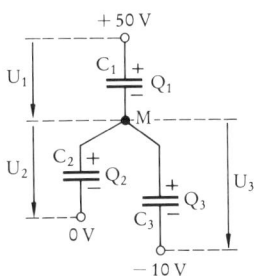 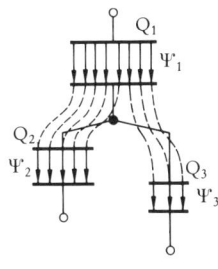

Bild L 4

18. Nach Gl. (31) ist

$$\frac{E_1}{E_2} = \frac{\epsilon_{r2}}{\epsilon_{r1}} = \frac{2,4}{3,2} = \frac{3}{4}; \quad E_1 = \frac{3}{4} \cdot E_2; \quad E_2 = \frac{4}{3} \cdot E_1$$

Wenn $E_1 = E_{d1} = 200$ kV/cm, dann ist $E_2 = (4/3) \cdot E_1 = 266,6$ kV/cm $> E_{d2}$

Wenn $E_2 = E_{d2} = 250$ kV/cm, dann ist $E_1 = (3/4) \cdot E_2 = 187,5$ kV/cm $< E_{d1}$

Bei der Steigerung von U wird also zuerst im Medium 2 die Durchschlagfeldstärke erreicht. Die Spannung U_d, bei der das geschieht, ist nach Gl. (32):

$$\underline{U_d} = E_1 \cdot s_1 + E_{d2} \cdot s_2 = 187,5 \frac{kV}{cm} \cdot 0,4 \text{ cm} + 250 \frac{kV}{cm} \cdot 0,2 \text{ cm} = 125 \text{ kV}.$$

Nach dem Durchschlag in Medium 2 (das bedeutet: Medium 2 ist kein Isolator mehr, sondern es ist leitend geworden) liegt die volle Spannung U_d am Medium 1; dann wird:

$$E_1 = \frac{U_d}{s_1} = \frac{125 \text{ kV}}{0,4 \text{ cm}} = 312,5 \text{ kV/cm} > E_{d1}.$$

Anschließend an den Durchschlag in Medium 2 erfolgt auch im Medium 1 ein elektrischer Durchschlag. Es werden also beide Medien zerstört.

19. Vor dem Einschieben der Glasplatte:

$$\underline{E_L} = \frac{U}{s} = \frac{12 \text{ kV}}{1 \text{ cm}} = 12 \text{ kV/cm}.$$

Nach dem Einschieben der Glasplatte gemäß Gl. (31) und (32):

$$\frac{E_G}{E_L} = \frac{\epsilon_{rL}}{\epsilon_{rG}} = \frac{1}{8}; \quad E_G = \frac{1}{8} \cdot E_L.$$

$$U = E_L \cdot s_L + E_G \cdot s_G \qquad\qquad \text{mit } s_L = s - s_G$$

$$= E_L \cdot s_L + E_L \cdot \frac{1}{8} \cdot s_G = E_L \cdot (s_L + \frac{1}{8} \cdot s_G)$$

$$\underline{E_L} = \frac{U}{(s_L + \frac{1}{8} \cdot s_G)} = \frac{12 \text{ kV}}{(0,25 + 0,094) \text{ cm}} = 35 \text{ kV/cm}$$

Die Luftstrecken der beiden Seiten der Glasplatte werden elektrisch durchschlagen. (Die Glasplatte ihrerseits ist dadurch nicht gefährdet:

$$E_G = \frac{U}{s_G} = \frac{12 \text{ kV}}{0,75 \text{ cm}} = 16 \text{ kV/cm} < E_{d \text{ Glas}}.)$$

20. Für das intakte Kabel gilt die folgende Überlegung: E_{imax} tritt am Aussenrand des Innenleiters auf. Bei $U_{max} = 15$ kV ist $E_{imax} = E_{i(r)} = E_{di}/2 =$

50 kV/cm. Entsteht nun an dieser Stelle ein ganz dünner Luftspalt, so wäre - bei unveränderter Spannung U_{max} = 15 kV - die Feldstärke E_L in Luft an dieser Stelle gemäß Gl. (35):

$$E_{L(r)} \approx E_{i(r)} \cdot \frac{\epsilon_{ri}}{\epsilon_{rL}} = 50 \frac{kV}{cm} \cdot \frac{2,8}{1} = 140 \text{ kV/cm.}$$

Für $E_{L(r)}$ ist aber wegen der Forderung nach doppelter Sicherheit gegen Durchschlag nur ein Wert von 10 kV/cm zulässig. Da wegen $U = \int \vec{E} \cdot d\vec{s}$ bei sonst gleichen Umständen die elektrische Feldstärke an einer bestimmten Stelle der angelegten Spannung direkt proportional ist, muß demnach die Spannung im Verhältnis 140 zu 10 herabgesetzt werden:

$$\underline{U'_{max}} = U_{max}/14 \approx 1 \text{ kV.}$$

21.
$$C = G_d = \frac{1}{R_d} \; ; \quad R_d = R_{d1} + R_{d2} = \frac{s_1}{A \cdot \epsilon_o \cdot \epsilon_{r1}} + \frac{s_2}{A \cdot \epsilon_o \cdot \epsilon_{r2}}$$

$$R_d = \frac{1}{A \cdot \epsilon_o} \cdot \left(\frac{s_1}{\epsilon_{r1}} + \frac{s_2}{\epsilon_{r2}} \right) = \frac{2,08 \cdot 10^{10} \text{ V}}{3,54 \text{ As}}$$

$$\underline{C} = G_d = \frac{1}{R_d} = \frac{3,54}{2,08} \cdot 10^{-10} \frac{As}{V} = \underline{170 \text{ pF.}}$$

22.
$$C = G_d = \frac{1}{R_d} \; ; \quad R_d = R_{d1} + R_{d2} = \frac{1}{G_{d1}} + \frac{1}{G_{d2}} \; .$$

Für einen zylindermantelförmigen Feldraum mit den Radien r und R und der Länge l ist der dielektrische Leitwert G_d nach Gl. (16):

$$G_d = \epsilon_o \cdot \epsilon_r \frac{2\pi \cdot l}{\ln(R/r)} \; \Rightarrow \; G_{d1} = \epsilon_o \cdot \epsilon_{r1} \cdot \frac{2\pi \cdot l}{\ln(r_1/r)} \; ; \quad G_{d2} = \epsilon_o \cdot \epsilon_{r2} \cdot \frac{2\pi \cdot l}{\ln(R/r1)}$$

Mit den vorgegebenen Werten erhält man:

$$G_{d1} = 134 \cdot 10^{-12} \frac{As}{V} \; ; \quad G_{d2} = 73 \cdot 10^{-12} \frac{As}{V} \; ;$$

$$R_d = \frac{1}{G_{d1}} + \frac{1}{G_{d2}} = 2,12 \cdot 10^{10} \frac{V}{As} \; ; \quad \underline{C} = G_d = \frac{1}{R_d} = 47 \cdot 10^{-12} \frac{As}{V} = \underline{47 \text{ pF.}}$$

23. In den drei Zeitabschnitten I, II, III ist du/dt jeweils konstant:

$$\text{I: } \frac{du}{dt} = \frac{+30 \text{ V}}{3 \text{ ms}} = +10^4 \frac{V}{s} \; ; \quad \text{II: } \frac{du}{dt} = 0 \; ; \quad \text{III: } \frac{du}{dt} = \frac{-30 V}{2 \text{ ms}} = -1,5 \cdot 10^4 \frac{V}{s}.$$

Nach Gl. (38): i = C · du/dt ergeben sich damit die Stromstärken in den drei Abschnitten zu

I: i = + 40 mA; II: i = 0; III: i = - 60 mA. Siehe dazu Bild L 5.

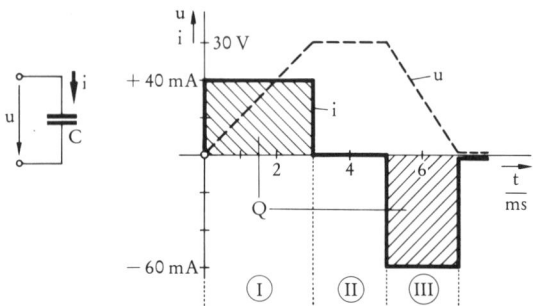

Bild L 5

Man beachte dabei, daß das Zeitintegral über die Stromstärke, $\int i \cdot dt = Q$, im Zeitabschnitt III denselben Betrag hat (Fläche) wie im Zeitabschnitt I, denn der Kondensator wird in III wieder völlig entladen.

24. a, Nach Gl. (38): $i = C \cdot du/dt$ ist $u = \int du = (1/C) \cdot \int i \cdot dt = (1/C) \cdot q$. Während der ersten drei Stromimpulse nimmt die Kondensatorladung q (schraffierte Fläche in Bild L 6) jeweils linear zu; dasselbe tut auch die Spannung u; die Ladungszunahme beträgt jeweils $\int i \cdot dt = i \cdot t = 2\ mA \cdot 5\ ms = 10 \cdot 10^{-6}$ As. Die Spannungswerte nach den ersten drei Stromimpulsen sind damit: 20 V, 40 V und 60 V. Durch den vierten, negativen Stromimpuls wird die Ladung q um $i \cdot t = -1\ mA \cdot 15\ ms = -15 \cdot 10^{-6}$ As verändert, d.h. sie wird um diesen Betrag vermindert; dabei verändert sich die Spannung u um $(1/C) \cdot i \cdot t = -30$ V von + 60 V auf + 30 V.

Die elektrische Feldenergie w_e ändert sich immer nur, wenn sich die Kondensatorspannung u ändert, und zwar ist ihr Verlauf nach Gl. (40) proportional u^2. Nach Beendigung der einzelnen Stromimpulse 1, 2, 3 und 4 ist w_e jeweils:

$$1:\ w_e = \frac{C \cdot u^2}{2} = \frac{0,5 \cdot 10^{-6}\ As\ 4 \cdot 10^2\ V \cdot V}{2\ V} = 1 \cdot 10^{-4}\ Ws;$$

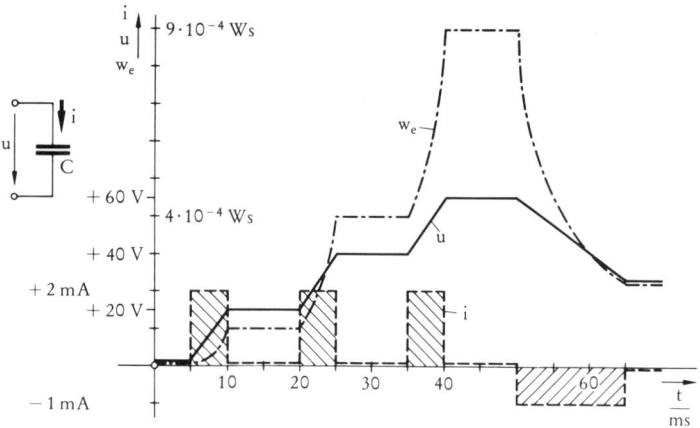

Bild L 6

2: $w_e = 4 \cdot 10^{-4}$ Ws;

3: $w_e = 9 \cdot 10^{-4}$ Ws;

4: $w_e = 2,25 \cdot 10^{-4}$ Ws (siehe Bild L 6).

b, Wenn jeder Stromimpuls die elektrische Feldenergie um denselben Betrag erhöhen soll, müssen die Spannungen u_1, u_2 und u_3 nach den einzelnen Impulsen zueinander in den Verhältnissen stehen:

$$w_{e1} = \frac{C \cdot u_1^2}{2}$$

$$w_{e2} = \frac{C \cdot u_2^2}{2} = 2 \cdot w_{e1} \Rightarrow u_2 = u_1 \cdot \sqrt{2}$$

$$w_{e3} = \frac{C \cdot u_3^2}{2} = 3 \cdot w_{e1} \Rightarrow u_3 = u_1 \cdot \sqrt{3}$$

Der erste Stromimpuls $i \cdot t_1$ ($= q_1$) bringt die Kondensatorspannung von 0 V auf u_1;

$$u_1 = \frac{1}{C} \cdot q_1 = \frac{1}{C} \cdot i \cdot t_1 \qquad \text{Gl.(a)}$$

Der erste und der zweite Stromimpuls zusammen bringen die Spannung von 0 V auf $u_2 = u_1 \cdot \sqrt{2} = \frac{1}{C} \cdot (q_1 + q_2) = \frac{1}{C} \cdot i \cdot (t_1 + t_2)$ Gl.(b)

Aus Gl. (a) und (b):

$$\frac{t_1 + t_2}{t_1} = \frac{\sqrt{2}}{1}; \quad t_2 = t_1 \cdot (\sqrt{2} - 1)$$

Auf dieselbe Weise erhält man: $t_3 = t_1 \cdot (\sqrt{3} - \sqrt{2})$

Das geforderte Verhältnis der Impulsbreiten zueinander ist also:

$$\underline{t_1 : t_2 : t_3 = 1 : (\sqrt{2} - 1) : (\sqrt{3} - \sqrt{2})}$$

25. a, Nach Gl. (42):

$$W_e = \frac{E \cdot D}{2} \cdot V = \epsilon_0 \cdot \epsilon_r \cdot \frac{E^2}{2} \cdot V = \epsilon_0 \cdot \epsilon_{r1} \cdot \frac{(0,8 \cdot E_{d1})^2}{2} \cdot V_1 =$$

$$= \epsilon_0 \cdot \epsilon_{r2} \cdot \frac{(0,8 \cdot E_{d2})^2}{2} \cdot V_2$$

$$\frac{V_1}{V_2} = \frac{\epsilon_{r2}}{\epsilon_{r1}} \cdot \left(\frac{E_{d2}}{E_{d1}} \right)^2$$

b, $\frac{V_1}{V_2} = \frac{6}{4} \cdot \left(\frac{1,2}{1,5} \right)^2 = 0,96$: Medium 1 ergibt das kleinere Nettovolumen.

$\underline{V_1}$ (bei $E_{max} = 0,8 \cdot E_{d1} = 120$ kV/cm) = $78,5 \cdot 10^3$ cm^3 = $\underline{78,5}$ dm^3

26.

a, Kondensator: 0,002 Ws/cm^3 $\Big\}$ ca 1 : 150 000

b, Akkumulator: 335   Ws/cm^3 $\Big\}$ $\Big\}$ ca 1 : 20 000 000

c, Dieselkraftstoff: 41 868   Ws/cm^3 $\Big\}$

27. Nach Gl. (38): $i = C \cdot \dfrac{du}{dt} = 1,2$ mA bei $\left|\dfrac{dv}{dt}\right| = 6$ m/s^2

Wegen u_o = konst. $\cdot$ v ist $\dfrac{du}{dt}$ = konst. $\cdot \dfrac{dv}{dt}$

$75 \dfrac{m}{s} \Rightarrow 300$ V; $1 \dfrac{m}{s} \Rightarrow 4$ V; $6 \dfrac{m}{s} \Rightarrow 24$ V; $6 \dfrac{m}{s^2} \Rightarrow 24 \dfrac{V}{s}$.

$\underline{C} = i \cdot \dfrac{dt}{du} = 1,2 \cdot 10^{-3}$ A $\cdot \dfrac{1\ s}{0,24 \cdot 10^2\ V} = 5 \cdot 10^{-5} \dfrac{As}{V} = \underline{50\ \mu F}$.

28.

$C = \dfrac{A \cdot \epsilon_o \cdot \epsilon_r}{s} = 100$ pF;   U = 1000 V; $W_e = \dfrac{C \cdot U^2}{2} = 0,5 \cdot 10^{-4}$ Ws.

Werte nach dem Auseinanderziehen der Platten:

$C' = \dfrac{A \cdot \epsilon_o \cdot \epsilon_r}{s'} \Rightarrow \dfrac{C'}{C} = \dfrac{s}{s'}, \Rightarrow C' = C \cdot \dfrac{s}{s'}, = 40$ pF

$Q = Q'$ = konst. = $C \cdot U = C' \cdot U' \Rightarrow U' = U \cdot \dfrac{C}{C'}, = 2500$ V (U' > U!)

$W'_e = \dfrac{C' \cdot U'^2}{2} = 1,25 \cdot 10^{-4}$ Ws.

Beim Auseinanderziehen der Platten muß die mechanische Arbeit $\underline{W_{mech}} = W'_e - W_e = 0,75 \cdot 10^{-4}$ Ws gegen die Anziehungskraft zwischen den un-gleichnamig geladenen Platten geleistet werden; diese Arbeit wird voll im elektrischen Feld gespeichert.

(Kontr.: $W_{mech} = F \cdot (s' - s)$, bei Q = konst. bleiben E und F ebenfalls konst.; nach Gl. (44): $F = \psi \cdot E/2$; $\psi = Q = U \cdot C = 10^3$ V $\cdot 10^{-10}$ As/V = $= 10^{-7}$ As; E = U/s = 1000 V/0,2 cm = 5000 V/cm; $F = 10^{-7}$ As $\cdot 5 \cdot 10^3$ V/cm $\cdot 0,5 = 2,5 \cdot 10^{-4}$ Ws/cm; $W_{mech} = F \cdot (s' - s) = 2,5 \cdot 10^{-4}$ Ws/cm $\cdot 0,3$ cm = $0,75 \cdot 10^{-4}$ Ws.)

29.

a, U = konst.

$F = \dfrac{E \cdot D}{2} \cdot A = \dfrac{\epsilon \cdot E^2}{2} \cdot A = \dfrac{\epsilon \cdot U^2}{2 \cdot s^2} \cdot A$ mit $E = \dfrac{U}{s}$ bei A = konst.

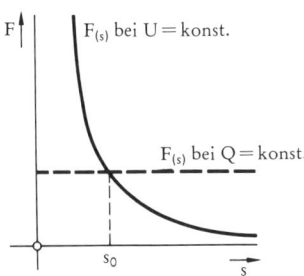

Bild L 7

$F = \text{konst.} \cdot \dfrac{1}{s^2}$; siehe Bild L 7.

b, $Q = \psi = \text{konst.}$

$F = \dfrac{E \cdot D}{2} \cdot A = \dfrac{D^2}{2 \cdot \epsilon} \cdot A = \text{konst.}$ wegen $D = \text{konst.}$ bei $\psi = \text{konst.}$
und $A = \text{konst.}$

siehe Bild L 7.

30.

$W_e = \dfrac{C \cdot U^2}{2}$; $C = \epsilon_0 \cdot \dfrac{A}{s} = 59\ \text{pF}$; $\underline{W_e = 4{,}25 \cdot 10^{-3}\ \text{Ws.}}$

$C' = \epsilon_0 \cdot \epsilon_{rG} \cdot \dfrac{A}{s} = \epsilon_{rG} \cdot C = 5 \cdot 59\ \text{pF}$;

Vor und nach dem Einschieben der Glasplatte:

$Q = C \cdot U = Q' = C' \cdot U' \Rightarrow \underline{U'} = U \cdot \dfrac{C}{C'} = U \cdot \dfrac{1}{5} = \underline{2{,}4\ \text{kV.}}$

$W'_e = \dfrac{C' \cdot U'^2}{2} = \underline{0{,}86 \cdot 10^{-3}\ \text{Ws}};$

Die elektrische Feldenergie ist nach dem Einschieben der Glasplatte kleiner als vorher. Die Differenz $W_e - W'_e = 3{,}39 \cdot 10^{-3}$ Ws wurde vom elektrischen Feld zum Hineinziehen der Glasplatte in den Feldraum aufgewendet (die Glasplatte wird in das elektrische Feld etwa so hineingezogen wie ein Stück Eisen in einen magnetischen Feldraum). Zum Entfernen der Glasplatte aus dem Kondensator muß gegen das elektrische Feld wiederum genau diese Arbeit geleistet werden.

Ganz allgemein ergibt die Beobachtung: Stoffe bzw. Stoffpartikel mit $\epsilon_r > 1$ erfahren im elektrischen Feld eine Kraft in Richtung auf die Stelle mit der höchsten elektrischen Feldstärke hin. Diese Erfahrung macht man sich z.B. bei der "elektrostatischen Entstaubung" zunutze: die zu reinigende Luft wird durch ein inhomogenes elektrisches Feld zwischen zwei Elektroden geführt und die Staubteilchen setzen sich an den Stellen mit der größten elektrischen Feldstärke, nämlich an den Oberflächen der Elektroden, ab.

31.

a, $\underline{E = S \cdot \rho = \dfrac{I}{A} \cdot \rho = 1{,}36 \cdot 10^{-3} \text{ V/cm.}}$

b, $\underline{s = \dfrac{U}{E} = 73{,}5 \text{ m.}}$ c, $\underline{\dfrac{dP}{dV} = E \cdot S = E^2 \cdot \kappa = 1{,}088 \text{ W/cm}^3.}$

32.

$\dfrac{dP}{dV} = S \cdot E = S^2 \cdot \rho \Rightarrow S = \sqrt{\dfrac{dP}{dV} \cdot \dfrac{1}{\rho}} = \underline{2{,}14 \text{ A/mm}^2.}$

$P = U \cdot I \Rightarrow I = \dfrac{P}{U} = \dfrac{3\,300 \text{ VA}}{220 \text{ V}} = \underline{15 \text{ A.}}$

$I = S \cdot A \Rightarrow \underline{A = \dfrac{I}{S} = 7 \text{ mm}^2.}$

$U = s \cdot E = s \cdot S \cdot \rho \Rightarrow \underline{s = \dfrac{U}{S \cdot \rho} = 94 \text{ m.}}$

33.

$P_a = P_G \cdot 0{,}96; \quad P_G = \dfrac{180 \text{ MW}}{0{,}96} = 188 \text{ MW}; \text{ Verluste in der Leitung } P_V:$

$P_V = P_G - P_a = 8 \text{ MW};$

R_L = Widerstand der Leitung; s = Länge der Leitung = 200 km.

$P_V = I^2 \cdot R_L = (S \cdot A)^2 \cdot \dfrac{s \cdot \rho}{A} = S^2 \cdot A \cdot s \cdot \rho \Rightarrow \underline{A = \dfrac{P_V}{S^2 \cdot s \cdot \rho} = \dfrac{P_V}{S^2 \cdot s} \cdot \kappa} =$

$= \underline{140 \text{ mm}^2.}$

$I = S \cdot A = 560 \text{ A.} \quad P_a = I \cdot U_a \Rightarrow \underline{U_a = \dfrac{P_a}{I} = 320\,000 \text{ V.}}$

$P_G = I \cdot U_G \Rightarrow \underline{U_G = \dfrac{P_G}{I} = 335\,000 \text{ V.}}$

Spannungfall längs der Leitung: 15 000 V.

34. Hier kann man auf die Analogie zwischen dem elektrischen Leitwert G und dem dielektrischen Leitwert G_d = C zurückgreifen. In Abschn. 2.31 wurde die Kapazität C einer Anordnung aus einer Halbkugel vom Radius r und einer konzentrisch dazu liegenden hohlen Halbkugel vom Radius R berechnet,

vergl. Bild 2.27, $C = \epsilon \cdot \dfrac{2\,\pi}{\dfrac{1}{r} - \dfrac{1}{R}}$.

Vergrößert man den Radius R immer mehr, so wird $C \approx \epsilon \cdot 2\,\pi \cdot r$. Eine Anordnung solcher Art liegt auch hier vor; die Gleichung $G_d = C \approx \epsilon \cdot 2\,\pi \cdot r$ geht über in $G \approx \kappa \cdot 2\,\pi \cdot r$; $R = 1/G$.

$G \approx \kappa \cdot 2\,\pi \cdot r = 10^{-6} \dfrac{\text{Sm}}{\text{mm}^2} \cdot 3{,}14 \text{ cm} = 3{,}14 \cdot 10^{-2} \text{ S}; \underline{R = \dfrac{1}{G} \approx 30\,\Omega.}$

35. Länge einer Windung: $(R-r) \cdot \pi$ = 9,4 cm; Gesamtlänge s_{Cu} des Drahtes: $N \cdot 9,4$ cm = 3000 $\cdot$ 9,4 cm = 282 m; Spulenstrom I = Θ/N = 1440 A/3000 = 0,48 A; erforderlicher Spulenwiderstand R = U/I = 12 V/0,48 A = 25 Ω = $s_{Cu}/(A_{Cu} \cdot \kappa_{Cu})$ $\Rightarrow$ $\underline{A_{Cu} = 0,2 \text{ mm}^2}$.

36. (A_L = Leiterquerschnitt; s_L = Leiterlänge; r' = Radius der Spulenquer-schnittsfläche, d.h. der Feldraumquerschnittsfläche.)

$$\Theta = N \cdot I = N \cdot U \cdot G = N \cdot U \cdot \frac{A_L}{s_L} \cdot \kappa = N \cdot U \cdot \frac{A_L}{N \cdot 2\pi \cdot r'} \cdot \kappa = U \cdot \frac{A_L}{2\pi \cdot r'} \cdot \kappa .$$

Die Durchflutung Θ und damit auch der magnetische Fluß ϕ hängen danach nicht von der Windungszahl N ab, sondern nur vom Querschnitt und vom spezifischen elektrischen Leitwert des Drahtes, sowie vom Spulenquerschnitt, bzw. der mittleren Länge $2\pi \cdot r'$ einer Windung.

Man kann auch ohne Rechnung auf Grund einer einfachen Überlegung zu diesem Ergebnis kommen: Bei Verdoppelung der Windungszahl erhöht sich der Spu-lenwiderstand auf den doppelten Wert; damit sinkt die Stromstärke auf den hal-ben Wert und das Produkt aus Windungszahl und Stromstärke hat denselben Wert wie vorher.

37. a, Auf eine Windung entfallen s_{Al}/N = 10,7 m/150 = 7,1 cm Drahtlänge. 7,1 cm = $2\pi \cdot r'$, wobei r' der Halbmesser der Spulenquerschnittsfläche ist; r' = 7,1 cm/2π = 1,13 cm; Spulenquerschnitt A = $r'^2 \cdot \pi$ = 4 cm^2. Länge s der Spule (bei quadratischem Drahtquerschnitt von 2 mm x 2 mm): s = $N \cdot 2$ mm = 150 $\cdot$ 2 mm = 30 cm. Der Feldraum für den Magnetfluß besteht aus dem Spuleninneren vom Querschnitt A = 4 cm^2 und der Länge s = 30 cm und in Reihe dazu aus der Umgebung der Spule (theoretisch nach allen Sei-ten bis ins Unendliche), durch die der Fluß wieder in sich zurückkehrt. Er wird daher durch die Summe der beiden magnetischen Widerstände, näm-lich den des Feldraumes innerhalb der Spule R_{mi} und den des Feldraumes außerhalb der Spule R_{ma} beschrieben: $R_m = R_{mi} + R_{ma}$. Liegen die Verhältnisse so wie hier, daß das Spuleninnere lang ist und von kleinem Querschnitt, so trägt der äußere Feldraum nur unbedeutend zum gesamten magnetischen Widerstand bei und man kann ansetzen:

$$R_m \approx R_{mi} = \frac{s}{A \cdot \mu_0 \cdot \mu_r}; \quad G_m \approx \frac{A \cdot \mu_0 \cdot \mu_r}{s} = 1,67 \cdot 10^{-9} \text{ Vs/A (wobei } \mu_r = 1).$$

El. Leitwert des Spulendrahtes G = 13,1 S; I = $U \cdot G$ = 52,4 A; $\Theta = N \cdot I$ = 7860 A; $\phi = \Theta \cdot G_m = \underline{13,1 \cdot 10^{-6} \text{ Vs} = 13,1 \mu\text{Wb}}$.

b, P = $U \cdot I$ = 4 V $\cdot$ 52,4 A = 209,6 W. P ist reine Verlustleistung; sie wird im elektrischen Widerstand des Spu-lendrahtes in Wärmeleistung umgesetzt. Mit dem erzeugten Magnetfluß hat diese Leistung unmittelbar nichts zu tun. Bei idealisiert widerstands-losem Spulendraht wäre überhaupt keine Spannung U - und damit auch kei-ne Verlustleistung - nötig, um den Strom I aufrechtzuerhalten und damit den Magnetfluß ϕ zu produzieren. Dies läßt sich tatsächlich mit Leiterma-terialien in "supraleitendem" Zustand realisieren.

38.

$$\Theta_L = \int_s \vec{H}_L \cdot \vec{ds} = H_L \cdot s; \quad H_L = \frac{B_L}{\mu_0}; \quad BL = \frac{\phi}{A} = \frac{\phi}{a \cdot b}.$$

$B_L = 1,4 \text{ Vs/m}^2; \quad H_L = 1,12 \cdot 10^6 \text{ A/m}; \quad \Theta_L = 44\,800 \text{ A}.$

(Kontrolle: $\Theta_L = \phi/G_{mL}$ mit $G_{mL} = \mu_L \cdot \frac{A}{s} = \mu_0 \cdot \frac{a \cdot b}{s} = 0,235 \cdot 10^{-5} \frac{\text{Vs}}{\text{A}}$

$$\Theta_L = \frac{0,105 \text{ Vs}}{0,235 \; 10^{-5} \text{ Vs}} \frac{\text{A}}{} = 0,448 \cdot 10^5 \text{ A.})$$

39.

$B_{(r)} = 0,125 \text{ Vs/m}^2; \quad B_{(r)} = \mu_0 \cdot H_{(r)};$

$$\Theta = I = \oint \vec{H} \cdot \vec{ds} = H_{(r)} \cdot 2\pi \cdot r \Rightarrow H_{(r)} = \frac{I}{2\pi \cdot r};$$

$$B_{(r)} = \mu_0 \cdot \frac{I}{2\pi \cdot r} = \mu_0 \cdot \frac{S \cdot r^2 \pi}{2\pi \cdot r} = \mu_0 \cdot \frac{S \cdot r}{2} \Rightarrow \underline{r} = \frac{B_{(r)} \cdot 2}{\mu_0 \cdot S} = \underline{8 \text{ mm}.}$$

$r^2 \cdot \pi = 200 \text{ mm}^2; \quad \underline{I = S \cdot r^2 \cdot \pi = 5\,000 \text{ A}.}$

(Kontrolle: $H_{(r)} = B_{(r)}/\mu_0 = 10^5 \text{ A/m}; \quad 2\pi \cdot r = 5 \text{ cm}; \quad H_{(r)} \cdot 2\pi \cdot r = 5\,000 \text{ A}$)

40.
a, I_2 im Magnetfeld von I_1 (Bild L 8a): $I_1 = H_{1(d)} \cdot 2\pi \cdot d$

$$H_{1(d)} = \frac{I_1}{2\pi \cdot d}; \quad B_{1(d)} = \mu \cdot \frac{I_1}{2\pi \cdot d}; \quad \underline{F} = I_2 \cdot B_{1(d)} \cdot l = \mu \frac{I_1 \cdot I_2}{2\pi \cdot d} \cdot l.$$

I_1 im Magnetfeld von I_2: $I_2 = H_{2(d)} \cdot 2\pi \cdot d$

$$H_{2(d)} = \frac{I_2}{2\pi \cdot d}; \quad B_{2(d)} = \mu \cdot \frac{I_2}{2\pi \cdot d}; \quad \underline{F} = I_1 \cdot B_{2(d)} \cdot l = \mu \cdot \frac{I_1 \cdot I_2}{2\pi \cdot d} \cdot l.$$

Zwischen den beiden Leitern "verdichtet" sich das magnetische Feld (Bild L 8b); da es nach Vergleichmäßigung strebt, wirkt es auf jeden Lei-

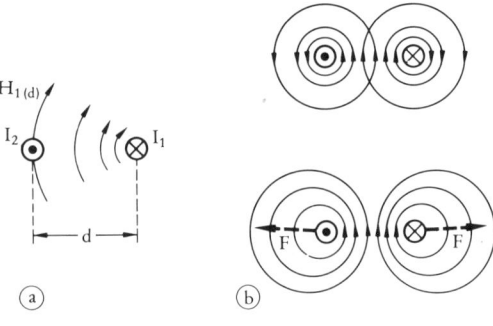

Bild L 8   (a)   (b)

ter mit einer Kraft F, die die Leiter auseinanderzudrücken trachtet. Bei gleicher Richtung von I_1 und I_2 versucht das Feld die beiden Leiter zusammenzurücken.

b, $F = \mu \cdot \dfrac{I_1 \cdot I_2}{2\pi \cdot d} \cdot l$, wobei $I_1 = I_2 = I$ und $\mu = \mu_0$; $\underline{F = \mu_0 \cdot \dfrac{I^2}{2\pi \cdot d} \cdot l = 10^4 \dfrac{VAs}{m}} =$

$= 10^4 \dfrac{Nm}{m} = \underline{10^4\ N}$ (in der veralteten Krafteinheit ausgedrückt: $F \approx 1\,000 kp$)

41.

a, $\Theta = I \cdot N = 510\ A$; $H = \Theta/s = 1700\ A/m \Rightarrow$ Kennl. $\Rightarrow B = 1,5\ Vs/m^2$;

$\phi = B \cdot A = \underline{7,5 \cdot 10^{-4}\ Vs.}$

b, $\phi^* = 1,1 \cdot \phi \Rightarrow B^* = 1,1 \cdot B = 1,65\ Vs/m^2 \Rightarrow$ Kennl. $\Rightarrow H^* = 5400\ A/m$;

$\Theta^* = H^* \cdot s = 1620\ A$; $I^* = \Theta^*/N = 0,79\ A$; $\underline{k_I = I^*/I = 3,15.}$

Oder kürzer: $H^*/H = I^*/I = k_I = 3,15$.

Da die Veränderung im Bereich der Sättigung vorgenommen wird, bringt eine Steigerung der Stromstärke um mehr als 200% nur eine Vergrößerung des Magnetflusses um 10%!

c, $\mu_{ra} = B/(H \cdot \mu_0) \approx 750$; $\mu_{rb} = B^*/(H^* \cdot \mu_0) \approx 244$.

42. $\phi_D = \phi_G = \phi \Rightarrow B_D = B_G = \phi/A = 0,8\ Vs/m^2 \Rightarrow$ Kennl. $\Rightarrow H_D = 230 A/m$,

$H_G = 5\,000\ A/m$;

$\Theta = \oint \vec{H} \cdot \vec{ds} = 2 \cdot H_D \cdot s_D + 2 \cdot H_G \cdot s_G = 115\ A + 4000\ A = 4115\ A$;

$\underline{I = \Theta/N = 5,16\ A.}$

43. $\phi_G = \phi_D = \phi = 3,3 \cdot 10^{-3}\ Vs.$

$B_G = \phi/A = 0,55\ Vs/m^2 \Rightarrow$ Kennl. $\Rightarrow H_G = 1500\ A/m$;

$B_D = \phi/(A/3) = 1,65\ Vs/m^2 \Rightarrow$ Kennl. $\Rightarrow H_D = 5400\ A/m$;

$\Theta = \oint \vec{H} \cdot \vec{ds} = H_G \cdot s_G + H_D \cdot s_D = 600\ A + 648\ A = 1248\ A$;

$\underline{I = \Theta/N = 2\ A.}$

44.

a, $\Theta = I \cdot N = 2500\ A = \Theta_L + \Theta_E$; $\Theta_L = 0,96 \cdot 2500\ A = 2400\ A$,

$\Theta_E = 100\ A.$

Für $B = $ konst. bleiben H_E und H_L ebenfalls konst.; wegen $s_E = $ konst. ist $\Theta'_E = \Theta_E = H_E \cdot s_E = 100\ A.$

$\left.\begin{array}{l} \Theta'_L = H_L \cdot s'_L \\ \Theta_L = H_L \cdot s_L \end{array}\right\} \Theta'_L = \Theta_L \cdot \dfrac{s'_L}{s_L} = 2400\ A \cdot \dfrac{6\ mm}{4\ mm} = 3600\ A$

$\Theta' = \Theta'_E + \Theta'_L = \Theta_E + \Theta'_L = 100\ A + 3600\ A = 3700\ A$

$I' = \Theta'/N = 0,74\ A.$ Die Stromstärke muß fast im selben Maße erhöht werden wie die Luftspaltlänge.

b, $B = \mu_0 \cdot H_L = \mu_0 \cdot \dfrac{\Theta_L}{s_L} = 0,75\ Vs/m^2$

$\phi = B \cdot A = 1,5 \cdot 10^{-3}\ Vs.$

45.

a, $\Theta = \oint \vec{H} \cdot \vec{ds} = H_L \cdot s_L + H_E \cdot s_E;\quad B_L = B_E = 1,6\ Vs/m^2;$

$H_L = BL/\mu_0 = 1,28 \cdot 10^6\ A/m;\quad B_E \Rightarrow Kennl. \Rightarrow H_E = 3500\ A/m.$

$\Theta = 3840\ A + 840\ A = 4680\ A;\quad \underline{I = \Theta/N = 4,68\ A.}$

b, Die maximal mögliche gesamte Leiterfläche beträgt hier 80% der Fensterfläche:

$(N \cdot A_{Cu})_{max} = k_{Cu} \cdot A_F \Rightarrow A_{Cu\ max} = k_{Cu} \cdot A_F/N = 1,28\ mm^2;$

$\underline{S_{min} = I/A_{Cu\ max} = 3,7\ A/mm^2.}$

c, $\underline{\Theta_{max} = (I \cdot N)_{max} = S_{max} \cdot (A_{Cu} \cdot N) = S_{max} \cdot k_{Cu} \cdot A_F = f(S_{max})}$ bei gegebenen Werten von k_{Cu} und A_F.

Die Windungszahl N kann unter den obengenannten Voraussetzungen an die jeweilige Betriebsspannung angepaßt werden (s_w = mittlere Länge einer Windung):

$\Theta = I \cdot N \Rightarrow N = \dfrac{\Theta}{I} = \dfrac{\Theta}{U \cdot G} = \dfrac{\Theta \cdot N \cdot s_w}{U \cdot A_{Cu} \cdot \kappa_{Cu}}\ ;\quad A_{Cu} = \dfrac{k_{Cu} \cdot A_F}{N}$

$N = \dfrac{\Theta \cdot N^2 \cdot s_w}{U \cdot k_{Cu} \cdot A_F \cdot \kappa_{Cu}}\ ,\quad N = \dfrac{U \cdot k_{Cu} \cdot A_F \cdot \kappa_{Cu}}{\Theta \cdot s_w}$

46.

a, $\phi_{max} = B_{max} \cdot A = 2,1 \cdot 10^{-3}\ Vs.$

"Spannung pro Windung": $\left| u_{ow} \right| = \left| \dfrac{d\phi}{dt} \right| = \left| \dfrac{\Delta\phi}{\Delta t} \right| = \dfrac{2,1 \cdot 10^{-3}\ Vs}{10 \cdot 10^{-3}\ s} = 0,21\ V.$

$\left| u_{12} \right| = N_1 \cdot \left| u_{ow} \right|\ ;\quad \underline{N_1} = \left| \dfrac{u_{12}}{u_{ow}} \right| = \dfrac{84\ V}{0,21\ V} = 400;\quad \underline{N_2 = 100.}$

b, Klemmen 2 und 3 o d e r 1 und 4, sodaß sich eine insgesamt gleichsinnig gewickelte Spule ergibt.

47.

a, $F = I \cdot B \cdot a = U_0 \cdot G \cdot B \cdot a = B \cdot v_L \cdot a \cdot \dfrac{A_{Cu} \cdot \kappa_{Cu}}{l} \cdot B \cdot a = B^2 \cdot a^2 \cdot \dfrac{A_{Cu} \cdot \kappa_{Cu}}{l} \cdot v_L$

$\underline{F = 2,88 \cdot 10^3\ N}$ (≈ 288 kp; bei Radfahrertempo v_L der Leiterschleife!).
Einzelwerte: $U_O = 2,4$ V; $G = 2,5 \cdot 10^3$ S; I = 6000 A.

b, Dauer des ganzen Vorganges: $T = s/v_L = 60$ ms.

$\underline{W} = W_{el} = P_{el} \cdot T = U_O \cdot I \cdot T = \underline{864\ Ws.}$

Kontr.: $W = W_{mech} = F \cdot s = 2,88 \cdot 10^3$ N $\cdot 0,3$ m = 864 Nm = 864 Ws.

48.

a, Jeder Punkt der Speiche bewegt sich senkrecht zum Magnetfeld; seine Bewegungsgeschwindigkeit $v_{L(x)}$ wächst linear mit seiner Entfernung x von der Drehachse, vergl. Bild L 9a. Im Punkt P der Speiche ist die infolge der Bewegung gegenüber dem Magnetfeld induzierte innere Feldstärke nach Gl. (75):

$$E_{i(x)} = \vec{B} \times \vec{v}_{L(x)}.$$

Danach hat $\vec{E}_i$ überall die Richtung "zur Achse hin"; folglich ist der Ring bzw. die Klemme 1 positiv: u_{12} ist positiv.

Gemäß Gl. (74) ist der Betrag der in der Speiche induzierten Urspannung gegeben als das Linienintegral über die innere Feldstärke längs der gesamten Speiche:

$$\underline{|U_O|} = \left| \int_0^r \vec{E}_i \cdot \vec{dx} \right| = \left| \int_0^r \vec{B} \times \vec{v}_{L(x)} \cdot \vec{dx} \right| = \int_0^r B \cdot v_{L(x)} \cdot dx \quad \text{(wegen: } \vec{B} \perp \vec{v}_{L(x)}\text{)}$$

$$= B \cdot \int_0^r x \cdot \omega \cdot dx = \omega \cdot B \cdot \int_0^r x \cdot dx = \quad \text{(wegen: } v_{L(x)} = x \cdot \omega \text{)}$$

$$= \omega \cdot B \cdot \frac{r^2}{2} = \frac{50 \cdot 2\pi}{s} \cdot \frac{0,8\ Vs}{m^2} \cdot \frac{4 \cdot 10^{-2}\ m^2}{2} = \underline{5\ V.}$$

Zur Kontrolle kann man den Vorgang auch so sehen, daß sich bei jeder vollen Umdrehung der von der Leiterschleife umfaßte Magnetfluß von Null bis zum Wert $B \cdot r^2 \pi$ gleichförmig ändert: $d\phi = \Delta\phi = B \cdot r^2 \pi$, $dt = \Delta t = (1/50)$s = Zeitbedarf für einen vollen Umlauf; siehe hierzu Bild L 9b.

$$U_O = \frac{d\phi}{dt} = \frac{\Delta\phi}{\Delta t} = \frac{0,8\ Vs}{m^2} \cdot 4 \cdot 10^{-2}\ m^2 \cdot 3,14 \cdot \frac{50}{s} = 5\ V.$$

b, Am Betrag der Spannung u_{12} ändert sich durch zusätzlich eingefügte Speichen nichts; es wird dadurch nur der Innenwiderstand dieser Quelle elektrischer Energie verkleinert. Da die Anzahl der Speichen ohne Einfluß auf die Höhe der Spannung ist, kann man gleich beliebig viele nehmen, d.h. man benützt am besten eine Vollscheibe: Das ist die "Unipolarmaschine", mit der man unmittelbar durch elektromagnetische Induktion Gleichspannung erzeugen kann, ohne daß dabei - wie man aufgrund des Induktionsgesetzes $u_o = d\phi/dt$ annehmen müßte - der Magnetfluß in einer Richtung ins Unendliche anwächst.

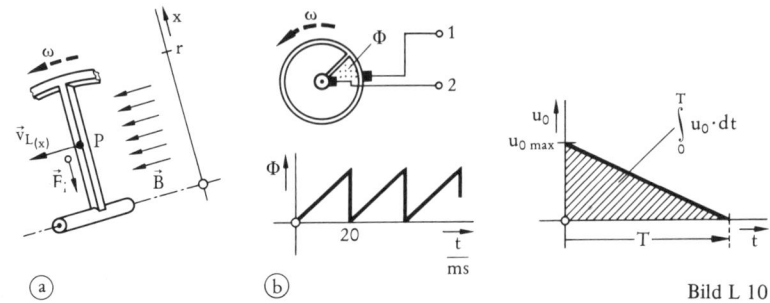

Bild L 9   (a)   (b)   Bild L 10

49.

$$u_0 = N \cdot \frac{d\phi}{dt} \Rightarrow d\phi = \frac{1}{N} \cdot u_0 \cdot dt \Rightarrow \phi = \int_0^T d\phi = \frac{1}{N} \cdot \int_0^T u_0 \cdot dt.$$

Das Integral $\int_0^T u_0 \cdot dt$, graphisch gesehen die "Spannungs-Zeitfläche", Bild L 10, ist ein unmittelbares Maß für die bei der Induktion insgesamt aufgetretene Flußänderung. Das heißt: bei gegebener Flußänderung hat die Spannungs-Zeitfläche immer denselben Wert, unabhängig vom zeitlichen Verlauf der induzierten Urspannung. Speziell im vorliegenden Fall ist die gesamte Flußänderung gleich dem maximal umfaßten Fluß, und bei dem vorgegebenen zeitlichen Spannungsverlauf wird:

$$\int_0^T u_0 \cdot dt = \frac{u_{0\,max} \cdot T}{2} = N \cdot \phi;$$

$$\underline{T = \frac{N \cdot \phi \cdot 2}{u_{0\,max}} = \frac{N \cdot B \cdot A \cdot 2}{u_{0\,max}} = 0,8\ s.}$$

50.

r = Drahtrad.; l = Drahtlänge; R = Bleistiftrad.; s_w = Länge einer Windung; A = Spulenquerschnitt; s = Spulenlänge.

$$L \approx N^2 \cdot G_{mi} = N^2 \cdot \frac{A}{s}\,\mu \quad \text{nach Gl. (82a).}$$

$$N = \frac{l}{s_w} = \frac{l}{2(R + r/2) \cdot \pi} = \frac{271\ cm}{2,7\ cm} = 100 \text{ (plus 2 mal 0,5 cm Anschlußstücke).}$$

$$A = R^2 \cdot \pi = (0,4\ cm)^2 \cdot 3,14 = 0,5\ cm^2;\ s = N \cdot (2r) = 6\ cm;\ \mu = \mu_0.$$

$$\underline{L = 10,5\,\mu H};\ \underline{R_L = \frac{l}{r^2 \cdot \pi} \cdot \rho_{Cu} = 0,162\ \Omega}.$$

51.

a, Nach Gl. (87) ist hier wegen N = 1: $L = \dfrac{\phi}{I} = \dfrac{\int_A \vec{B} \cdot d\vec{A}}{I}$.

I ist darin der Leiterstrom; das Flächenintegral über die magnetische Flußdichte berechnet man am einfachsten für die Verbindungsebene zwischen den beiden Leitern (siehe Bild L 11):

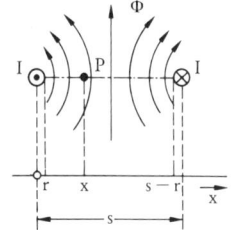

Bild L 11

$$L = \frac{1}{I} \cdot \int_A \vec{B} \cdot d\vec{A} = \frac{1}{I} \cdot \int_r^{s-r} B_{(x)} \cdot dx.$$

Die magnetische Flußdichte $B_{(x)}$ in einem Punkt dieser Ebene ist hier: $B_{(x)} = \mu_0 \cdot H_{(x)}$. Der Strom im Hin- und im Rückleiter gibt jedesmal einen in derselben Richtung wirkenden magnetischen Antrieb (Rechtsschrauben-regel); $H_{(x)}$ enthält deshalb zwei Komponenten, deren eine vom linken und deren andere vom rechten stromdurchflossenen Leiter herrührt. Ihre Grösse ist jeweils nach dem Durchflutungsgesetz gemäß Gl. (66a) zu berechnen. Es ist:

$$H_{(x)} = \frac{I}{2\pi \cdot x} + \frac{I}{2\pi \cdot (s-x)} = \frac{I}{2\pi} \cdot (\frac{1}{x} + \frac{1}{s-x});$$

$$B_{(x)} = \mu_0 \cdot H_{(x)} = \frac{\mu_0 \cdot I}{2\pi} \cdot (\frac{1}{x} + \frac{1}{s-x}).$$

Damit wird:

$$\underline{L} = \frac{1}{I} \cdot \int_r^{s-r} B_{(x)} \cdot dx = \frac{1 \cdot \mu_0 \cdot I}{I \cdot 2\pi} \cdot \int_r^{s-r} (\frac{1}{x} + \frac{1}{s-x}) \cdot dx =$$

$$= \frac{1 \cdot \mu_0}{2 \cdot \pi} \cdot \bigg| \ln x - \ln(s-x) \bigg|_r^{s-r} = \frac{1 \cdot \mu_0}{2 \cdot \pi} \cdot 2 \, [\ln(s-r) - \ln r] = \underline{1 \cdot \frac{\mu_0}{\pi} \cdot \ln(\frac{s-r}{r})}.$$

b, $\underline{L} = 10^3 \, m \cdot \frac{4\pi \cdot 10^{-7}}{\pi} \frac{As}{Vm} \cdot \ln(\frac{30\,cm - 0,3\,cm}{0,3\,cm}) = \underline{1,84 \, mH}.$

Der Induktivitätsbelag dieser Doppelleitung beträgt also bei Außerachtlassen des magnetischen Feldes in den Drähten selbst 1,84 mH/km.

52. Nach Gl. (82a): $L = N^2 \cdot G_m = N^2 \cdot \frac{A}{s} \cdot \mu_0 \cdot \mu_r$ für $\mu =$ konst.; $\underline{L = 5 \, H.}$

$$B_m = 0,5 \, \frac{Vs}{m^2} = \mu \cdot H_m = \mu_0 \cdot \mu_r \cdot H_m \Rightarrow H_m = \frac{B_m}{\mu_0 \cdot \mu_r} = 10 \, \frac{A}{cm};$$

$$\Theta_m = I_m \cdot N = H_m \cdot s \Rightarrow \underline{I_m} = \frac{H_m \cdot s}{N} = \underline{60 \, mA}.$$

53.
a, $u_0 = L \cdot \frac{di}{dt}$; I, II, etc.: Zeitabschnitte mit jeweils konstantem di/dt, siehe Bild L 12b.

II, IV: $di/dt = 0 \Rightarrow u_0 = 0$; I, V: $di/dt = + 40 \, mA/10 \, ms =$

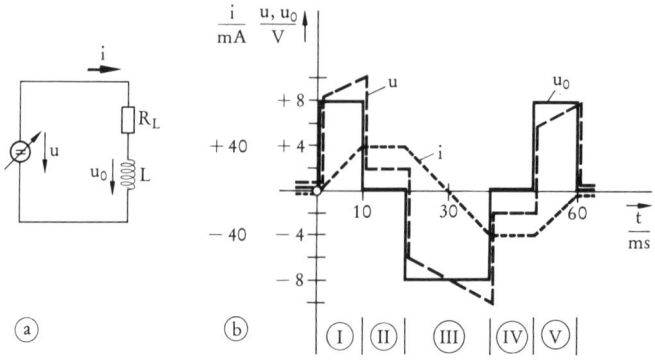

Bild L 12   (a)   (b) |(I)| |(II)| (III) |(IV)|(V)|

$= + 4\ \mathrm{A/s} \Rightarrow u_O = L \cdot di/dt = + 8\ \mathrm{V};\ \mathrm{III}:\ di/dt = - 4\ \mathrm{A/s} \Rightarrow u_O = - 8\ \mathrm{V};$

u_O - Verlauf siehe Diagramm.

b, Für den Stromkreis gilt die Maschengleichung (hierzu Bild L 12a):

$\circlearrowright\ - u + i \cdot R_L + u_O = 0 \Rightarrow u = u_O + i \cdot R_L.$

II: $u_O = 0\ \mathrm{V};\ i = + 40\ \mathrm{mA};\ u = 0\ \mathrm{V} + (+40\ \mathrm{mA} \cdot 50\,\Omega) = + 2\ \mathrm{V}.$

IV: $u_O = 0\ \mathrm{V};\ i = - 40\ \mathrm{mA};\ u = 0\ \mathrm{V} + (-40\ \mathrm{mA} \cdot 50\,\Omega) = - 2\ \mathrm{V}.$

I: $u_O = + 8\mathrm{V};\ i = 0\ \mathrm{A} + 4\dfrac{\mathrm{A}}{\mathrm{s}} \cdot t;\ u = + 8\ \mathrm{V} + 4\dfrac{\mathrm{A}}{\mathrm{s}} \cdot t \cdot 50\ \Omega$ für

$0 \leqslant t \leqslant 10$ ms (siehe Diagr.)

III: $u_O = - 8\ \mathrm{V};\ i = + 40\ \mathrm{mA} - 4\dfrac{\mathrm{A}}{\mathrm{s}} \cdot (t - 20\ \mathrm{ms}).$

$u = - 8\ \mathrm{V} + [+ 40\ \mathrm{mA} - 4\dfrac{\mathrm{A}}{\mathrm{s}} \cdot (t - 20\ \mathrm{ms})] \cdot 50\ \Omega$ für $20\ \mathrm{ms} \leqslant t \leqslant 40\ \mathrm{ms}$ (Diagr

V: $u_O = + 8\ \mathrm{V};\ i = - 40\ \mathrm{mA} + 4\dfrac{\mathrm{A}}{\mathrm{s}} \cdot (t - 50\ \mathrm{ms}).$

$u = + 8\ \mathrm{V} + [- 40\ \mathrm{mA} + 4\dfrac{\mathrm{A}}{\mathrm{s}} \cdot (t - 50\ \mathrm{ms})] \cdot 50\ \Omega$ für $50\ \mathrm{ms} \leqslant t \leqslant 60\ \mathrm{ms}$ (Diagr.

Man beachte im Diagramm: immer, wenn i = 0, ist $u = u_O$, oder anders ausgedrückt: u unterscheidet sich von u_O stets um $i \cdot R_L$ nach Größe und Richtung.

54. $u_O = L_{AP} \cdot \dfrac{di}{dt}$, wobei L_{AP} die Induktivität der Spule in dem Arbeitspunkt ist, der durch den Gleichstrom I (die sog. "Gleichstromvormagnetisierung") eingestellt ist.

$\Theta_{AP} = I \cdot N = 0{,}2\ \mathrm{A} \cdot 500 = 100\ \mathrm{A};\quad H_{AP} = \dfrac{\Theta_{AP}}{s} = 1000\ \dfrac{\mathrm{A}}{\mathrm{m}} \Rightarrow$ Kennlinie $\Rightarrow$

$$B_{AP} = 1{,}4\ \mathrm{Vs/m}^2.$$

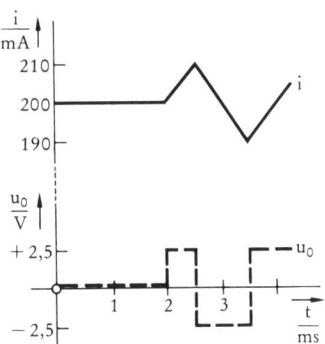

Bild L 13

$$L_{AP} = N^2 \cdot \frac{A}{s} \cdot \left(\frac{dB}{dH}\right)_{AP} = 0,125 \text{ H mit } \left(\frac{dB}{dH}\right)_{AP} \approx 2,5 \cdot 10^{-4} \frac{Vs}{Am} \text{ aus der Kennlinie}$$

$$|u_o| = L_{AP} \cdot \left|\frac{di}{dt}\right| = 0,125 \frac{Vs}{A} \cdot 20 \frac{A}{s} = 2,5 \text{ V (siehe Bild L 13) mit}$$

jeweils konstantem $\left|\dfrac{di}{dt}\right| = \dfrac{10 \text{ mA}}{0,5 \text{ ms}} = 20 \dfrac{A}{s}$ in den einzelnen Abschnitten des Stromanstiegs bzw. -abfalls.

Man beachte den Unterschied zwischen dem $\mu = \dfrac{B}{H}$ - der deutlicheren Unterscheidung halber auch μ_{stat} genannt - und dem $\mu_{dyn} = \dfrac{dB}{dH}$ in dem durch $B = B_{AP} = 1,4 \text{ Vs/m}^2$ festgelegten Arbeitspunkt:

$$\mu_{stat} = \frac{B}{H} = 1,4 \frac{Vs}{m^2} \cdot \frac{m}{10^3 \text{ A}} = 1,4 \cdot 10^{-3} \frac{Vs}{Am}$$

$$\mu_{dyn} = \frac{dB}{dH} \approx 0,25 \cdot 10^{-3} \frac{Vs}{Am} ; \left(\frac{\mu_{dyn}}{\mu_{stat}}\right)_{AP} \approx 0,179.$$

55. Nach Gl. (89): $\dfrac{1}{L} = \dfrac{1}{L_1} + \dfrac{1}{L_p} \Rightarrow \dfrac{1}{L_p} = \dfrac{1}{L} - \dfrac{1}{L_1} = \dfrac{L_1 - L}{L \cdot L_1}$;

$$\underline{L_p} = \frac{L \cdot L_1}{L_1 - L} = \frac{0,3 \text{ H} \cdot 0,5 \text{ H}}{0,5 \text{ H} - 0,3 \text{ H}} = 0,75 \text{ H}.$$

(Kontr.: umgeformte Gl. (89):

$$L = \frac{L_1 \cdot L_p}{L_1 + L_p} = \frac{0,5 \text{ H} \cdot 0,75 \text{ H}}{0,5 \text{ H} + 0,75 \text{ H}} = \frac{0,325}{1,25} \text{ H} = 0,3 \text{ H}.)$$

56. $u_o = L \cdot di/dt$; darin ist L die Ersatzinduktivität für die Schaltung nach Bild 3.55a. Ermittlung von L: 1. Schritt L_3 par. $L_4 \Rightarrow L_p = L_3 \cdot L_4/(L_3 + L_4)$ = 6 nH; 2. Schr.: L_2 in Serie zu $L_p \Rightarrow L_s = L_2 + L_p = 18$ nH; 3. Schr.: L_1 par. $L_s \Rightarrow L = L_1 \cdot L_s/(L_1 + L_s) = 7,85$ nH; $u_o = 7,85 \cdot 10^{-9} \text{ Vs/A} \cdot 2 \cdot 10^7 \text{ A/s}$ = $\underline{0,157 \text{ V}}$.

57. $u_0 = L \cdot di/dt$ mit der Ersatzinduktivität $L = L_1 \cdot L_2/(L_1 + L_2) = 200$ mH; $u_0 = 200 \cdot 10^{-3}$ Vs/A $\cdot$ 0,45 A/10^{-3}s = 90 V; da voraussetzungsgemäß keine ohmschen Spannungsfälle auftreten, ist die Höhe des Spannungssprungs $\underline{u} = u_0 = \underline{90\ V.}$

Wegen der Parallelschaltung ist:

$$\left.\begin{array}{l} u = L_1 \cdot di_1/dt \\ u = L_2 \cdot di_2/dt \end{array}\right\} \quad \frac{di_1/dt}{di_2/dt} = \frac{L_2}{L_1} = \frac{2}{1};$$

Nach dem Knotenpunktsatz: $i = i_1 + i_2 \Rightarrow di/dt = di_1/dt + di_2/dt = 0,45$ A/ms. Aus diesen beiden Gleichungen:

$$\underline{di_1/dt = 0,3\ A/ms; \quad di_2/dt = 0,15\ A/ms.}$$

58.
$$W_m = \frac{L \cdot I^2}{2}; \quad I = \sqrt{\frac{2 \cdot W_m}{L}} = 2\ A \quad \text{(Nach Ablauf von T erreichter Endwert)}$$

$$\frac{di}{dt} \cdot T = I; \quad \frac{di}{dt} = \frac{I}{T} = 40\ \frac{A}{s} \quad \text{(siehe Bild L 14b)}$$

Nach Bild L 14a: $\bigcirc - u + i \cdot R_L + u_0 = 0;\quad u = i \cdot R_L + u_0.$

Zeitabschn. I: $i = 0 + \dfrac{di}{dt} \cdot t = 40\ \dfrac{A}{s} \cdot t;\quad u_0 = L \cdot \dfrac{di}{dt} = 24\ V = \text{konst.}$

$$u = 40\ \frac{A}{s} \cdot t \cdot 8\,\Omega + 24\ V;\ t = 50\ ms:\ u = 16\ V + 24\ V = 40\ V\ \text{(Diagr.)}$$

Zeitabschn. II: $i = 2\ A = \text{konst.},\ u_0 = 0;\ u = 2\ A \cdot 8\,\Omega = 16\ V = \text{konst. (Diagr.)}$

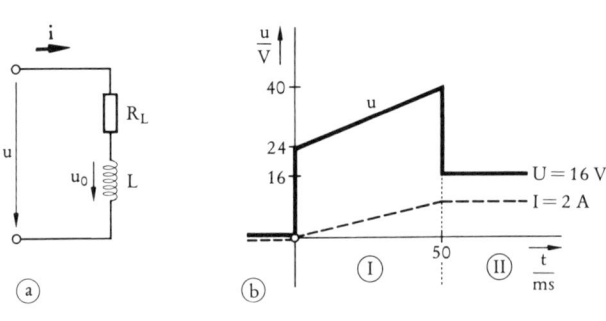

Bild L 14   (a)   (b)

59.
a, $\dfrac{dW_m}{dV} = \dfrac{B \cdot H}{2} = \dfrac{B^2}{2 \cdot \mu}$ (für μ = konst.); $B_E = B_L = 0,8$ Vs/m²;

$\left(\dfrac{dW_m}{dV}\right)_L = 0,255\ \text{Ws/cm}^3;\quad \left(\dfrac{dW_m}{dV}\right)_E = 0,425 \cdot 10^{-3}\ \text{Ws/cm}^3;$

$$W_{mL} = \left(\frac{dW_m}{dV}\right)_L \cdot V_L = \underline{0,46 \text{ Ws}}; \quad W_{mE} = \left(\frac{dW_m}{dV}\right)_E \cdot V_E = \underline{0,105 \text{ Ws}};$$

$$\underline{W_m = 0,565 \text{ Ws}.}$$

Trotzdem das Eisenvolumen viel größer ist als das Luftvolumen, steckt der größte Teil der magnetischen Feldenergie im Luftspalt.

$$V_E/V_L = 133; \quad \left(\frac{dW_m}{dV}\right)_L \bigg/ \left(\frac{dW_m}{dV}\right)_E = \mu_{rE} = 600.$$

b, $W_m = \dfrac{L \cdot I^2}{2}; \quad \underline{L = 2 \cdot W_m/I^2 = 3,14 \cdot \dfrac{Vs}{A}}.$

$$L = N^2 \cdot G_m = N^2 \cdot \frac{1}{R_m} = N^2 \cdot \left(\frac{1}{R_{mE} + R_{mL}}\right);$$

$$R_{mE} = \frac{s_E}{A_E \cdot \mu_0 \cdot \mu_{rE}} = 0,89 \cdot 10^6 \frac{A}{Vs};$$

$$R_{mL} = \frac{s_L}{A_L \cdot \mu_0 \cdot \mu_{rL}} = 4 \cdot 10^6 \frac{A}{Vs}; \quad \underline{N = 3920.}$$

60.

a, Vor Öffnen des Schalters (Bild L 15a): $W_m = \dfrac{L \cdot I^2}{2}$ (bei L = konst.)

$$I = U/R_L = 2 \text{ A}; \quad W_m = 50 \text{ Ws}.$$

Nach Öffnen des Schalters (Bild L 15b) fließt ein Strom i, hervorgerufen durch die selbstinduzierte Spannung u_0, im Stromkreis, der die beiden Widerstände R_L und R in Serie enthält. In diesen beiden Widerständen wird die gesamte freiwerdende Energie W_m in der Zeit T in Wärme umgesetzt:

$$W_m = W_{R_L} + W_R = \int_0^T i^2 \cdot R_L \cdot dt + \int_0^T i^2 \cdot R \cdot dt;$$

$$\frac{W_{R_L}}{W_R} = \frac{R_L \cdot \int_0^T i^2 \cdot dt}{R \cdot \int_0^T i^2 \cdot dt} = \frac{R_L}{R} = \frac{20 \, \Omega}{80 \, \Omega} = \frac{1}{4} \left. \right\} \quad \underline{W_R = 40 \text{ Ws}.}$$

$$W_{R_L} + W_R = W_m = 50 \text{ Ws}$$

b, Nach dem Abschalten gilt die Maschengleichung (Bild L 15b):

$$\circlearrowright + u_0 + i \cdot R_L + i \cdot R = 0 \Rightarrow i = \frac{-u_0}{R_L + R};$$

Im Abschaltmoment t = 0 muß der Strom seinen vorigen Wert zunächst beibehalten ("Stromstärke-Trägheit"): i = I;

$$t = 0: i = I = \frac{-u_0}{R_L + R} \Rightarrow u_0 = -I \cdot (R_L + R) = -2 \text{ A} \cdot 100 \, \Omega = -200 \text{ V}.$$

(das Minuszeichen besagt, daß die im Augenblick als Energiequelle agieren-
de Induktivität L in Bild L 15b unten ihren positiven Pol hat und daher einen
Strom i antreibt, der dieselbe Richtung hat wie vorher I)

$$u_O = L \cdot \frac{di}{dt}; \quad \frac{di}{dt} = \frac{1}{L} \cdot u_O; \quad t = 0: \frac{di}{dt} = \frac{-200 \text{ V}}{25 \text{ H}} = -8 \frac{A}{s}.$$

Wenn der Spulenstrom weiterhin gleichmäßig abnähme, würde er nach 0,25 s
den Wert Null erreichen, Bild L 15c. Da aber für den stets kleiner werdenden Strom i auch nur eine immer kleiner werdende Urspannung $u_O = L \cdot di/dt$
nötig ist, wird die Neigung des Stromverlaufes stetig flacher; durchgezoge-
ne Kurve in Bild L 15c.

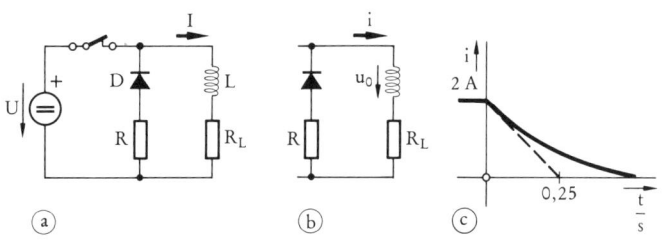

Bild L 15   (a)   (b)   (c)

61.

a, Für den Stromkreis nach Bild L 16a gilt immer: $u_C = u_O$ (verlustlose Bauelemente) und $u_O = L \cdot di/dt$.

$$t = 0: \quad u_C = U = +100 \text{ V} = u_O = L \cdot \frac{di}{dt} \Rightarrow \frac{di}{dt} = \frac{+100 \text{ V}}{0,8 \text{ H}} = +125 \frac{A}{s}.$$

b, Bei geschlossenem Stromkreis kann im Kondensator keine Energie dauernd
gespeichert bleiben, weil die Ladung ja abfließen kann. Wenn der Kondensator völlig ladungsfrei ist ($u_C = 0$), muß nach dem Energiesatz die gesamte Energie im magnetischen Feld der Spule stecken, d.h. dann ist
$i = i_{max}$:

$$i = 0: \quad u_C = U; \quad W_e = \frac{C \cdot U^2}{2} = 0,1 \text{ Ws}.$$

In jedem Augenblick gilt: $w_m + w_e = 0,1 \text{ Ws} = \frac{L \cdot i^2}{2} + \frac{C \cdot u_C^2}{2}$;

$$u_C = 0: \quad \frac{L \cdot i_{max}^2}{2} = 0,1 \text{ Ws} \Rightarrow i_{max} = 0,5 \text{ A}$$

c, In dieser Schaltung ist weder die dielektrische Energieform stabil (weil
die Kondensatorladung sich stets wieder ausgleichen kann) noch die magnetische (weil der Strom i nicht dauernd in der gleichen Richtung und Stärke
fließen kann). Die im Kreis befindliche Energie W = 0,1 Ws, die wegen der
angenommenen Verlustlosigkeit der Bauelemente nicht entweichen kann,
pendelt somit periodisch zwischen den beiden unstabilen Energieformen

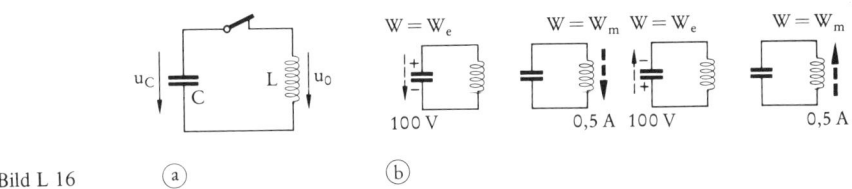

Bild L 16   (a)   (b)

hin und her ("ungedämpfter Schwingkreis"). In Bild L 16b sind für einen vollen Zyklus die vier Augenblicke festgehalten, in denen die vorhandene Energie W jeweils komplett in C bzw. in L gespeichert ist.

62. Hysteresearbeit pro Ringkern und Magnetisierungszyklus $W_H = V \cdot \int H \cdot dB$ mit $V = (D^2 - d^2) \cdot \pi \cdot s/4 = 0,0184$ mm^3 und $\int H \cdot dB \approx 2 \cdot B_r \cdot 2 \cdot H_c$ (Fläche der als rechteckig aufgefaßten Hystereseschleife) $= 400$ Ws/m$^3 = 4 \cdot 10^{-7}$ Ws/mm^3. $W_H = 7,36 \cdot 10^{-9}$ Ws.

$$\underline{P_H} = \frac{dW}{dt} = \frac{W}{t} = 16\ W_H/10^{-6}s = \underline{118\ mW}.$$

Diese Leistung ist recht winzig; beeindruckend ist dagegen die Leistungsdichte, die im einzelnen Ringkern anfällt:

$$\frac{P}{V} = \frac{W_H}{t \cdot V} = 0,4\ W/mm^3 = 400\ W/cm^3.$$

Da im allgemeinen jeder Speichervorgang eine andere Speicherzelle betrifft, wird der einzelne Kern natürlich nicht dauernd so enorm belastet.

63.
a, $F = A \cdot B^2/(2 \cdot \mu_0) \Rightarrow B = \sqrt{2 \cdot \mu_0 \cdot F/A} = 0,236$ Vs/m$^2 = B_L = B_E$;

   $H_L = B_L/\mu_0 = 1,88 \cdot 10^5$ A/m; aus Bild 3.25: $H_E = 85$ A/m;

   $\Theta = H_E \cdot s_E + H_L \cdot s_L = 8,5\ A + 752\ A = 760\ A = I \cdot N$; $\underline{I = 95\ mA.}$

b, Bei angezogenem Anker ist $s_L = 0$; $\Theta = 760\ A = H'_E \cdot s_E$;

   $H'_E = 7600$ A/m $\Rightarrow$ Bild 3.25: $B'_E = B' = 1,7$ Vs/m^2;

   $F' = A \cdot B'^2/(2 \cdot \mu_0)$ oder $F'/F = (B'/B)^2 \Rightarrow F' = (B'/B)^2 \cdot F$:

   $\underline{F' = 52\ N.}$

64.
a, Nach Gl. (96): $W_{mL} = \dfrac{dW_{mL}}{dV} \cdot V = \dfrac{B^2}{\mu_0 \cdot \mu_r \cdot 2} \cdot V$ mit $\mu_r = 1$;

   $\underline{W_{mL} = 367\ 000\ Ws = 367\ 000\ Nm}$ ($\approx 36\ 700$ mkp)

b, Nach Gl. (99): $F = \dfrac{B^2}{2 \cdot \mu_0} \cdot A = \underline{1\ 835\ 000\ N}$ ($\approx 183\ 000$ kp)

c, $W_{mL} = 367 \cdot 10^3$ Ws $= 367 \cdot 10^3$ Nm,

damit kann man eine Lok von $720 \cdot 10^3$ N Gewicht rund einen halben Meter hoch heben;

um 1 l Wasser von 15°C auf 100°C zu erwärmen, braucht man 85 kcal $= 85 \cdot 4,1868 \cdot 10^3$ Ws $= 366 \cdot 10^3$ Ws; dafür reicht die Energie W_{mL} gerade aus;

die vom Transistorradio aufgenommene elektrische Leistung ist bei $\eta = 50\%$: $P_{el} = 0,2$ W; $t = W/P = W_{mL}/P_{el} = 367 \cdot 10^3$ Ws$/0,2$ W $= 1,83 \cdot 10^6$ s ≈ 500 h.

Anhang
Der Potentialbegriff

Der Begriff des "Potentials" ist ein Energiebegriff. Während aber die "Energie" eine tatsächlich geleistete oder gespeicherte Arbeit nennt, gibt das "Potential" nur die prinzipiell dafür existierende Möglichkeit an (wie ja auch der "potentielle" Käufer noch nicht gekauft hat, sondern nur grundsätzlich als möglicher Käufer in Frage kommt); das Potential sagt aus, welche Arbeit zu leisten bzw. welche Energie freizumachen ist, wenn mit einer bestimmten Größe in einer bestimmten Weise verfahren wird. Eine Potentialangabe bezieht sich also immer auf einen genau definierten Vorgang mit einer ganz bestimmten physikalischen Größe: das "Potential" ist somit eine in mehrfacher Hinsicht "bezogene" Energieangabe.

Zur Erläuterung ein einfaches Beispiel: Hebt man einen Körper der Masse m, der von der Erde mit der Kraft $F = m \cdot g$ (g = Erdbeschl.) angezogen wird, von einem Bezugsniveau aus auf die Höhe h über diesem Niveau, so leistet man die Arbeit $W = F \cdot h = m \cdot g \cdot h$ und der betreffende Körper speichert genau diese Energie W als "potentielle Energie" oder "Energie der Lage".

Man kann nun jedoch auch, ohne daß ein Körper hochgehoben würde, der Höhe h ein "Potential φ" in der Weise zusprechen, daß man darin zum Ausdruck bringt, welche Arbeit geleistet werden muß, wenn man einen der Gravitation unterliegenden Körper der Masse m vom Bezugsniveau aus bis zu ebendieser Höhe hochhebt:

$$\varphi = \frac{W}{m} = \frac{W \cdot g}{F} = \frac{F \cdot h \cdot g}{F} = h \cdot g.$$

Das der Höhe h zugesprochene Potential, definiert als "Energie pro Masse" (= auf die Masse bezogene Energie) ist hier ganz einfach die mit der Erdbeschleunigung multiplizierte Höhenangabe selbst. Aus einer Höhenangabe h = 6 m wird daher die zugehörige Potentialangabe $\varphi = h \cdot g = 6$ m $\cdot$ 9,81 m/s^2 = 58,86 m^2/s^2 = 58,86 Nm/kg (wegen: 1 N = 1 kg $\cdot$ 1 m/s^2); das bedeutet: um einen Körper mit der Masse 1 kg vom Bezugsniveau auf diese Höhe zu bringen, bedarf es einer Arbeit W = 58,86 Nm. Oder: ein Körper von der Masse 3 kg besitzt in der Höhe mit dem Potential $\varphi = 58,86$ Nm/kg wegen $W = \varphi \cdot m$ eine Energie der Lage von 58,86 Nm/kg $\cdot$ 3 kg = 176,58 Nm.

Das Potential als - wie oben erwähnt - "mehrfach bezogene" Energieangabe bezieht sich hier erstens auf die Masse des betreffenden Körpers, zweitens auf die Bewegung dieses Körpers unter dem Einfluß der auf die Masse wirkenden Schwerkraft, und schließlich drittens auch noch auf ein willkürlich

festgelegtes Bezugsniveau. Häufig ist das absolute Potential φ eines Raum-
punktes gar nicht von Bedeutung, sondern nur die "Potentialdifferenz $\Delta\varphi$"
zwischen zwei Punkten; soll diese als Differenz $\Delta\varphi = \varphi_1 = \varphi_2$ aus den absoluten Potentialen errechnet werden, so müssen die letzteren natürlich unter Be-
zug auf dasselbe Nullniveau bestimmt worden sein.

Das Potential als "bezogene Energieangabe" haben wir in diesem Beispiel den
verschiedenen Raumpunkten des Schwerefeldes zugewiesen. Man sieht unmittelbar ein: das Potential ist hier eine Funktion des Raumes, in dem die Schwerkraft wirksam ist. Verbindet man in diesem Schwerefeld jeweils alle Punkte
gleichen Potentials miteinander, so erhält man "Äquipotentialflächen" (= Flächen gleichen Potentials), auf denen man Körper beliebig verschieben kann,
ohne daß dabei Arbeit zu leisten wäre.

Ebenso wie auf das Schwerefeld läßt sich der Potentialbegriff auch auf andere
Felder anwenden wie z.B. auf das elektrische und das magnetische Feld.
Man muß zwar beachten, daß sich die "bezogene Energieangabe" dort jeweils
auf andere physikalische Größen bezieht, das Wesen des Potentialbegriffs
bleibt davon jedoch unberührt. (Das elektrische Potential bzw. die elektrische
Potentialdifferenz ist definiert als "Energie pro Ladung", $U = W/Q$, und wird
bekanntlich angegeben in der Einheit $1\,V = 1\,Nm/As$, was bedeutet, daß ein
Energiebetrag von $1\,Nm$ umgesetzt wird, wenn die Ladung $1\,As$ eine Potentialdifferenz von $1\,V$ durchläuft.) Gewisse Schwierigkeiten macht anfangs meist
nur der Umstand, daß in einem Wirbelfeld die Potentialangabe für einen bestimmten Feldpunkt vieldeutig wird. So kann z.B. ein willkürlich zum Poten-
tialnullpunkt gewählter Punkt in einem elektrischen Wirbelfeld außer der Potentialangabe $0\,V$ auch noch die Angabe $20\,V$, $40\,V$ etc. tragen; das besagt
aber nichts anderes als daß bei einem einmaligen völligen Umlauf der Ladung $Q = 1\,As$ die Energie $W = 20\,Nm$ umgesetzt wird, bei zweimaligem Umlauf $40\,Nm$ undsofort.

Einige mechanische Größen und ihre Einheiten

Größe	Formelbuchstabe u. Def.	Einheit
Masse	m (Grundgröße)	$1\,kg$
Länge	s "	$1\,m$
Zeit	t "	$1\,s$
Fläche	$A = s \cdot s$	$1\,m^2$
Geschwindigkeit	$v = \dfrac{s}{t}$	$1\,\dfrac{m}{s}$
Beschleunigung	$a = \dfrac{v}{t}$	$1\,\dfrac{m}{s^2}$
Kraft	$F = m \cdot a$	$1\,N = 1\,kg \cdot \dfrac{m}{s^2}$
Arbeit, Energie	$W = F \cdot s$	$1\,Nm = 1\,J$

Elektrische und magnetische Größen und ihre Einheiten

Größe	Formelbuchstabe und Zusammenhang mit anderen Größen	Einheit
El. Stromstärke	I (Grundgröße)	$1\ \text{Ampere} = 1\ \text{A}$
El. Stromdichte	$S = \dfrac{I}{A}$	$1\ \dfrac{\text{A}}{\text{m}^2}$
El. Ladung	$Q = I \cdot t$	$1\ \text{Coulomb} = 1\ \text{C} = 1\ \text{As}$
El. Spannung (el. Potential, Potentialdifferenz)	$U = \dfrac{W}{Q}$	$1\ \text{Volt} = 1\ \text{V} = 1\ \dfrac{\text{Nm}}{\text{As}}$
El. Feldstärke	$E = \dfrac{U}{s}$	$1\ \dfrac{\text{V}}{\text{m}} = 1\ \dfrac{\text{N}}{\text{As}}$
El. Leitwert	$G = \dfrac{I}{U}$	$1\ \text{Siemens} = 1\ \text{S} = 1\ \dfrac{\text{A}}{\text{V}}$
El. Widerstand	$R = \dfrac{U}{I}$	$1\ \text{Ohm} = 1\ \Omega = 1\ \dfrac{\text{V}}{\text{A}}$
spez. el. Leitwert	$\kappa = \dfrac{S}{E}$	$1\ \dfrac{\text{A}\ \text{m}}{\text{m}^2\ \text{V}} = 1\ \dfrac{\text{S}}{\text{m}}$
spez. el. Widerst.	$\rho = \dfrac{E}{S}$	$1\ \dfrac{\text{V}\ \text{m}^2}{\text{m}\ \text{A}} = 1\ \Omega\ \text{m}$
El. Arbeit, Energie	$W = U \cdot I \cdot t$	$1\ \text{Wattsekunde} = 1\ \text{Ws}$ $= 1\ \text{Joule} = 1\ \text{J} = 1\ \text{Nm}$
El. Leistung	$P = U \cdot I$	$1\ \text{Watt} = 1\ \text{W} = 1\ \dfrac{\text{Nm}}{\text{s}}$
Diel. Flußstärke	$\psi = Q$	$1\ \text{C} = 1\ \text{As}$
Diel. Flußdichte	$D = \dfrac{\psi}{A}$	$1\ \dfrac{\text{As}}{\text{m}^2}$
Diel. Leitwert	$G_d = \dfrac{\psi}{U}$	$1\ \dfrac{\text{As}}{\text{V}}$
Diel. Widerstand	$R_d = \dfrac{U}{\psi}$	$1\ \dfrac{\text{V}}{\text{As}}$
Kapazität	$C = \dfrac{Q}{U}$	$1\ \text{Farad} = 1\ \text{F} = 1\ \dfrac{\text{As}}{\text{V}}$
spez. diel. Leitw. (Dielektrizitätskonstante)	$\epsilon = \dfrac{D}{E}$	$1\ \dfrac{\text{As}\ \text{m}}{\text{m}^2\ \text{V}} = 1\ \dfrac{\text{As}}{\text{Vm}}$
Magn. Potentialdiff. (Durchflutung)	Θ	$1\ \text{A}$
Magn. Feldstärke	$H = \dfrac{\Theta}{s}$	$1\ \dfrac{\text{A}}{\text{m}}$
Magn. Flußstärke	ϕ	$1\ \text{Weber} = 1\ \text{Wb} = 1\ \text{Vs}$
Magn. Flußdichte	$B = \dfrac{\phi}{A}$	$1\ \text{Tesla} = 1\ \text{T} = 1\ \dfrac{\text{Vs}}{\text{m}^2}$

Größe	Formelbuchstabe und Zusammenhang mit anderen Größen	Einheit
Magn. Leitwert	$G_m = \dfrac{\phi}{\Theta}$	$1\,\dfrac{Vs}{A}$
Magn. Widerstand	$R_m = \dfrac{\Theta}{\phi}$	$1\,\dfrac{A}{Vs}$
Induktivität	L	$1\ \text{Henry} = 1\ H = 1\,\dfrac{Vs}{A}$
spez. magn. Leitw. (Permeabilität)	$\mu = \dfrac{B}{H}$	$1\,\dfrac{Vs\ m}{m^2\ A} = 1\,\dfrac{Vs}{A\,m}$

Zur Bildung von Untereinheiten sind die folgenden Vorsätze gebräuchlich:

da = Deka	$= 10^1$		d = Dezi	$= 10^{-1}$
h = Hekto	$= 10^2$		c = Zenti	$= 10^{-2}$
k = Kilo	$= 10^3$		m = Milli	$= 10^{-3}$
M = Mega	$= 10^6$		μ = Mikro	$= 10^{-6}$
G = Giga	$= 10^9$		n = Nano	$= 10^{-9}$
T = Tera	$= 10^{12}$		p = Pico	$= 10^{-12}$

Literaturhinweis

Ein Literaturhinweis kann - da es schlechthin unmöglich ist, alle einschlägigen Bücher lückenlos aufzuzählen - nur ein sehr subjektives Bekenntnis des Autors zu einigen Büchern sein, die er für besonders lesenswert (genauer: studierenswert) hält. Und die Kürze einer solchen Aufzählung darf nicht zu der Auffassung verleiten, er hielte außer den genannten Büchern keines für lesenswert: er kennt ja gar nicht alle und urteilt somit nur über eine beschränkte Untermenge.

Der Leser sollte sich auch nicht betrogen fühlen, wenn ihm kein ausschweifendes Literaturverzeichnis geboten wird - es wäre ihm unter Umständen in seiner Überfülle sowieso keine Hilfe. Diejenigen Bücher herauszufinden, die einem zusagen und mit denen man studieren kann, ist eine geistige Unternehmung, die man sich ohnehin nicht abnehmen lassen kann; und sie findet auch normalerweise in einer Bibliothek statt und nicht in einem Literaturverzeichnis.

[1] Heinz Schönfeld, Die wissenschaftlichen Grundlagen der Elektrotechnik, Springer Verlag 1960

[2] A.T.Craven, Electricity and Magnetism for Electrical Engineers, Pitman & Sons, London 1963

[3] Edward M. Purcell, Electricity and Magnetism, Berkeley-Physics-Course, Vol. 2, McGraw Hill 1965.

Ein überaus empfehlenswertes weiterführendes Buch ist wegen seiner klaren, in einer erfreulich verständlichen Sprache abgefaßten Darstellung:

[4] H.H.Meinke, Elektromagnetische Wellen, eine unsichtbare Welt, Springer Verlag 1963.

Das Buch ist in einer Reihe "Verständliche Wissenschaft" erschienen. Angesichts dieses Obertitels beschleicht wohl den angehenden Ingenieur von heute unversehens die Versuchung, die Lektüre - oder gar das Studium - eines solchermaßen gekennzeichneten Buches für unter seiner Würde zu halten. Denn man behauptet doch allenthalben, Wissenschaftlichkeit und Verständlichkeit schlössen einander aus; so hört er es von scheinbar kompetenter Seite und so kann er es sogar, wenn er will, auch schon in Tageszeitungen lesen.

Vielleicht vermag er noch nicht zu ermessen, daß dies - träfe es wirklich zu - die Bankerotterklärung der Wissenschaft vor der Sprache wäre. Wir wollen ihm aber jedenfalls die tröstliche Versicherung geben, daß es doch noch Wissenschaftler gibt, die wissenschaftliche Inhalte unter Wahrung einer der Sache adäquaten Exaktheit in verständliche Sprache zu übersetzen imstande sind; sie stehen damit in der Tradition des großen Michael Faraday, dem es - vielleicht als dem ersten modernen Naturwissenschaftler - ein Hauptanliegen war, die Wissenschaft "verständlich" zu machen. Das oben genannte Buch von H.H. Meinke zum Beispiel ist in diesem Faradayschen Geiste geschrieben, und man wünschte sich, wir hätten mehr von der Sorte.

Sachregister

(Hinweis: "dielektrischer Leitwert" ist zu finden unter "Leitwert, dielektr." etc.)

Elektrotechnik
Elektronik

Eine Auswahl

Ulrich Weyh/Heinz Benzinger
Die Grundlagen der Wechselstromlehre

Ein Lehrbuch

1967. 383 Seiten, 242 größtenteils farbige Abbildungen, 4 Tabellen, 1 Kreisdiagramm im Anhang

Jovan Antula
Schaltungen der Mikroelektronik

Bauelemente – Grundschaltungen – Integrierte Schaltungen

1984. 190 Seiten, 153 Abbildungen, 2 Tabellen

Heinz Benzinger/Ulrich Weyh
Die Grundlagen der Gleichstromlehre

Ein Lehrbuch

2. Auflage 1982. 183 Seiten, 94 Abbildungen, 5 Tabellen

Hansjürgen Vahldiek
Übertragungsfunktionen

Lineare Schaltungen im Frequenz- und Zeitbereich

1973. 112 Seiten, 76 Abbildungen, 5 Tabellen

Ulrich Dietmeier
Formelsammlung für die elektronische Schaltungstechnik

4. verbesserte Auflage 1983. 203 Seiten, 265 Abbildungen, 19 Tabellen.

Rolf Unbehauen
Systemtheorie

Eine Darstellung für Ingenieure

4. verbesserte Auflage 1983. 381 Seiten, 149 Abbildungen

D. A. Fraser
Halbleiter-Physik

1981. 163 Seiten, 68 Abbildungen, 26 Übungen

Friedrich Landstorfer/Heinrich Graf
Rauschprobleme der Nachrichtentechnik

1981. 203 Seiten, 103 Abbildungen, 5 Tabellen, 54 Beispiele

Wolfgang Steimle
Der Bipolartransistor in linearen Schaltungen

Teil 1: **Grundlagen, Ersatzbilder, Programme**
1984. Ca. 280 Seiten, 98 Abbildungen, 6 Tabellen, 19 interaktive Programme für den HP-41 CV

Teil 2: **Formeln, Schaltungsbeispiele, Programme**
1984. In Vorbereitung

Rolf Unbehauen
Synthese elektrischer Netzwerke

2. Auflage 1984. 365 Seiten, 209 Abbildungen

Günter Käs
Qualität und Zuverlässigkeit elektronischer Bauelemente und Systeme

1983. 144 Seiten, 73 Abbildungen, 24 Tabellen

Oldenbourg Verlag